企业互联网架构原理与实践

富亚军　编著

机械工业出版社

本书主要讲解互联网架构的设计初衷、原理和模式。全书介绍了互联网架构的演变过程与分层、分割、分片、缓存、并行、异步、隔离、容错、安全、治理等设计模式的应用场景和作用，还介绍了前端应用层、接入层、服务层、服务治理、分布式锁、分布式 ID、分布式事务、分布式消息队列、分布式缓存、数据持久化以及 DevOps 等技术的组成结构、运行原理和应用方案。

本书使用的是 Java 语言相关的技术生态，适合希望掌握互联网架构的 IT 开发工程师和架构师阅读。通过本书，读者可以对互联网分布式架构有较全面的了解。

图书在版编目（CIP）数据

企业互联网架构原理与实践 / 富亚军编著 . —北京：机械工业出版社，2021.5

ISBN 978-7-111-67826-7

Ⅰ . ①企⋯　Ⅱ . ①富⋯　Ⅲ . ①企业-网站建设　Ⅳ . ①TP393.092.1

中国版本图书馆 CIP 数据核字（2021）第 053370 号

机械工业出版社（北京市百万庄大街 22 号　邮政编码 100037）
策划编辑：车　忱　　责任编辑：车　忱
责任校对：张艳霞　　责任印制：郜　敏

北京中兴印刷有限公司印刷

2021 年 5 月·第 1 版第 1 次印刷
184mm×260mm·19 印张·471 千字
0001－2000 册
标准书号：ISBN 978-7-111-67826-7
定价：119.00 元

电话服务　　　　　　　　　　　网络服务

客服电话：010-88361066　　　机　工　官　网：www.cmpbook.com
　　　　　010-88379833　　　机　工　官　博：weibo.com/cmp1952
　　　　　010-68326294　　　金　书　网：www.golden-book.com
封底无防伪标均为盗版　　　机工教育服务网：www.cmpedu.com

序

互联网自 1969 年以科学研究为目的建立以来，就以其技术标准、简洁、跨地域信息通信等特点迅速成为全球业务创新发展的重要技术手段之一。近年来，在高科技推动经济与社会快速创新发展的全球趋势下，互联网技术更成为企业技术创新追逐的热点。

在业务应用系统设计开发中，采用敏捷开发、快速迭代、DevOps 等一系列炫人耳目的先进方法论、开发技术、工具平台已正成为信息技术高管、研发经理、工程师们热烈讨论的主题。但是，大量的互联网技术开发缺乏互联网技术架构设计，基于互联网技术构建的业务应用系统自身又形成大量的零散孤立的功能组件、代码、数据结构、配置文件，导致迭代过程中的业务应用系统不断推倒重来。

技术架构设计是业务应用的关键技术，历来是全球企业级应用系统设计实施中必不可少的环节。惠普在 2006 年提出的动成长企业架构模型在全球很多企业的应用系统技术架构设计中得到广泛应用并取得很好的效果。然而，能够完整阐述基于互联网技术的企业应用系统架构设计，并可以具体指导技术构建的专著一直是非常缺乏的。

《企业互联网架构原理与实践》在企业互联网技术架构设计的特征、目标、层次结构规划、集成设计等方面给出了详细的架构理论描述，特别是在如何应用互联网分布式技术进行结构分层与分割、数据分片与缓存以及任务串行与并行处理等方面给出了详细的技术设计指引。本书具体描述了互联网前端架构、接入架构、服务架构及服务治理、分布式事务等方面的技术设计，是企业互联网应用系统架构设计领域难得的、具有全面技术指导意义的参考书。

本书作者富亚军是原中国惠普企业服务集团资深架构师，也是我在惠普工作期间的同事。他在惠普工作期间参加了多个金融、医疗、零售等大客户核心业务应用的设计、开发、部署及运维工作，其设计的互联网微服务平台曾获中国惠普企业服务集团应用开发部高度好评，其专业技术能力给我留下了深刻印象。相信这本书可以帮助读者了解和掌握企业互联网分布式架构设计的原理和方法。

谢泉彬

原中国惠普应用开发部总经理　中国惠普党委书记

前　言

当前越来越多的业务使用了公有云。公有云将大型公司应对海量互联网流量的经验和措施封装成产品，降低了复杂度，使 IT 系统的开发专注于业务层面，但很多人也因此没有了试错的机会，知其然不知其所以然。另一方面，互联网分布式架构更加复杂，组织结构分工更细，很多开发人员或者架构师在工作中只能关注一点或者一个层次。许多技术人员都非常希望能看到更多介绍架构设计出发点、原理和机制，讲述分布式架构宏观场景的书籍。

笔者将这几年遇到的几个互联网业务的解决思路和方案整理成 PPT，一直有总结成书的想法，却被琐事所困，无法静下心来进一步归纳整理，如今终于有了机会。笔者希望能够尽可能从较高的角度，在每一个系统分层结构中讲解原理、实现方案和技术路线。

事情看着容易，做着难，下笔成文时，着实痛苦。作为一本想要描述互联网分层架构的书，涉及面广，还有诸如系统安全、大数据、架构实例方面的内容因为时间和精力原因暂未涵盖。本书内容也难免有见识不到、疏漏之处，敬请指正。

内容组织

本书主要讲解互联网架构设计的初衷、原理和架构的模式。前两章简单介绍了互联网架构的目标、架构演变过程与主要设计模式，后续几章则按照系统的分层模式，从前端到后端，从开发到运维，对每一层的主要解决问题、原理、技术路线进行说明。

第 1 章 "概述"，主要介绍互联网架构的业务特点、目标、衡量办法、方法论和核心架构的演变过程。

第 2 章 "互联网架构设计模式"，归纳了互联网架构的分层、分割、分片、缓存、并行、异步、隔离、容错、安全、治理等主要设计模式，并阐述了每种模式的应用场景和作用。

第 3 章 "前端架构"，主要介绍前端的架构模式，包括前端开发模式的演变过程、响应式网站的设计办法、单页面架构、微前端架构、App、公众号、小程序与快应用的开发模式、BFF 架构以及前端优化办法。

第 4 章 "接入架构"，主要介绍接入层的组成，包括 DNS、CDN、反向代理、服务网关以及企业内部系统集成的架构和实现。

第 5 章 "服务架构"，主要描述微服务架构 Spring Cloud 和 Dubbo 以及服务网格架构 Istio 的组成结构和运行机制。

第 6 章 "服务治理"，介绍常见的服务治理组件，包括配置中心、流量控制、服务追踪等组件的构成和原理，涉及 Apollo、Disconf、Spring Cloud Config、Hystrix、sentinel、Resilience4j、Zipkin 等中间件。

第 7 章 "分布式处理"，补充介绍分布式处理中的必备组件，包括分布式锁、分布式 ID、高性能有界队列 Disruptor 的设计目标和技术架构。

第 8 章 "分布式事务"，主要描述分阶段提交、补偿等分布式事务模式，介绍了分布式事务的最终一致性解决方案以及 Seata 和 Servicecomb-Saga 两种开源分布式事务中间件。

第 9 章 "分布式消息队列"，介绍消息队列解决的问题和应用场景，消息传递技术的应用模式，消息总线的用途和架构，同时还介绍了 RocketMQ 的组成和原理，以及 Spring Cloud 消息传递领域的三个组成部件 Spring Integration、Spring Cloud Stream 和 Spring Cloud Bus。

第 10 章 "分布式缓存"，介绍缓存的分类、应用架构和应用缓存时常见的问题和解决方案，也介绍了 Redis 缓存中间件的原理和集群结构。

第 11 章 "数据持久化"，介绍互联网分布式系统的整体数据架构，Raid 磁盘阵列和 DAS、NAS、SAN、OSS 等存储技术，Swift OSS 的运行机制，关系数据库的读写分离、冷热分离、分库分表和高可用方案。

第 12 章 "DevOps"，主要介绍 DevOps 的含义、工具和生态，并讲解了包括环境、协作、开发、发布、测试、运维等 DevOps 基础环节涉及的工具、技术和集成方法。

致谢

感谢我的家人、朋友和同事们，谢谢你们的支持和建议。本书的出版尤其要感谢机械工业出版社的车忱编辑，车老师在书籍选题、章节编排以及内容校阅等方面给了我非常多的建议和帮助。

作　者

目　　录

序

前言

第1章　概述 ···1

　1.1　互联网业务特点 ··1

　1.2　互联网架构思维 ··2

　1.3　互联网架构目标与度量 ··2

　1.4　互联网架构方法论 ··4

　　1.4.1　CAP 模型 ···4

　　1.4.2　AKF Scale Cube 扩展立方体 ··8

　1.5　互联网核心架构的演变 ··9

　　1.5.1　Monolith 单体架构 ··10

　　1.5.2　Microservice 微服务架构 ··11

　　1.5.3　Microservice 与 SOA ··14

　　1.5.4　Servicemesh 服务网格架构 ··16

　　1.5.5　Cloud Native 云原生架构 ··19

第2章　互联网架构设计模式 ··23

　2.1　架构设计的切入点 ··23

　2.2　互联网架构的典型模式 ··23

　　2.2.1　分层 ···23

　　2.2.2　分割 ···25

　　2.2.3　分片 ···26

　　2.2.4　缓存 ···27

　　2.2.5　并行 ···27

　　2.2.6　异步 ···28

　　2.2.7　隔离 ···29

　　2.2.8　容错 ···32

　　2.2.9　安全 ···33

　　2.2.10　治理 ··33

第3章　前端架构 ···35

　3.1　前端应用 ···35

3.2 前端开发模式 ··· 35

   3.2.1 抽象 DOM 模式 ·· 35

   3.2.2 MVC 模式 ·· 36

   3.2.3 MVP 模式 ·· 36

   3.2.4 MVVM 模式 ·· 37

   3.2.5 Virtual DOM ·· 38

   3.2.6 组件化编程 ·· 39

3.3 响应式网站设计 ··· 40

   3.3.1 服务端响应与客户端响应 ·· 41

   3.3.2 响应式 JS ·· 41

   3.3.3 响应式 CSS ·· 41

   3.3.4 响应式图片 ·· 41

   3.3.5 响应式布局 ·· 41

3.4 单页面架构 ··· 43

   3.4.1 单页面应用的定义 ·· 43

   3.4.2 SPA 的优缺点 ·· 43

   3.4.3 服务端渲染 ·· 44

   3.4.4 初始页面优化 ·· 44

   3.4.5 地址堆栈管理 ·· 45

3.5 微前端架构 ··· 45

   3.5.1 微前端的定义 ·· 45

   3.5.2 微前端的作用 ·· 45

   3.5.3 技术发展路线 ·· 45

   3.5.4 微前端的特点 ·· 46

   3.5.5 微前端的技术架构 ·· 46

3.6 移动 App 开发 ·· 47

   3.6.1 Native App ·· 47

   3.6.2 Hybrid App ··· 47

3.7 公众号、小程序与快应用的开发 ·· 49

   3.7.1 公众号开发 ·· 49

   3.7.2 小程序开发 ·· 49

   3.7.3 快应用开发 ·· 50

   3.7.4 多端开发框架 ·· 50

3.8 服务于前端的后端架构 BFF ·· 51

   3.8.1 BFF 的用途 ··· 51

3.8.2 前后端同构 ································· 51

3.8.3 BFF 与 Gateway ··························· 52

3.9 前端优化 ···································· 52

3.9.1 前端性能优化 ····························· 52

3.9.2 搜索引擎优化 ····························· 55

3.9.3 网站运营优化 ····························· 55

第4章 接入架构 ································· 57

4.1 整体接入架构 ······························· 57

4.2 DNS 解析与负载均衡 ························· 57

4.2.1 DNS 域名解析 ···························· 57

4.2.2 DNS 负载均衡 ···························· 58

4.3 CDN 内容分发网络 ·························· 59

4.3.1 CDN 的作用 ····························· 59

4.3.2 CDN 的组成结构 ························· 60

4.3.3 内容加速原理 ··························· 60

4.3.4 CDN 的功能架构 ························· 61

4.4 反向代理 ·································· 62

4.4.1 正向代理与反向代理 ····················· 62

4.4.2 负载均衡 ····························· 63

4.4.3 Nginx 应用架构 ························· 70

4.5 服务网关 ·································· 75

4.5.1 服务网关与微服务 ······················· 75

4.5.2 服务网关的功能架构 ····················· 76

4.5.3 服务网关的技术架构 ····················· 80

4.5.4 开源服务网关 ··························· 80

4.6 内部系统集成 ······························· 89

第5章 服务架构 ································· 91

5.1 服务端架构生态 ····························· 91

5.2 Spring Cloud ······························· 91

5.2.1 Spring Cloud 总体架构 ··················· 91

5.2.2 Spring Cloud 核心构成与原理 ·············· 92

5.3 阿里的微服务中间件 Dubbo ··················· 96

5.3.1 Dubbo 整体架构 ························· 96

5.3.2 Dubbo 关联的中间件和技术 ················ 98

5.3.3 Dubbo RPC 调用过程 ····················· 104

      5.3.4　Dubbo 面临的挑战 ·· 110

  5.4　服务网格中间件 Istio ··· 111

      5.4.1　Istio 总体架构 ··· 111

      5.4.2　Istio Envoy ·· 114

      5.4.3　Istio Pilot ··· 115

      5.4.4　Istio Mixer ·· 117

      5.4.5　Istio Citadel ··· 118

      5.4.6　跨集群服务治理 ·· 119

      5.4.7　Istio 面临的挑战 ·· 120

第 6 章　服务治理 ·· 121

  6.1　配置中心 ·· 121

      6.1.1　配置中心的功能架构 ·· 121

      6.1.2　配置中心的技术架构 ·· 121

      6.1.3　百度的配置中心 Disconf ······································ 123

      6.1.4　携程的配置中心 Apollo ······································· 124

      6.1.5　Spring Cloud Config ·· 126

  6.2　流量控制 ·· 127

      6.2.1　限流算法 ·· 127

      6.2.2　Spring Cloud 流量控制中间件 Hystrix ························· 129

      6.2.3　阿里的流量控制中间件 sentinel ······························· 135

      6.2.4　新一代流量控制中间件 Resilience4j ··························· 141

  6.3　服务追踪 ·· 146

      6.3.1　服务调用过程与追踪要素 ······································ 147

      6.3.2　服务追踪的系统组成 ·· 149

      6.3.3　服务追踪中间件 Zipkin ······································· 150

第 7 章　分布式处理 ··· 152

  7.1　分布式锁 ·· 152

      7.1.1　分布式锁的设计目标 ·· 152

      7.1.2　分布式锁的技术架构 ·· 152

  7.2　分布式 ID ··· 155

      7.2.1　分布式 ID 的设计目标 ··· 155

      7.2.2　分布式 ID 的技术架构 ··· 156

  7.3　高性能有界队列 Disruptor ··· 161

      7.3.1　Disruptor 的设计目标 ··· 161

      7.3.2　Disruptor 的主体结构 ··· 163

第8章　分布式事务 ·· 165

8.1　分布式事务的技术背景 ·· 165

8.2　基于分阶段提交的事务 ·· 165

　　8.2.1　两阶段提交 ·· 166

　　8.2.2　三阶段提交 ·· 167

8.3　基于补偿的事务 ·· 168

　　8.3.1　Saga 模式 ··· 169

　　8.3.2　最大努力通知模式 ·· 173

　　8.3.3　TCC 模式 ·· 173

8.4　基于可靠消息队列的事务 ·· 176

8.5　最终一致性对账处理 ·· 177

8.6　阿里的分布式事务中间件 Seata ·· 179

　　8.6.1　Seata AT 模式的组成架构 ··· 179

　　8.6.2　Seata AT 模式的运行原理 ··· 180

　　8.6.3　Seata AT 模式的隔离机制 ··· 183

　　8.6.4　Seata AT 模式的特点 ··· 186

8.7　华为的分布式事务中间件 Servicecomb-Saga ···································· 186

　　8.7.1　组成架构 ··· 186

　　8.7.2　运行原理 ··· 187

第9章　分布式消息队列 ·· 190

9.1　消息队列的应用场景 ·· 190

9.2　消息传递技术 ··· 192

　　9.2.1　管道和过滤器模式 ·· 192

　　9.2.2　消息通道 ··· 193

　　9.2.3　消息 ··· 193

　　9.2.4　消息路由 ··· 196

　　9.2.5　消息转换 ··· 199

　　9.2.6　消息端点 ··· 199

　　9.2.7　消息管理 ··· 201

9.3　消息总线 ··· 202

　　9.3.1　请求应答模式 ··· 203

　　9.3.2　消息总线架构 ··· 207

9.4　阿里的消息中间件 RocketMQ ·· 209

　　9.4.1　整体结构 ··· 209

　　9.4.2　消息存储 ··· 212

9.4.3 集群结构 ·· 214

9.4.4 负载均衡 ·· 218

9.4.5 顺序消息 ·· 221

9.4.6 重复消息 ·· 222

9.4.7 消费模式 ·· 222

9.4.8 消息提交 ·· 223

9.4.9 消息消费 ·· 223

9.4.10 过滤查询 ··· 224

9.4.11 流量控制 ··· 225

9.4.12 与消息中间件 Kafka 的对比 ························· 226

9.5 Spring Cloud 消息传递中间件 ······························· 227

9.5.1 Spring Integration ··································· 227

9.5.2 Spring Cloud Stream ································· 232

9.5.3 Spring Cloud Bus ···································· 237

第 10 章 分布式缓存 ·· 240

10.1 缓存概述 ··· 240

10.2 缓存应用架构 ··· 240

10.2.1 缓存设计 ··· 241

10.2.2 缓存更新 ··· 242

10.2.3 缓存雪崩 ··· 242

10.2.4 缓存穿透 ··· 242

10.2.5 缓存击穿 ··· 244

10.2.6 缓存预热 ··· 244

10.2.7 热点拆分 ··· 244

10.3 分布式缓存中间件 Redis ··································· 245

10.3.1 Redis 介绍 ··· 245

10.3.2 Redis 集群结构 ······································ 250

第 11 章 数据持久化 ·· 255

11.1 数据架构 ··· 255

11.2 存储技术 ··· 256

11.2.1 RAID ·· 256

11.2.2 存储架构 ··· 259

11.2.3 OpenStack Swift ····································· 262

11.3 关系数据库的应用架构 ····································· 266

11.3.1 读写分离架构 ··· 266

11.3.2　冷热分离架构 ·· 267

11.3.3　分库分表架构 ·· 267

11.3.4　MySQL 高可用架构 ·· 274

第 12 章　DevOps ·· 279

12.1　DevOps 的概念和工具 ··· 279

12.2　容器与环境 ·· 280

12.2.1　环境管理 ·· 280

12.2.2　容器管理 ·· 282

12.3　持续协作 ··· 284

12.4　开发管理 ··· 284

12.4.1　开发协作的主要工具 ······································ 284

12.4.2　Mock 技术 ·· 285

12.5　发布管理 ··· 285

12.5.1　管理控制台 ··· 286

12.5.2　自动化部署 ··· 286

12.5.3　灰度发布 ·· 287

12.6　测试管理 ··· 287

12.7　运维管理 ··· 289

12.7.1　系统监控 ·· 289

12.7.2　日志分析 ·· 291

第1章 概　　述

1.1 互联网业务特点

随着移动互联网的兴起，移动互联网用户大幅增加。互联网业务的发展推动了 IT 技术的变革。与传统企业应用架构相比，互联网应用架构具有高并发、大数据、快迭代、高风险等特点。以弹性计算为代表的云服务蓬勃发展，分布式互联网架构成为主流。

（1）高并发

据中国互联网络信息中心在 2019 年 8 月发布的第 44 次《中国互联网络发展状况统计报告》统计显示，截至 2019 年 6 月，我国网民规模达 8.54 亿人，较 2018 年年底增长 2598 万人；互联网普及率达 61.2%，较 2018 年年底提升 1.6 个百分点。传统行业项目的用户是固化的，用户数量和增长速度也是可预期的，然而对于一个互联网项目来说，用户量很难做一个准确的预估。项目初期，用户量可能只有几千人，如果业务发展良好，可能会在几个月的时间里，用户量超过千万。对 IT 业来说，需要架构能支持快速扩展，能满足高并发的要求。

（2）大数据

万物互联，互联网产生的数据量越来越大。百度收录的网页数目有数百亿，腾讯每天实时数据计算量超过 30 万亿条。据中国互联网协会在 2019 年 10 月第六届世界互联网大会发布的《中国互联网发展报告（2019）》显示，2018 年中国电子商务的市场规模达 31 万亿元，第三方支付的规模达 208 万亿元。相比传统架构的数据挖掘办法，互联网架构需要具有海量数据的处理能力，需要应用流式处理、AI 计算等技术体系。以阿里为例，2019 年阿里云公布人工智能调用规模：每天调用超 1 万亿次，服务全球 10 亿人，日处理图像 10 亿张、视频 120 万小时、语音 55 万小时及自然语言 5 千亿句。

（3）快迭代

传统行业的发展模式一般已经比较成熟，业务不会发生很大的变化。然而对于一个互联网公司，其业务模式依赖运营与数据驱动，在后期可能会发生很大的变化，甚至完全背离初衷。例如：最初决定做社交电商，现在直播带货是风口，很有可能就转做直播电商。互联网用户具有很强的自主性，客户容忍度低，产品需要不断改进用户体验。这些要求 IT 架构具备业务快速迭代、持续交付的能力

（4）高风险

以信息及数据泄露、网络攻击为主的各类信息安全事件层出不穷，且愈演愈烈，影响到人类社会生活的方方面面。例如，2019 年 10 月，云服务商巨头亚马逊的 DNS 服务器遭

DDoS 攻击，造成服务无法访问。互联网对民众生活的影响越来越大，对不法之徒具有很高的吸引力，互联网天然的开放性，使得系统架构面临着巨大的安全挑战。

1.2　互联网架构思维

互联网思维讲究"专注、极致、口碑、快"，下面从技术架构上对其进行解读。

（1）"专注"是指技术发展路线专注于行业发展方向，设计上要"高内聚、低耦合"。

专注意味着技术要与业务融合发展，业务与技术同等重要，只关心高大上的技术路线而不关心业务场景就是闭门造车。是业务驱动了技术的发展，脱离了业务的技术路线是无源之水。如电商领域和视频领域的技术路线是不一致的。

专注还意味着应用系统要"高内聚、低耦合"。这是架构设计的首要目标。高内聚是指模块内部的元素局部化，内部元素对外具有较强的隐蔽性，元素间关系紧密，高内聚可以使模块具备较高的可靠性、可重用性。低耦合是指软件系统结构中各模块间的联系紧密程度在一个较低的水平上，模块之间联系越紧密，其耦合性就越强，模块的独立性、扩展性则越差。

（2）"极致"是指互联网架构要对每个环节都做到极致的思考。

当一个互联网应用达到一定规模时，面对庞大的流量、海量的数据，需要将架构中从前到后的各个环节的性能、可靠性、扩展等指标涉及的问题考虑到极致。包括 App 端的架构、服务接入的架构，服务治理的架构、消息传递的架构、缓存架构、持久化的架构，每一层的架构都有很多细节，要把细节考虑好，研究到极致。与传统大型系统相比，互联网架构需要更大的伸缩性、更高的性能，更大的灵活性。

（3）"口碑"是指互联网架构一定要具备较高的可靠性和安全性。

这就要求架构的各个环节具有充分的冗余度。同时使用成熟的开源框架，不片面追求最强的功能或最新的技术。

（4）"快"是指互联网架构要满足快速开发迭代、快速诊断和部署的要求。

互联网的架构要灵活，还要避免过度设计，架构设计都要考虑成效比，一套高大上的系统，付出的代价也是巨大的。设计出能满足当前业务规模的架构，并预留较高的扩展能力，是架构师的核心能力。互联网架构要求具有更高的扩展性，互联网业务的发展变化极大，业务在从无到有、从小到大的发展过程中，技术架构要做到不需推翻重构，就能够完成适应性扩展。互联网业务的发展需要不断调整和适应用户的不同喜好，产品开发过程中要能快速开发出产品，不断迭代、持续集成，问题排查过程中要能够快速诊断，尽快发布。

1.3　互联网架构目标与度量

互联网架构的 IT 系统也要满足低成本、高性能、易扩展、高可用、高安全的目标，并对系统从这几个维度进行综合考量。

（1）低成本，实现技术架构要尽量控制成本，从时间阶段上可以分为建设成本、维护成本，从支出类型上可以分为硬件成本、商业中间件成本、软件开发成本等。

（2）高性能，网站性能指标具体体现在响应时间、并发数、吞吐量、系统错误率、系统负载等技术指标上。

- 系统的响应时间是指系统完成某一功能需要使用的时间，也就是从用户发出请求到收到结果所需要的时间，响应时间可能包括网络传输时间、服务处理、数据库处理时间等。

- 并发用户数是指系统可以同时承载的正常使用系统功能的用户的数量，准确地说是指同时发出请求的用户数。

- 系统的吞吐量（TPS）是指系统每秒处理的总的用户请求数。在性能测试中，TPS$=$VU$\times$R / T，其中 VU 是同时发出请求的虚拟用户数目，R 是每个虚拟用户发出的请求数目，T 是性能测试所用的时间。

- 系统错误率是指系统在负载情况下，失败交易的概率。错误率＝(失败交易数/交易总数)$\times$100%。稳定性较好的系统，其错误率应该由超时引起，即为超时率。

- 资源利用率是各种计算机资源的使用情况，包括系统负载（Load）、内存利用率、SWAP 内存交换空间利用率、网络 I/O、硬盘 I/O 等。其中系统负载是系统 CPU 繁忙程度的度量，是指当前正在被 CPU 执行和等待被 CPU 执行的进程数目总和。多核 CPU 情况下，完美情况是所有 CPU 都在使用，没有进程在等待处理，所以，Load 的理想值是 CPU 的数目。当 Load 值低于 CPU 数目时，表示 CPU 有空闲，资源存在浪费；当 Load 值高于 CPU 数目时，表示进程在排队等待 CPU，系统资源不足，影响应用程序的执行性能。对于内存，要衡量系统内存使用率、SWAP（与虚拟内存交换）交换空间利用率，太多的交换将会引起系统性能低下，一般应低于 70%。磁盘指标主要有每秒读写多少兆字节、磁盘繁忙率、磁盘队列数、平均服务时间、平均等待时间、空间利用率等，其中磁盘繁忙率是直接反映磁盘是否有瓶颈的重要依据，一般情况下要低于 70%。网络吞吐量指标主要是每秒有多少兆字节流量进出，一般情况下不能超过设备或链路最大传输能力的 70%。

系统性能问题首先反映在系统资源指标上，例如 CPU、内存、磁盘 I/O、网络 I/O。分析问题时需要查看中间件指标情况，如虚拟机的垃圾收集情况，还要掌握数据库相关指标情况，如慢查 SQL、命中率、锁、参数设置等。如果以上指标都正常，而系统性能仍然很低，则应用程序的算法、缓冲、缓存、同步或异步可能有问题。一方面，可以结合问题现象和系统架构对问题正向推导，此时主要依赖对系统的了解和把控。另一方面，对于较难定位的问题，可以利用 Java 性能分析工具，查看堆栈情况，观察每一步骤的执行时间，精准定位问题发生位置，常用的工具包括 JProfiler，jstack，JConsole，以及 Java 诊断工具 Arthas，故障注入工具 Chaosblade 等。

（3）高可用，系统的可用性（availability）指系统在面对各种异常时可以正确提供服务的能力。系统的可用性可以用系统停止服务的时间与正常服务的时间的比例来衡量，也可以用某功能的失败次数与成功次数的比例来衡量。互联网系统在宏观上用年可容忍停机时间衡量系统的可用性，见表 1-1。

表 1-1 应用系统可用水平与停机时间对应关系

可用性分类	可用水平（%）	年可容忍停机时间
容错可用性	99.9999	<1 min
极高可用性	99.999	<5 min
具有故障自动恢复能力的可用性	99.99	<53 min
高可用性	99.9	<8.8h
商品可用性	99	<88h

在系统测试过程中通过可靠性测试和稳定性测试保障系统的高可用。

可靠性指标：在双机热备、集群、备份和恢复等场景中，模拟主备切换、节点变更、备份与恢复的过程。

稳定性指标：系统按照最大容量的 80%或在标准压力（系统的预期日常压力）情况下运行，能够稳定运行的最短时间。

（4）易扩展，系统的扩展性（scalability）指分布式系统通过扩展集群机器规模提高系统性能（吞吐、延迟、并发）、存储容量、计算能力的特性。互联网架构在设计时应支持无限扩展，在实施时可以按单日处理情况的三倍部署，遇重大营销推广活动时需要提前规划准备。

扩展能力的计算公式为：（增加性能/原始性能）/（增加资源/原始资源）×100%。扩展能力的度量应通过多轮测试获得扩展指标的变化趋势。理想的扩展能力是资源增加几倍，性能就提升几倍。例如按业务系统水平复制或按服务垂直扩展的能力都应该接近100%，但其扩展能力受限于数据库连接数等资源会有最大限值。

（5）高安全，系统上线前要使用代码检查工具和漏洞扫描工具对系统进行安全检查。业务场景较重要的，按照行业主管要求，达到三级等保标准，并按等保要求定期开展安全等级评测。

1.4 互联网架构方法论

1.4.1 CAP 模型

1. CAP 理论

CAP 是指任何分布式系统在可用性、一致性、分区容错性方面，不能兼得，最多只能得其二，因此，任何分布式系统的设计只是在三者中的不同取舍而已，如图 1-1 所示。

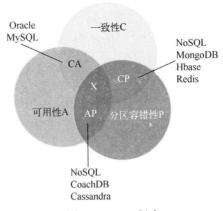

图 1-1　CAP 组合

- C 指 Consistency，即一致性。一致性被称为原子对象，任何读写都应该看起来是"原子"的或串行的。写后面的读一定能读到前面写的内容，所有的读写请求都好像被全局排序。即更新操作成功并返回客户端完成后，所有节点在同一时间的数据完全一致。
- A 指 Availability，即可用性。对任何非失败节点都应该在有限时间内给出请求的回应。
- P 指 Partition tolerance，即分区容错性。允许节点之间丢失任意多的消息，当网络分区发生故障时，节点之间的消息可能会完全丢失。即分布式系统在遇到某节点或网络分区故障的时候，仍然能够对外提供满足一致性和可用性的服务。

2. CAP 的证明

2009 年，CAP 理论的提出者 Brewer 给出了一个比较简单的证明（见 http://www.julianbrowne.com/article/brewers-cap-theorem）。

网络中有两个节点 N_1 和 N_2，可以简单地理解 N_1 和 N_2 分别是两台计算机，它们之间的网络可以连通。N_1 中有一个应用程序 A 和一个数据库 V，N_2 中也有一个应用程序 B 和一个数据库 V。现在，A 和 B 是分式系统的两个部分，V 是分布式系统的数据存储的两个子数据库。

如图 1-2 所示，分布式系统正常运转的流程为，用户向 N_1 机器请求数据更新，程序 A 更新数据库 V_0 为 V_1，分布式系统将数据进行同步操作 M，将 V_1 同步到 N_2 中的 V_0，使得 N_2 中的数据 V_0 也更新为 V_1，N_2 中的数据再响应 N_2 的请求。

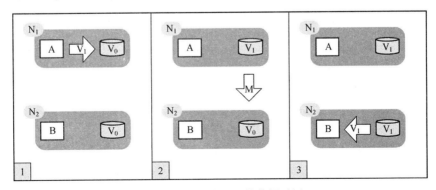

图 1-2　正常情况下的数据更新

如图 1-3 所示，假设在 N_1 和 N_2 之间网络断开的时候，有用户向 N_1 发送数据更新请求，N_1 中的数据 V_0 将被更新为 V_1，由于网络是断开的，所以分布式系统同步操作 M 失败，N_2 中的数据依旧是 V_0。这个时候，有用户向 N_2 发送数据读取请求，由于数据还没有进行同步，应用程序没办法立即给用户返回最新的数据 V_1，此时有两种选择：第一，牺牲数据一致性，响应旧的数据 V_0 给用户；第二，牺牲可用性，阻塞等待，直到网络连接恢复，数据更新操作 M 完成之后，再给用户响应最新的数据 V_1。

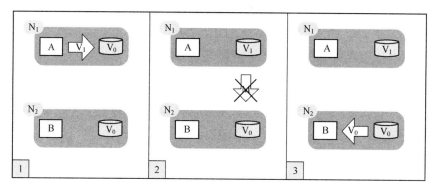

图 1-3　网络错误情况下的一致性与可用性

这个过程证明，要满足分区容错性的分布式系统，只能在一致性和可用性两者中选择一个。

3．CAP 理论的演化

CAP 理论的主要贡献者是 Brewer 和 Lynch。CAP 理论也是在辩论过程中不断演化的，对 CAP 与分布式事务，CAP 与响应时间的关系等概念不断完善。

2012 年，Brewer 就 CAP 理论再次撰文《CAP Twelve Years Later：How the "Rules" Have Changed》，文章最主要的观点是 CAP 理论并不是说三者必须选择两者。首先，只要是分布式系统，就可能存在分区，但分区出现的概率是很小的（否则就需要优化网络或者硬件），CAP 在大多数时候允许完美的 C 和 A，只有在分区存在的时间段内，才需要在 C 与 A 之间权衡。其次，一致性和可用性都是一个度的问题，不是 0 或者 1 的问题，可用性可以在 0% 到 100% 之间连续变化，一致性分为很多级别（比如在 Cassandra 中，可以设置 consistency level）。因此，当代 CAP 实践的目标应该是针对具体的应用，在合理范围内最大化提升数据一致性和可用性。文章中还指出，分区是一个相对的概念，当超过了预定的通信时限，即系统如果不能在时限内达成数据一致性，就意味着发生了分区的情况，必须就当前操作在 C 和 A 之间做出选择。

4．CAP 的应用

CAP 有三种组合模式，不同的组合模式适用于不同的业务场景。

（1）CA：优先保证一致性和可用性，放弃分区容错。如果不要求 P（分区容错），则 C（强一致性）和 A（可用性）是可以保证的。这也意味着放弃系统的扩展性，系统不再是分布式的。如 MySQL 和 Oracle 就保证了可用性和数据一致性，但它们并不是分布式系统。其实分区错误始终会存在，无法通过降低 CA 来提升 P，要想提升系统的分区容错性，需要通过提升基础设施的稳定性来保障。

2013 年 Lior Messinger 在其文章《Better Explaining the Cap Theorem》中指出：在分布式系统中，网络分区一定会发生，因此仅需要在 A 和 C 之间权衡，即 "it is really just A vs C!"。

（2）CP：优先保证一致性和分区容错性，放弃可用性。如果不要求 A（可用），相当于每个请求都需要在节点之间强一致，而 P（分区容错）会导致同步时间无限延长，如此 CP 是可以保证的。很多传统的数据库分布式事务都属于这种模式，在数据一致性要求比较高的场合是比较常见的做法，一旦发生网络故障或者消息丢失，就会牺牲用户体验，等恢复之后用户才逐渐能访问。

HBase 是一个强一致性数据库，不是 "最终一致性" 数据库，在 HBase 的官方文档 Architecture Overview 中有说明（见https://hbase.apache.org/book.html#arch.timelineconsistent.reads）。

ZooKeeper 是 CP（一致性+分区容错性）的，即任何时刻对 ZooKeeper 的访问请求都能得到一致的数据结果，同时系统对网络分区具备容错性。但是它不能保证每次服务请求的可用性，也就是在极端环境下，ZooKeeper 可能会丢弃一些请求，消费者程序需要重新请求才能获得结果。ZooKeeper 是分布式协调服务，它的职责是保证数据在其管辖下的所有服务之间保持同步、一致。所以就不难理解为什么 ZooKeeper 被设计成 CP 而不是 AP 特性的了。

（3）AP：优先保证可用性和分区容错性，放弃一致性。一旦分区错误发生，节点之间可能会失去联系，为了高可用，每个节点只能用本地数据提供服务，而这样会导致全局数据的不一致性。NoSQL 中的 Cassandra 就是这种架构。与 CP 一样，放弃一致性不是说一致性就不保证了，而是逐渐变得一致。

对于多数大型互联网应用场景来说，集群规模大，节点故障、网络故障是常态，而且要保证服务可用性达到 N 个 9，所以业务要设计成 AP，舍弃 C，退而求其次保证最终一致性。比如在电商秒杀活动中，当购买的时候提示有库存（实际可能已经没库存了），当去支付时，系统再提示库存不足。这其实就是先在可用性方面保证系统可以正常服务，然后在数据的一致性方面做了牺牲。在用户可以接受的前提下，网站舍弃的只是强一致性，退而求其次保证了最终一致性。下单的瞬间，库存可能存在数据不一致的情况，过程中对用户体验产生了影响，但是过了一段时间，还是要保证最终一致性的。

5. BASE 理论

eBay 的架构师 Dan Pritchett 源于对大规模分布式系统的实践总结，提出 BASE 理论，BASE 理论是对 CAP 理论的延伸，核心思想是即使无法做到强一致性（Strong Consistency，CAP 的一致性就是强一致性），但应用可以采用适合的方式达到最终一致性（Eventual Consistency）。

BASE 是指基本可用（Basically Available）、软状态（Soft State）、最终一致性（Eventual Consistency）。

基本可用：基本可用是指分布式系统在出现故障的时候，允许损失部分可用性，即保证核心可用。电商大促时，为了应对访问量激增，部分用户可能会被引导到降级页面，服务层也可能只提供降级服务，这就是损失部分可用性的体现。

软状态：软状态是指允许系统存在中间状态，而该中间状态不会影响系统整体可用性。分布式存储中，一般一份数据至少有三个副本，允许不同节点间副本同步的延时就是软状态的体现。

最终一致性：最终一致性是指系统中的所有数据副本经过一定时间后，最终能够达到一致的状态。弱一致性和强一致性相反，最终一致性是弱一致性的一种特殊情况。

6．ACID

关系型数据库的事务操作遵循 ACID 原则，ACID 原则是指在写入/异动资料的过程中，为保证交易正确可靠而必须具备的四个特性，即原子性（Atomicity，又称不可分割性）、一致性（Consistency）、隔离性（Isolation，又称独立性）和持久性（Durability）。

原子性，即在事务中执行的多个操作是原子性的，要么事务中的操作全部执行，要么一个都不执行。

一致性，即保证进行事务的过程中整个数据库的状态是一致的，不会出现数据不一致的情况。

隔离性，即两个事务不会相互影响，覆盖彼此数据等。

持久性，即事务一旦完成，那么数据应该被写到安全的、持久化存储的设备上（比如磁盘）。

1.4.2　AKF Scale Cube 扩展立方体

AKF Partners 公司提出了 Scale Cube，也就是 AKF 扩展立方体模型，是对应用横向扩展、纵向扩展理论的完整性的总结。这是一个包含 X，Y，Z 轴的三维模型（见 https://akfpartners.com/growth-blog/scale-cube）。AKF 扩展立方体理论模型如图 1-4 所示。

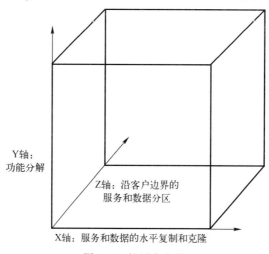

图 1-4　扩展立方体

（1）X 轴扩展

水平复制，复制同样的工作或数据镜像给多个实体，通过克隆的方式水平扩展。一般是在负载均衡后面放置多个相同的应用服务，如果有 N 个相同的应用部署，那么每个单独的应用只需要处理 1/N 份的负载请求。优点是简单易扩展。缺点是当单体应用本身的复杂性提高时所带来的管理及运维挑战，例如针对特定事件的处理需要对整个应用进行发布部署，同时数据库的水平复制存在挑战。

（2）Y 轴扩展

功能分解，拆分不同的事务进行扩展。针对 X 轴扩展产生的问题，从 Y 轴这个方向扩展，将巨型应用拆解，分解为一组不同的服务，把分割的工作职责和数据分配给多个实体，这也是微服务理论诞生的基础。例如将购物应用分解为购物车服务、订单服务、支付服务等。优点是服务拆解以后便于维护和有针对性的扩展。缺点是按功能拆解以后，服务数量增多，部署成本增高；服务与服务之间调用传输成本增高；由内存调用转变为网络传输，故障率增高。

（3）Z 轴扩展

数据分区，是指按照客户的需求、位置或者价值分割或分配工作职责，一般来说就是对数据的扩展，将事务产生的数据按照一定的特征分区在不同的服务器上。如按照客户 ID 进行分库分表。优点是对数据进行隔离，不同数据的请求被分发到不同的服务器上。缺点是 Z 轴扩展是所有扩展中复杂度最高的。

从传统的巨大的单体结构到如今面向服务的去 IOE 的架构，互联网核心架构的演变和发展就是在不断应用 AKF 扩展立方体模型。

三种扩展方式可以根据需要组合使用，但一定要选择与应用规模相符合的架构，例如一个面向小企业的企业内部信息系统就没必要进行 Y 轴扩展。

1.5 互联网核心架构的演变

移动互联网的普及，使 C 端客户有了爆发性的增长，原有的面向企业内部的系统，现在要面向互联网受众，对系统的要求有了根本性的改变，系统的复杂度大幅提高。最直观的体现是在软件工程中组织结构分工更细，责任更加明确。在早期的软件开发过程中，一个好的项目骨干甚至可以承担从需求调研到界面设计、技术开发等全部工作，而现在的互联网软件开发包括了前端工程师、后端工程师、产品设计师等等不同的工种。在技术架构上也经历了类似的历程。系统架构从早期的大包大揽的单体架构，逐渐演变到基于微服务的架构，乃至应用云的架构。系统架构的演变过程见图 1-5。

如图 1-5 所示，系统架构的演变经历了如下过程。

- 最早期的应用是以 CS 架构为主的，稍后逐渐发展为 BS 架构。BS 架构在服务端是一个大包大揽的 all in one 的架构，所有的服务功能在一个应用内。

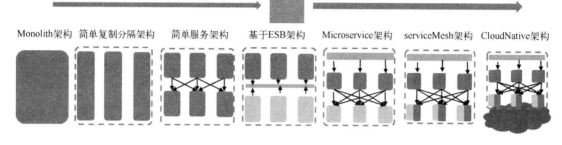

图 1-5　系统架构演变

- 单体应用出现性能问题时，通过水平复制应用，在前端通过 Nginx 进行反向代理，实现负载均衡。
- 单个应用的复制解决不了问题，此时将巨大的单体拆分成多个系统，多个系统间通过服务调用协同解决问题，所以又提出了面向服务的架构。
- 随着系统服务数量的增多，需要通过服务治理手段，管理企业系统内部各应用间的互联互通，这就形成了以 ESB 为核心的架构。
- 随着移动互联网的发展，产生了微服务的架构。微服务架构就是技术架构更加专业化、精细化的表现，是在业务服务化的基础上对服务的更加精细化管理的架构。
- 微服务架构采用侵入性设计，不支持多语言，因此产生了 Service Mesh（服务网格）架构，通过抽象出负责网络通信的"Sidecar"，将业务逻辑与服务治理完全分隔。
- 云原生架构，完全基于云平台的弹性计算能力的架构，应用系统在最初就基于云进行设计，并在云上以最佳方式开发、测试、部署和维护。

1.5.1　Monolith 单体架构

　　一个单体应用系统是以一个单个单元的方式来构建的。一个 BS 架构的应用系统经常包含三个主要部分：客户端用户界面、数据库和服务端应用系统。服务器端所有的功能打包在一个 WAR 包里，部署在一个 JEE 容器（Tomcat，JBoss，WebLogic）中，基本没有外部依赖（除了容器）。单体架构强调内部垂直分层，如 MVC 结构，包括展示层、控制层、数据层。该系统的任何改变，都会涉及构建和部署上述服务端应用系统的一个新版本。

　　单体架构有很多好处：处理用户请求的所有逻辑都运行在一个单个的进程内，因此能使用编程语言的基本特性，把应用系统划分为类、函数和命名空间；容易测试，在开发人员的笔记本电脑上就可以运行和测试这样的应用系统；容易部署，直接打包为一个完整的包，复制到 Web 容器的某个目录下即可运行；容易扩展，通过负载均衡器运行许多实例，将这个单体应用进行横向扩展。

　　单体应用系统可以被成功地实现，但是随着越来越多的功能被部署到服务端，对于大规模的复杂应用，单体架构应用会显得特别笨重。软件变更受到了很大的限制，应用系统中一个很小的变更，也需要将整个单体应用系统进行重新构建和部署，编译时间过长，回归测试周期过长，开发效率降低。单体架构也不利于更新技术框架，除非你愿意将系统全部重写。随着时间的推移，单体应用逐渐难以保持良好的模块化结构，这使得它越来越难以将一个模块的变更产生的影响控制在该模块内，当对系统进行扩展时，不得不扩展整个应用系统，而不能仅扩展该系统中需要更多资源的那些部分。

1.5.2　Microservice 微服务架构

单体架构在扩展时无法实现对业务的精细化管理。如图 1-6 所示，一个应用中，在同一个 WAR 包中打包了数个业务，其中某个业务的负载已经达到了 90%，而同一应用下的其他三个组成的负载较低。因此添加一个额外的应用实例虽然可以将需要扩容的业务的负载降低到 45%，但是也使得其他各业务的利用率更为低下。解决之道就是 Microservice，即微服务架构。

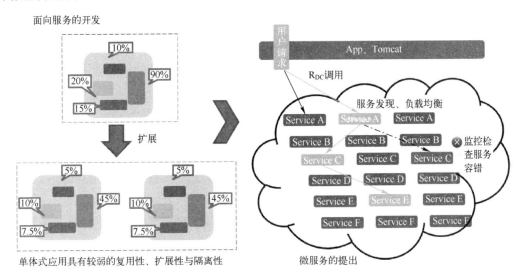

图 1-6　单体结构扩展与微服务扩展

Martin Fowler 在 ThoughtWorks 提出了 Microservice 的架构，对 Microservice 是这样定义的：Microservice 体系结构风格是一种将单个应用程序开发为一组小型服务的方法，每个服务都在自己的进程中运行，并与轻量级机制（通常是 HTTP）通信。这些服务是围绕业务能力构建的，可以通过完全自动化的部署机制进行独立部署。对这些服务的集中管理是最低限度的，这些服务可以用不同的编程语言编写，并使用不同的数据存储技术。

如图 1-7 所示，在开始阶段使用 Microservice 架构模式开发应用的效率低于 Monolith。但是随着应用规模的增大，基于 Microservice 架构模式的开发效率将明显上升，而基于 Monolith 模式开发的效率将逐步下降。

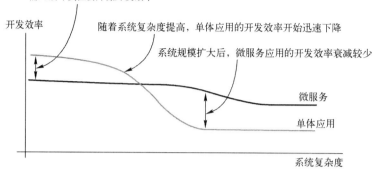

图 1-7　单体结构和微服务的开发效率与系统复杂度

在开发初期，Microservice 的复杂性会导致开发效率较低，随着规模的扩大，由于 Microservice 架构模式中依赖的子服务已经完成，开发过程通常只需要关注自身的业务逻辑即可提高开发效率。而随着 Monolith 模式中应用的功能逐渐变大，增加一个新的功能会影响到该应用中的很多方面，因此其开发效率会越来越低。

Microservice 背后的理念是将大型、复杂且历时长久的应用在架构上设计为内聚的服务，这些服务能够随着时间的流逝而演化。服务分割的粒度是面向服务架构中首要考虑的因素。如果一个服务的粒度太小，会导致频繁的调用，导致服务的嵌套调用，使调用过程中网络消耗占比较高，得不偿失。服务粒度太大，又失掉灵活性。在 Microservice 架构模式中，需要站在最终用户的视角分割服务，一个服务需要能够独立地完成特定的业务逻辑，至少是某个独立资源的 CRUD 操作。例如在电子商务网站中，需要一个创建订单服务，一个查询订单服务，一个取消订单服务等。Microservice 的最好例子就是 UNIX 的各种命令，如 find、grep 等。

Microservice 这个术语强烈建议服务应该是很小的，一个原子服务不应该消耗很多的资源，如不应在一个原子服务中进行跨库操作。在涉及用户交互时，常常为了减少前端的调用，需要提供一个组合服务，负责组装多个原子服务。组合服务可能涉及多个数据库的操作，使用分布式事务存在较大风险，一般情况下可以考虑使用数据最终一致性的方案。

其他 Microservice 架构需要考虑的基本问题包括：服务提供者如何注册服务，消费者如何找到服务提供者；服务消费者与服务提供者之间如何通信，是同步还是异步，采用什么样的协议；在一个服务的多个实例间如何进行负载均衡，消费者实现还是服务提供者实现，都有哪些负载均衡策略；怎样保证系统健壮，将坏服务的影响降到最低，实现限流、熔断、降级等机制；从服务的消费、调用乃至嵌套调用过程中如何跟踪服务的调用过程，判断服务消耗时间，做好服务监控。

显而易见，Microservice 模式带来了较大的架构复杂性。在《Introduction to Microservices》这篇文章中对 Microservice 的优点和缺点有系统的描述。

Microservice 架构的优点包括复杂度可控、独立按需扩展、技术选型灵活、容错和可用性更高。

- 通过分解巨大的单体式应用为多个服务方法解决了单体应用的开发维护等复杂问题。在功能不变的情况下，应用被分解为多个可管理的分支或服务。每个服务都有一个用 RPC 或者消息驱动 API 定义清楚的边界。每个服务都更容易开发、理解和维护，提供了模块化的解决方案。

- 这种架构使得每个服务都可以由专门开发团队来开发，带来了组织结构的自主性。开发者可以自由选择开发技术，提供 API 服务。当然，许多公司试图避免混乱，只提供某些技术选择。这种自由意味着开发者不需要被迫使用某项目开始时采用的过时技术，他们可以选择现在的技术。甚至，因为服务相对简单，即使使用新技术重写以前的代码也不是很困难的事情。

- Microservice 架构模式使每个微服务都能独立部署。开发人员不需要协调部署本地服务的变更。这些变化可以在测试后尽快部署。例如，UI 团队可以执行 A/B 测试，并快速迭代 UI 更改。Microservice 架构模式使连续部署成为可能。

- Microservice 架构模式使每个服务都可以独立调整。可以根据每个服务的实际需求来调整服务实例的数量，也可以使用最符合服务资源要求的硬件。

Microservice 的主要缺点是精细化管理产生的复杂性，包括服务间通信成本、数据一致性、系统部署依赖、集成测试规模、多服务运维难度、性能监控等问题。

- 开发人员需要选择和实现基于消息传递或 RPC 的进程间通信机制。此外，他们还必须编写代码来处理部分故障，因为请求的服务器提供者可能响应很慢或不可用。

- Microservice 应用是分布式系统，由此会带来固有的复杂性。开发者使用 RPC 或者消息传递机制实现进程间通信，需要处理消息内容重复和信息顺序混乱等问题。

- Microservice 的另一个挑战是分区数据库架构。在基于微服务的应用程序中，常常需要更新不同服务所拥有的多个数据库，使用分布式事务通常不是一个好的选择，最后不得不使用最终一致性的方法。

- 测试 Microservice 应用程序也更复杂。测试一个基于微服务架构的应用也是很复杂的任务。相比单体应用，同样的服务测试需要启动和它有关的所有服务，测试需要覆盖不同服务间的可靠性等问题。

- 在 Microservice 架构模式下，应用的改变会波及多个服务。例如，假设要完成一个案例，需要修改服务 A、B、C，而 A 依赖 B，B 依赖 C。在单体式应用中，只需要改变相关模块，整合变化，就部署好了。相比之下，微服务架构模式就需要考虑相关改变对不同服务的影响。例如，需要更新服务 C，然后是 B，最后才是 A，幸运的是，许多改变一般只影响一个服务，而需要协调多服务的改变很少。

- 部署基于 Microservice 的应用程序也更复杂。单一应用程序只需要简单地部署在负载平衡器后面的一组相同的服务器上。每个应用程序实例都配置有相同的基础元数据（如数据库和消息代理的主机和端口）。相比之下，微服务应用通常由大量服务组成。每个服务将有多个运行时实例。更多的部件需要进行配置、部署、扩展和监控。此外，还需要实现服务发现机制，使服务能够发现需要与之通信的任何其他服务的位置（主机和端口）。传统的基于手动操作的方法无法扩展到这种复杂程度。因此，成功部署微服务应用程序需要开发人员更好地控制部署方法，并实现高水平的自动化。

1.5.3 Microservice 与 SOA

1. SOA 架构

面向服务的架构（Service Oriented Architecture，SOA）是指系统由多个服务组成，服务通常以独立的形式存在于操作系统进程中，各个服务之间通过网络进行调用，服务之间通过相互依赖最终提供一系列的功能。

2. SOA 主要解决的问题

业务系统集成化：整体解决企业系统间的通信问题，通过引入 ESB、技术规范、服务规范等技术，把原先散乱并且无规划的网状系统结构，梳理成规整且可治理的星形系统结构。

业务功能服务化：把业务逻辑抽象成可复用、可组装的服务，通过服务的编排实现业务的快速再生，把原先固有的业务功能转变为通用的业务服务，实现业务逻辑的快速复用。

3. SOA 与 ESB

SOA 一般使用 ESB（企业服务总线）作为核心架构，ESB 是将传统的单点集成转化为总线式集成的核心部件，它集成不同系统不同协议的服务，连接服务节点，通过信息的转化和路由使服务互联互通，是企业内部业务系统间业务协同和数据集成的高速公路。ESB 一般采用集中式转发请求，适合大量异构系统集成。通过把系统里的集成逻辑单拉出来，放到 ESB 中部署，并与应用系统适配，让应用系统变得只有自己的业务逻辑，应用系统简单、轻薄。但所有的服务上增加了一个 ESB 总线作为沟通的渠道，对于较大的并发，会将瓶颈推到 ESB 总线上。很多时候，ESB 总线都采用 MQ 消息队列服务异步处理来缓解压力。

ESB 的主要功能包括：格式转换、协议转换、服务代理、服务编排、安全控制、系统监控、路由转发等。ESB 产品的代表有：JBoss ESB，Mule，Camel 等中间件。JBoss 的 ESB 组件见图 1-8。

4. Microservice 与 SOA

技术架构都是业务驱动的，SOA 与 Microservice 是不同时代需求背景的产物。

大型企业内部信息系统关系错综复杂，需要对服务进行编排集成，因此产生了以 ESB 为核心的 SOA 架构。如图 1-9 和图 1-10 所示，Apache 的路由中间件 Camel 支持 50 种集成模式、80 多种协议规范与通信连接、19 种数据格式和 15 种语言。

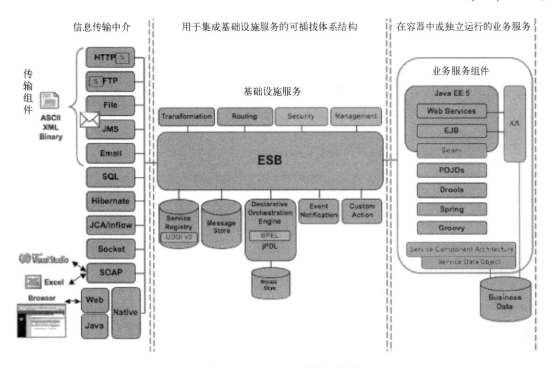

图 1-8 JBoss ESB 功能架构图

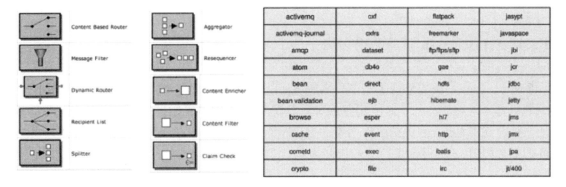

图 1-9 CAMEL 的集成模式　　　　　　　图 1-10 Camel 的部件

　　微服务是互联网场景下产生的，解决的是互联网背景下的高并发、快迭代的问题。微服务是 SOA 的传承，是 SOA 组件化架构思想的推进，但更强调分布式应用的强健壮、适用于高并发场景。Microservice 的主要功能包括服务注册和发现、服务网关、服务监控、负载均衡、安全控制等。例如使用 Microservice 中的服务注册和发现能力，子业务系统可以通过注册中心很快找到对应的服务，但实际访问仍然是点对点的服务调用，适合并发及压力比较大的情况。Microservice 中间件的代表包括：Dubbo，HSF，Spring Cloud，Motan 等。

　　SOA 与 Microservice 都着重于服务治理的功能。SOA 着重强调规范管理、服务重用和系统协同。SOA 中一般提倡 ESB，服务规范，WS 等概念。尝试将应用集成，强调服务组合和编排能力，一般采用中央管理模式来确保各应用能够交互运作。

Microservice 以提高服务性能、提供服务健壮性、实现服务自治为主要目的。Microservice 倾向于降低中心消息总线（类似于 ESB）的依赖，采用分布式的去中心化设计，去掉大一统的 ESB，服务间轻通信（REST），不强调服务规范。Microservice 不再强调服务组合和编排能力，实践证明服务组合和编排能力会导致较重的系统架构。微服务架构强调限流容错，着重于分散管理与自动化部署，单体应用要打散为多个独立自治并可以在独立进程中运行和管理的微服务模块。ESB 与 Microservice 在架构上的区别如图 1-11 所示。

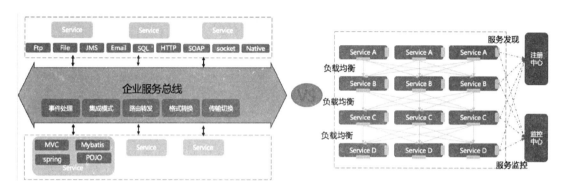

图 1-11　ESB 与 Microservice

1.5.4　Servicemesh 服务网格架构

Microservice 架构采用了非中心化的设计，但需要提供客户端组件和服务端组件。客户端组件嵌入在服务消费者应用程序中，负责从注册中心及时获得最新的服务提供者地址，并做负载均衡。服务端组件需要在启动时向注册中心注册自己并定期报告心跳。微服务的架构如图 1-12 所示。

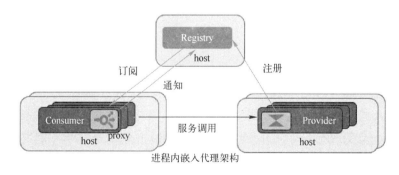

图 1-12　微服务架构

在《Pattern：Service Mesh》这篇文章中对微服务架构的缺点和演变进行了解析（见 https://philcalcado.com/2017/08/03/pattern_service_mesh.html）。

微服务架构需要在服务消费者进程和服务提供者进程中嵌入代理，这些基础架构相关的逻辑是与业务架构耦合在一起的，是一种侵入式设计，如图 1-13 所示。Spring Cloud 的 Eureka 注册中心和 Ribbon 客户端代理，Dubbo 的注册中心和客户端都是这种模式的体现。这种设计无法支撑多语言环境，业务架构和基础架构不能单独演进。

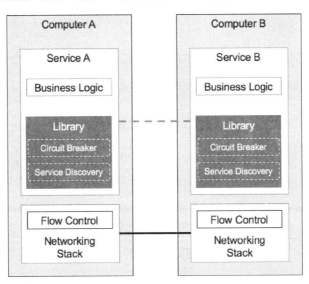

图 1-13　微服务架构中业务逻辑与基础架构耦合

为了解决这个问题，需要将这些入侵业务架构的功能抽象出来，作为一个独立的功能。这个独立的服务被称为 Sidecar，这种模式叫作 Sidecar 模式，如图 1-14 所示。Sidecar 模式是一种将应用功能从应用本身剥离出来，作为单独进程的方式。该模式允许我们向应用无侵入式地添加多种功能，避免了为满足第三方组件需求而向应用添加额外的配置代码。就像边车加装在摩托车上一样，在软件架构中，Sidecar 附加到主应用（或者叫父应用）上，以扩展/增强功能特性，Sidecar 与主应用是松耦合的。对每个微服务节点，都需要额外部署一个 Sidecar 来负责业务逻辑外的公共功能，所有的出站入站的网络流量都会先经过 Sidecar 进行各种处理或者转发。微服务的开发不需要考虑业务逻辑外的问题。

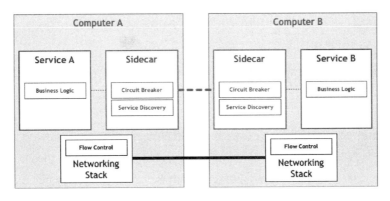

图 1-14　Sidecar 模式

在图 1-15 中，线条代表了服务间的通信，线条串起来的方块为 Sidecar，Sidecar 旁边的方块为服务。所有的 Sidecar 都是一样的，只需要部署的时候使用编排工具即可方便地为所有节点注入 Sidecar，服务之间通过 SideCar 发现和调用目标服务，从而形成服务之间的网络状依赖关系，Service Mesh（服务网格）因此得名。

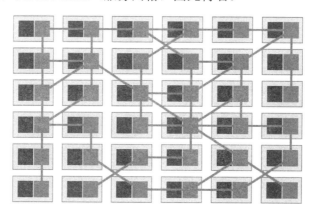

图 1-15　Service Mesh

Service Mesh 最早由开发 Linkerd（最早实现 Service Mesh 理念的产品） 的 Buoyant 公司（前 Twitter 基础设施工程师创办）提出，Buoyant 公司的 CEO William Morgan 定义 Service Mesh 的概念如下：

A service mesh is a dedicated infrastructure layer for handling service-to-service communication. It's responsible for the reliable delivery of requests through the complex topology of services that comprise a modern, cloud native application. In practice, the service mesh is typically implemented as an array of lightweight network proxies that are deployed alongside application code, without the application needing to be aware.

即：服务网格是一个专门处理服务通信的基础设施层。它的职责是在由云原生应用组成服务的复杂拓扑结构下进行可靠的请求传送。在实践中，它是一组和应用服务部署在一起的轻量级的网络代理，并且对应用服务透明。

通过服务网格可以完成以下事项。

- 支持多语言，为异构（微）服务框架/平台提供融合发展的可能。
- 为单体应用向微服务架构演进提供渐进的途径。
- 业务开发聚焦于业务逻辑本身，业务开发时无需关心安全、灰度、限流、熔断等通用的技术内容。
- 基础架构和业务架构可以独立演进。
- 对（异构）微服务架构应用实现更为有效的全局一体化监管控。

图 1-16 是服务网格框架 Istio 的示例图（https://istio.io/docs/examples/bookinfo/）。一个 bookinfo 视图，业务逻辑由 productPage microService 实现，productPage 又调用了 detailService 和不同版本的 ReviewsService，ReviewsService 又调用了 RatingsService，这些不同的服务采用了不同的语言编写。在应用服务网格框架 Istio 后，在每个 Service 侧按照

Sidecar 模式部署了服务代理，既整合了不同语言的服务，又保证了各个服务的独立演进。

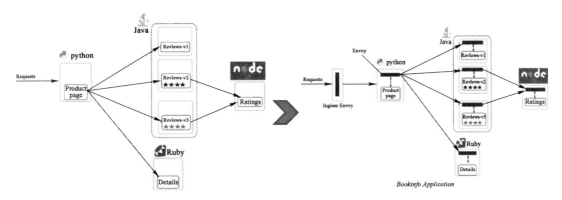

图 1-16　使用服务网格解耦业务系统

1.5.5　Cloud Native 云原生架构

1. 云原生的由来

云原生（Cloud Native）的概念，由来自 Pivotal 的 Matt Stine 于 2013 年首次提出。2015 年 Matt Stine 提出了云原生架构应该具备的特征，包括**微服务（MicroServices）、敏捷基础设施（Agile Infrastructure）和 12 要素（The Twelve-Factor）、基于 API 的协作、抗脆弱性**等几大主题。

- 12 要素应用程序：云原生应用架构模式的集合。
- 微服务（MicroServices）：独立部署的服务，每个服务只做一件事情。
- 自助服务的敏捷基础设施：快速，可重复和一致地提供应用环境和后台服务的平台。
- 基于 API 的协作：发布和版本化的 API，允许在云原生应用架构中的服务之间进行交互。
- 抗压性：根据压力变化的系统。

2017 年，Matt Stine 进一步归纳云原生的特征为：模块化、可观察、可部署、可测试、可处理、可替代。

2015 年 Google 主导成立了云原生计算基金会 CNCF（Cloud Native Computing Foundation），最初定义云原生应包含**应用容器化、面向微服务架构、应用支持容器的编排调度**。

2018 年，CNCF 在云原生定义中加入了 serviceMesh。官网（https://github.com/cncf/toc/blob/master/DEFINITION.md）上的定义中英对照如下。

Cloud native technologies empower organizations to build and run scalable applications in modern, dynamic environments such as public, private, and hybrid clouds. Containers, service meshes, microservices, immutable infrastructure, and declarative APIs exemplify this approach. （云原生技术有利于各组织在公有云、私有云和混合云等新型动态环境中，构建和运行可

弹性扩展的应用。云原生的代表技术包括**容器、服务网格、微服务、不可变基础设施和声明式 API**。）These techniques enable loosely coupled systems that are resilient, manageable, and observable. Combined with robust automation, they allow engineers to make high-impact changes frequently and predictably with minimal toil. （这些技术能够构建容错性好、易于管理和便于观察的松耦合系统。结合可靠的自动化手段，云原生技术使工程师能够轻松地对系统做出频繁和可预测的重大变更。）

2. 云原生的含义

顾名思义，云原生就是应用基于云而生，应用系统在最初就基于云进行设计，并在云上以最佳方式开发、测试、部署和维护。

云原生概念起源于大厂商云平台的成熟，云计算的 3 层概念（基础设施即服务（IaaS）、平台即服务（PaaS）和软件即服务（SaaS））已经完善并足以支撑起软件生命周期的各个环节。

无论如何解释云原生，其出发点都是为了将业务处理逻辑从其他复杂的事务中干净彻底地抽象隔离。云原生的各种定义都包含了下列含义。

（1）云原生系统应使用 Microservice、service mesh 技术，以隔离技术架构对业务处理逻辑的侵入。

使用云原生架构，有必要应用 Microservice、service mesh 技术。在核心技术架构层使用 Microservice 这一类架构，一方面提供了松耦合的能够被独立开发和部署的无状态化服务，另一方面提供了完善的服务治理能力，从而使核心业务能够独立扩展、升级和可替换，进而应用云基础设施。

（2）云原生系统应该是面向 Iaas、PaaS 和 SaaS 服务设计的，以隔离基础设施对业务处理的侵入。

云原生开发模式意味着要充分利用基础设施即服务（IaaS）、平台即服务（PaaS）和软件即服务（SaaS）的能力。一方面，云平台要保证资源的提供能够实现需求，租户不需要关注资源的细节情况，并拥有充分的自主能力，构建基础设施服务于开发、测试、联调和灰度上线等需求。同时要求业务开发具有较好的架构设计，技术人员使用各个层级的云服务都是通过代码来完成的，并且是自动化的，不能通过手工安装或克隆的方式来管理服务器资源。基础设施通过代码来进行更改、测试，在每次变更后执行测试的自动化流程中，确保能维护稳定的基础设施。不需要依赖本地数据进行持久化，所有的资源都是可以随时拉起，随时释放，同时以 API 的方式提供弹性、按需的计算、存储能力。

（3）云原生系统应该是有利于 DevOps 持续集成的，以隔离专业复杂的开发运维管理对业务快速迭代的影响。

云原生开发模式应打破软件生命周期中各个干系人的隔阂，促进开发部门、运维部门和质量保障部门之间的沟通、协作与整合。通过自动化的方式实现持续集成、持续部署、持续发布，确保持续、快速地完成一个个较小的任务目标，完成从开发和测试，再到代码快速、安全地部署到产品环境的全流程。每当开发人员提交了一次改动，就立刻进行构建、自动化测试，确保业务应用和服务能符合预期，确保新代码和原有代码能正确地集成在一起。在持续集成完成之后，要能够发送到预发布系统上，达到生产环境的条件，乃至最后将应用安全地部署到产品环境中。云原生模式要打通开发、测试、生产的各个环节，自动、持续、增量地交付产品，容器和容器编排是完成这个自动化过程的基础。

（4）云原生系统应遵循有利于云原生实施的软件架构模式。

互联网应用在设计过程中，需要遵循一些基本原则，以便用好云设施，并通过云原生模式实现从小规模集成单元到复杂的分布式系统的交付过程。主要原则包括：显式声明第三方类库依赖关系；使用环境配置而不是代码配置；只保持一份基础代码；统一且不加区别地对待本地服务和第三方服务；使用网络通信避免通过本地文件或进程通信；进程无状态且无共享；应用无状态能弹性伸缩；区分构建发行与运行的不同配置；研发测试和生产环境相似以利于持续集成；收集日志使系统可视化等。

3. Serverless 架构

Serverless 直译为中文是"无服务器"。其含义是指基础设施租户只需要管理"服务"，而不需要管理"服务器"，服务器的管理以及资源分配对用户不可见。另外，对于租户，Serverless 是付完即走，基于实际的消费而不是基于预测的预付款进行收费的。可见，Serverless 是云原生思想的一种更为彻底的落地模式。国内外的各大云厂商 Amazon、微软、Google、IBM、阿里云、腾讯云、华为云相继推出了 Serverless 产品。

使用 Serverless 框架之后，应用开发者的整个操作流程就变成了：只需要编写代码（或者函数），以及配置文件（如何构建、运行以及访问等声明式信息），然后进行非常简单的 build 和 deploy 操作就能把应用自动部署到集群（可以是公有云，也可以是私有的集群），其他事情都是 Serverless 平台自动处理的。

- 自动完成代码到容器的构建。
- 把应用（或者函数）和特定的事件进行绑定：当事件发生时，自动触发应用（或者函数）。
- 自动的网络路由和流量控制。
- 应用的自动伸缩。

Serverless 架构的一种典型模式是 FaaS（Function as a Service，函数即服务）。例如开发一个图片上传和分析的功能，传统的开发需要关注 Tomcat 容器，需要 MVC 架构，而使用 FaaS，只需要实现一个 Function Handler，处理图片上传完成这个事件，在 Function Handler 中调用图片识别的相关逻辑，然后调用数据库的 REST API 存储结果。过程中不用构建 MVC，不用配置 Tomcat 的 XML 文件，数据持久化直接使用对象存储相关服务。这个应用也不需要 7×24 小时运行，没有用户上传图片时它只是一份编译好的代码，当用户图片上传完成时，FaaS 会为 AI 应用启动一个新的进程执行代码，该进程在代码执行完成后自动销毁，应用的所有者只需为代码执行的这几十秒钟付钱，节省了很多开支。也无需操心 Auto-Scaling 的问题，FaaS 会在需要的时候自动扩展。

上述过程中，使用了公共云提供的对象存储服务，在 Serverless 架构中也叫 BaaS

（Backend as a Service，后端即服务）。BaaS 是 PaaS 的一种特例，它们的区别在于：BaaS 仅提供应用依赖的第三方服务，而典型的 PaaS 平台需要参与应用的生命周期管理，需要提供手段让开发者部署和配置应用，例如自动将 PaaS 应用部署到 Tomcat 容器中，并管理 Paas 应用的生命周期。BaaS 不包含这些内容，BaaS 只以 API 的方式提供应用依赖的后端服务，例如数据库和对象存储。

knative 是 Google 开源的 serverless 架构方案，旨在提供一套简单易用的 Serverless 方案，把 Serverless 标准化。目前参与的公司主要是 Google、Pivotal、IBM、Red Hat。knative 是为了解决以容器为核心的 serverless 应用的构建、部署和运行的问题。knative 是基于 Kubernetes 和 Istio 开发的，它使用 Kubernetes 来管理容器（deployment、pod），使用 Istio 来管理网络路由（VirtualService、DestinationRule）。

目前 serverless 架构尚未完全成熟，云厂商依然在致力于基础设施的封装和屏蔽，同时云厂商也需要解决下列问题。

- 性能问题，包括服务冷启动带来的延迟以及低性能问题、高并发函数实例扩缩容，大规模业务下函数实例的集群管理等。云服务提供商通常会降低那些不经常使用环境的资源，也会限制可用资源的总量，由此带来响应延迟等低性能问题。

- 开发者生态问题，Serverless 架构在监控、debug 调试、DevOps 等方面的上下游支持还不完善；任何云计算工作事实上都会运行在一个公有云环境，而你无法控制或者进入这些云环境，导致监控、调试以及安全性都无法保障。

第2章　互联网架构设计模式

2.1　架构设计的切入点

互联网的架构演化是从单体系统演化成一个分布式系统的过程,体现了互联网架构的设计思想。设计一个大型的互联网架构需要从下面几点着手。

系统拆分:按照"高内聚、低耦合"的思想进行系统分层、分割、分片。通过多个维度的拆分,系统利用多个独立的计算节点来解决单个节点的计算和存储等瓶颈问题,实现分而治之,各个节点既独立自治又分工协作。

数据传输:解决分布式系统各节点间的数据传输问题,通过数据压缩,数据靠前缓存的办法减少数据传输。

数据处理:采用多线程、并行处理、异步处理等方式提升系统吞吐能力,提高系统效率。

异常处理:分布式系统各节点业务场景不同,流量不一致,同时也会出现通信、存储和计算等硬件故障,需要根据不同的现象进行预防隔离和容错处理。

统筹管控:分布式系统在实现节点自治的同时,也需要有措施对各节点进行宏观统筹,实现整体安全防御,对子系统进行监控、服务治理、自动化处理。

2.2　互联网架构的典型模式

2.2.1　分层

分层就是 AKF 扩展立方体中的水平扩展,将系统按水平方向分为多个层次,每层在应用中有专门的角色,各层之间相对独立,以更松散的方式协同发挥作用。

分层架构可以应用于一个子系统内部,也可以应用于子系统之间。例如在一个子系统内部,将一个应用分为 MVC 结构,即模型、视图和控制器。在一个互联网架构中可以分为前端展现层、网关接入层、服务处理层、数据缓冲层、数据持久层等。

分层要求功能内聚、逻辑清楚、边界清晰,理想的层次是可替代、可插拔的。各层之间也是有序的,需要按约定的层次顺序传递信息,避免跨层次调用以及反向调用。

分层降低了各层的依赖关系，功能更加内聚，应用更加标准化，有利于功能复用，也有利于各层独立维护、独立扩展。系统规模越大优势越明显。但从某一个具体调用过程看，分层结构增加了服务调用消耗，降低了性能。同时分层导致了级联修改，增加了系统复杂度，增加了开发维护成本。

分层思想尤其适用于对软件整体结构的梳理，通过水平拆分可以构建出子系统的层次关系，形成系统整体架构。一个较完整的大型企业互联网架构总体蓝图如图 2-1 所示。

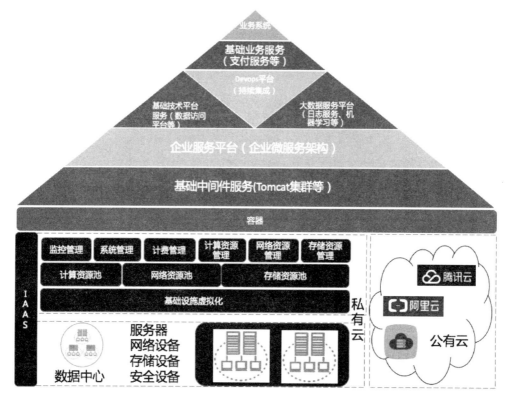

图 2-1　分布式系统分层模式实例

- 企业业务架构的基础是搭建在企业数据中心或公有云基础上的企业 IT 基础设施，提供 IaaS 服务。基于历史 IT 资产投资利用以及数据保密的需要，大型企业仍然侧重于建设企业专有云，同时在部分领域使用公有云的能力，是一个混合云的架构。而小微企业倾向于全部使用公有云。
- 第二层是容器及基于容器的资源调度平台。2014 年 1 月 Docker 1.0 版本正式发布，2014 年秋亚马逊正式推出了弹性容器服务。Docker 生态发展迅猛，目前已经成为企业架构的标准部件与核心基础。
- 第三层是企业基础中间件服务层，通过整合成熟的中间件，并对部分中间件容器化，为企业提供基础中间件服务能力。
- 第四层是企业服务平台，利用成熟的开源框架，搭建提供面向服务的系统架构，是企业交易的核心。

- 第五层是企业自主搭建的技术体系,包括企业自研基础技术体系、企业自有 DevOps 平台、企业自有大数据服务平台，它们与第三层和第四层共同组成了企业的 PaaS 服务平台。
- 第六层是企业将自研的典型业务系统封装，提供标准服务的 SaaS 平台。
- 最顶层是企业定制化的业务系统。

2.2.2　分割

分割就是垂直扩展，是按照业务方向将一个系统进行功能划分。分层更多关注的是技术层面，而分割更多关注的是业务层面。如一个零售系统可以分为用户服务、支付服务、订单服务、商品服务等。

分割服务时，需要根据业务的复杂程度选择分割的粒度。比如大型电商平台用户查看商品信息的频次与其他业务相比调用频率更高，此时可以将商品服务继续细化，拆分为商品搜索服务、商品详情服务。分割后，分析每个服务各自的业务场景，总结各自的技术进化路线。系统的切割不见得是一蹴而就、一次到底的，需要根据业务情况，逐渐进化。

通过将系统按功能分割，有利于分工协作，降低开发和部署过程中的冲突、合并等干扰，优化团队效率，也有利于隔离不同业务间的影响，按分割后的服务单独定制优化路线。但分割也带来了系统的复杂性，需要对调用关系进行治理，需要引入 Microservice、Servicemesh 等服务治理框架。

在总体分层架构的基础上应用分割的办法，可以形成企业的总体架构图，图 2-2 是一个零售行业的整体架构图，展示了分割模式。

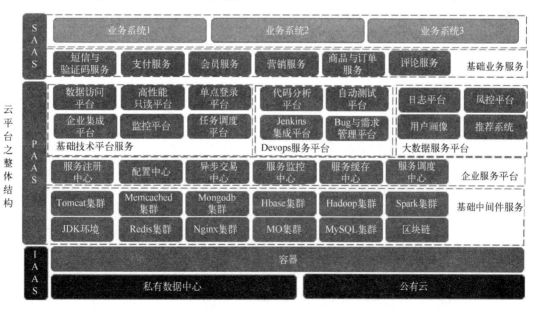

图 2-2　分布式系统分割模式实例

- 在基础中间件部分，搭建 Redis 集群、MySQL 集群等中间件高可用架构。
- 在企业服务平台部分，搭建微服务或服务网格的核心架构。
- 在基础技术平台部分，搭建单点登录、计划任务调度、监控系统等系统，在 DevOps 部分搭建 Jenkins、自动化测试、代码分析、bug 管理等系统，在大数据部分搭建 ES、用户画像、推荐系统、风控系统等系统。
- 在基础业务服务部分提供会员、支付、验证码、营销、订单、评论等基础业务服务。

2.2.3 分片

分片对应于扩展立方体的 Z 轴扩展，是将数据分配到不同的节点上进行分片存储和计算。业务处理可以通过分层和分割解决扩展问题，传统关系型数据库就变成了下一个瓶颈。解决方法为提升硬件处理能力，或采用传统的关系型数据库提供的集群处理方案，如 MySQL cluster，Oracle Rac 等。这些集群处理方案都存在局限，随节点数增加，总体性能提高，但单机性能下降，无法支持无限扩展，面对互联网海量数据依然力有不逮。

为了解决传统关系型数据库的问题，产生了 NoSQL 数据库，包括键值（key-value）存储数据库，典型代表如 Redis；列存储数据库，典型代表如 HBase；文档型数据库，典型代表如 MongoDB；倒排索引数据库，典型代表如 ES；图结构数据库，典型代表如 Neo4j 等。NoSQL 数据库是为大数据而生，结构上天然支持数据分片扩展，如 Redis cluster 的 slot，ES 的 shard index 都是典型的分片结构。

NoSQL 数据库是关系型数据库的有效补充，但满足 ACID 的关系型数据库依然是系统架构中必不可少的，为了解决关系型数据库的扩展问题，可以采用分库分表的办法。分库是指将原本在一个数据库中的数据，重新按业务归类分布到不同的数据库中，从而将压力分散至不同的数据库。比如将单一的零售系统的数据库，拆分为用户库、商品库、订单库等。分表是指将原本在一个数据表中的数据，重新归类分布到不同数据表中。分表无法缓解数据库压力，但有利于突破单表的数据存储和查询性能瓶颈，如将用户数据表按用户 ID 拆分成 N 张表，可以解决海量用户的查询问题。采用分表不分库的办法，可以避免分布式事务。

对数据库分库分表的同时配合使用多主多从的分片方式，可以有效避免数据单点，提升数据架构的可用性。分库分表一般需要配合系统分割，与服务的划分相对应。

分库分表提升了整体数据处理能力，但也带来了数据路由、数据聚合、分布式事务等问题。一般需要采用 ShardingSphere、mycat 等中间件屏蔽数据分片带来的复杂性。

在典型的应用场景中，对数据 ACID 要求高的继续使用关系型数据库，并进行分库分表处理，同时结合 NoSQL 数据库，发挥 NoSQL 数据库的特长。例如，针对海量数据，可以先在 MySQL 上进行分库/分表，然后通过 ShardingSphere 分库分表中间件完成数据 CRUD 管理，最后将数据同步到 Redis 和 HBase 中，在 Redis 中进行数据热点缓存，在 HBase 中进行大表存储，当查询时可以使用 Redis 或 HBase 进行查询，避免对关系型数据库分片数据的 Join 查询。

针对海量图片和视频文件的存储处理，一般可以使用 Fastdfs 等分布式文件存储系统或 OSS 分布式对象存储系统来进行管理。

2.2.4　缓存

缓存是将数据放在距离使用者最近的位置的一种方式，通过缓存可以减少系统交互，降低系统 I/O。缓存的主要方式包括 CDN 缓存、前端缓存（浏览器缓存、App 缓存）、反向代理缓存、应用端缓存、分布式缓存。

（1）CDN 缓存，CDN（内容分发网络，Content Delivery Network）是由分布在不同地理区域的节点组成的分布式网络，可以将源站内容分发至最接近用户的节点，当分布在各地的用户请求访问和获取网站内容时，无需访问主站，系统自动调用离终端用户最近的 CDN 节点上已缓存的资源。CDN 可以分担源站压力，避免网络拥塞，提高资源访问速度和成功率。

（2）前端缓存，前端缓存是指在用户侧的缓存策略，包括用户侧的浏览器缓存和 App 客户端缓存等。浏览器缓存，在浏览器首次向服务器发起该请求后，会根据响应报文中 HTTP 头中设置的缓存策略，决定是否缓存应答结果，是则将应答结果和缓存策略存入浏览器缓存中，后续的请求会根据缓存策略判断是否将请求发送到服务器端。App 客户端缓存，是指利用移动设备的内存、文件系统或嵌入式数据库等方式缓存数据。

（3）反向代理缓存，反向代理服务器部署在网站应用的最前端，在 2.2.7 节中描述了反向代理静态资源缓存的办法。

（4）应用缓存，是指将数据存储在应用系统本地线程堆栈中，Java 语言可存储在 Map、Set、List 等集合类型数据结构中，也可以使用 Guava cache 或者 EHcache 等第三方提供的类库。

（5）分布式缓存，是指在业务系统进程外单独部署的高可用、可扩展的缓存系统，如 Memcached、Redis 等。

2.2.5　并行

串行是指多个任务依次执行，同一时间内只有一个任务在执行。并行是指在系统中同时执行两个或多个任务。图 2-3 是一个下单操作的串行处理流程和并行处理流程。与串行相比，并行能充分利用硬件处理能力，大幅提升效率。

并行主要应用于数据处理与任务处理。

（1）并行数据处理：并行往往与数据分片结合，通过多个进程或线程对不同的分片数据进行并发处理。MapReduce 就是一种针对数据分片的并行处理架构。

（2）并行任务执行：并行还可应用于同时执行多个无依赖关系的服务调用，先并发执行再统一处理结果。区分串行与并行场景，灵活应用并发模式可以大幅提升系统处理能力。

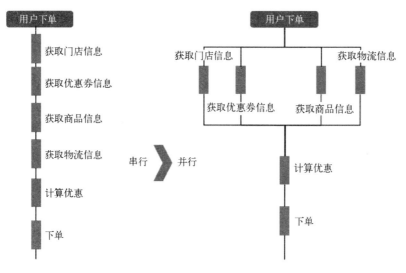

图 2-3　串行与并行

2.2.6　异步

同步是指当发出一个功能调用时，在没有得到结果之前，阻塞线程，该调用不返回。异步的概念和同步相对，当一个过程调用发出后，调用者不能立刻得到结果，可以继续处理其他工作，实际处理调用的部件在处理完成后，通过状态、通知和回调来通知调用者。

异步调用极大地提高了系统的吞吐能力。例如，在浏览器端，同步调用在得到返回结果前，浏览器不能做其他任何事情，而使用 AJAX 异步请求则实现了浏览器的局部刷新，极大地提升了用户体验。

（1）异步线程：Java 中通过 CompletableFuture 实现了对异步调用的编排，通过 thenAccept、thenApply、thenCompose 等方式可以将前面异步处理的结果交给另外一个事件处理线程来异步处理。一般情况下，在一个成熟的体系架构中已经封装了请求调用的模型，如 Dubbo 中提供了消费者和服务者的异步调用方法。应该尽量使用框架中的异步模型，避免另起炉灶。

（2）消息队列：消息的生产者将消息发送到消息队列以后，由消息的消费者从消息队列中获取消息，然后进行业务逻辑的处理，消息的生产者和消费者是异步处理的，彼此不会等待阻塞。消息队列可以使消息生产者和消费者解耦，隔离失败，使消费者具有更好的伸缩性。消息队列还可以起到削峰填谷的作用，将请求的信息纳入到消息队列中，缓存消费者的处理速度。常用的消息队列包括：RabbitMQ、ActiveMQ、RocketMQ、Kafka 等。

（3）Servlet 3.0：Servlet 在 3.0 之前，采用 Thread-Per-Request 的方式处理请求，每一次 HTTP 请求由一个线程负责处理，而处理线程往往要执行访问数据库等操作，处理操作是非常慢的，线程并不能及时地释放回线程池以供后续使用，吞吐受到极大限制。在 Servlet 3.0 以后引入了异步处理，在 HttpServletRequest 对象中可以获得一个 AsyncContext 对象，该对象构成了异步处理的上下文，Request 和 Response 对象都可从中获取。AsyncContext 可以从当前线程传给另外的线程，并在新的线程中完成对请求的处理并返回结果给客户端，初始线程可以还给容器线程池以处理更多的请求。

2.2.7　隔离

隔离是指将不同的资源加以区分进行隔离控制。通过资源隔离可以限定问题传播范围，避免雪崩效应，同时隔离可以为不同场景的资源划分泳道，避免互相堵塞，互相影响。隔离的应用方式很多，下面列出常见的隔离方式。

（1）服务隔离，在面向服务的架构体系中，对服务进行隔离控制，避免一个服务出现问题引起系统雪崩，导致系统被流量冲垮，保障应用高可用性。主要措施包括限流、熔断、降级。限流：监控应用流量的 QPS 或并发线程数等指标，当达到指定阈值时对流量进行控制。熔断：在调用链路中某个资源出现不稳定状态时（例如调用超时或异常比例升高），对这个资源的调用进行限制，让请求快速失败，防止请求发生堆积。降级：在服务器压力剧增的情况下，根据实际业务情况及流量，对一些服务和页面有策略地不处理或换种简单的方式处理，从而释放服务器资源以保证核心事务正常运作或高效运作。如库存系统宕机时，为保证售卖，可以暂时使库存调用返回有库存。

（2）线程隔离，是指在同一进程内根据业务情况，分别设置不同的线程池进行隔离，每个线程池单独配置，如图 2-4 所示。如 Tomcat、Dubbo 都可以根据业务场景完成线程隔离。

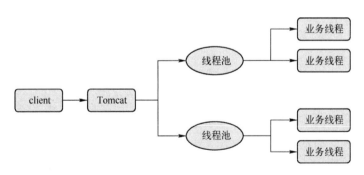

图 2-4　线程隔离

（3）进程隔离，是指在将单个系统拆分为多个子系统后，对子系统以及子系统依赖的关联资源同时进行隔离。如在电商秒杀场景中，因为秒杀的业务抖动较大，为保护其他业务，需要将秒杀场景相关的系统进程、缓存、DB 等资源独立。又如 AB 测试场景，需要隔离出两套环境，用不同的流量进行测试。

（4）动静分离，静态页面是指网站页面中几乎不变的页面（或者变化频率很低），例如静态 html 页面、js/css 等样式文件，只需要 CDN、Nginx、Squid/Varnish 等中间件就可以处理。动态页面是指基于不同用户不同场景访问，服务端动态渲染生成的不一样的页面，例如 JSP、PHP 等文件，需要部署到 Tomcat、Weblogic 等容器上。

静态页面只需要在服务器上存储，无需再进行计算处理，访问路径短，访问速度快，并发能力强。而动态页面访问路径长，访问速度相对较慢（数据库的访问，网络传输，业务逻辑计算），扩展不易。因此可以将两者不同特征的页面分开部署，如图 2-5 所示，实现动静分离。将静态页面与动态页面以不同域名区分，同时将静态文件在架构上尽量前置部署，例如将静态资源部署到 CDN、Nginx 上，充分利用服务器距离用户物理位置近、反向代理中间件并发处理能力强的特点，提升静态资源的加载速度，减轻服务器的压力。

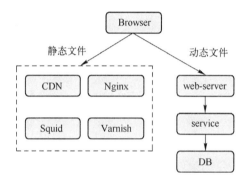

图 2-5 动静分离

针对动态文件，可以采用动态页面静态化的办法，将原本需要动态生成的站点提前生成好，使用静态页面加速技术来访问。此种办法适用总数据量不大，生成静态页面数量不多但需要频繁访问的业务，在技术上可以使用 Apache 的 mod_rewrite 以及 Nginx 的 rewrite 等功能实现，也可以自己模拟 HttpClient 调用服务请求返回静态内容生成静态文件。

（5）前后端分离，在早期的开发架构中，前后端一体，组织结构中不区分前后端，开发人员在写业务逻辑的同时也需要编写 JSP 处理展示逻辑，JSP 中含有 html、css、js 以及控制展示的服务端代码或标签。随着 AJAX 的出现，出现了前后端分离的架构，其核心是前端面向接口编程，前端页面使用 Ajax 调用后端的接口，接口返回 JSON 后，前端控制 JSON 数据的展示方式，在部署上前后端要分开独立部署。从组织结构上分为前端工程师和后端工程师，前端工程师需要掌握 html、css、js 等技能，后端工程师需要掌握 Java 等后端技术栈。

（6）读写分离，是指让主数据库处理事务性增、改、删操作，而从数据库处理查询操作。通过数据库复制把事务性操作导致的变更同步到从数据库。通过读写分离可以减少主库压力，尤其适用于写少读多的场景。在数据库层面利用数据库自身提供的主从复制功能，或者其他 binlog 复制工具实现主从同步以及只读库的复制扩展。在客户端可以使用 MyCat、ShardingSphere 等中间件配置读写路由逻辑，避免代码侵入。

（7）在线与离线分离，将实时任务与非实时任务进行分割。

在线任务一般是指用户对时间敏感，希望每次操作都能在极短的时间内看到结果的操作，如下单购买等用户操作。一般情况下，系统反应时间小于 2s 用户体验最好；2～8s，用户可以忍受；大于 8s，用户将流失。离线任务一般数据量大，用户对时间不敏感。常见的离线任务场景包括积分计算、日志处理、BI 分析等。如用户进行消费产生的积分并不需要立刻看到，可以延迟几分钟甚至可以在第二天再看到。在实现中一般通过定时周期性执行一个 Job 任务，定期执行离线任务，数据经过抽取、清洗、计算等过程进行加工处理。在技术上综合使用 Job，Kettle、Spring Bach、消息队列、MapReduce、Spark 等技术。

在设计系统时，需要区分用户场景，适时将离线任务从在线任务中抽取出来，采用离线任务对应的架构设计方法。离线任务的架构设计主要包括：全量与增量、推送还是拉取、流式计算还是批量计算。

全量与增量是指将全量数据通过数据预处理提前完成计算，再通过时间戳、数据状态等字段标识出新产生或发生变化的数据，每次工作任务只处理此部分数据，将数据处理的范围控制在最小。

推送与拉取是指数据由生产者推送给数据消费者，还是消费者从生产者产生的数据中进行抽取。比如日志分析一般采取拉取系统日志的办法，拉取的方式对原系统侵入较小。而积分计算，可以通过在应用系统中埋点推送到消息队列中。推送的方式比较容易理解，处理容易。

流式与批量：在流式计算中输入是持续的，在时间上是无界的，即没有固定的时间周期，计算结果是持续输出的。流式计算的典型是 ES 日志分析，业务系统产生日志后，ES 拉取日志到索引服务器，服务器依次将每一条日志插入倒排索引库。批量计算，一般先有一部分数据集，然后针对数据集进行计算，并将结果一次性输出。批量计算的典型场景是数据报表，比如要计算年报数据，需先抽取各类业务数据到宽表，然后对宽表数据按日汇总，得出日报，进而加工成月报、年报。流式计算与批量计算的比较，如图 2-6 所示。

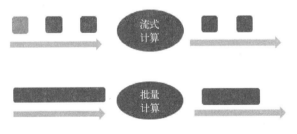

图 2-6　流式计算与批量计算

（8）冷热分离是指将热点数据与不常用的业务和数据进行分离的办法。进程隔离中提到的秒杀业务隔离其实也是一种热点业务的分离，但一般情况下的冷热分离是指冷热数据的分离。用户一般只会偶尔关注历史数据（一个月以前已经完结的订单很少有用户再去查看），而历史数据会占据较多的资源，此时可按照时间维度将历史数据归档，归档后节省下的资源用于热数据的处理。归档可以是异构的，数据可以存储到不同类型的存储中间件或存储介质中，在消费端可以单独定制数据查询服务，路由到归档数据库中。需注意数据冷热分离与冷备热备在概念上的区别，在数据库备份过程中，如果备份操作时数据库不提供服务，此种方式就称为冷备，反之称为热备。

（9）其他隔离方式：隔离方式还有很多种，不一而足，例如爬虫分隔，即通过负载均衡等机制将网络爬虫与正常流量分隔。

2.2.8 容错

在一个分布式系统中，从时间维度和容量维度看，故障是不可避免的。容错的目的就是在一个分布式系统中，当系统运行时，即使有错误发生仍能保证不间断提供服务。容错的主要思路是设计备用方案，在组件发生故障时通过备份方案代替故障组件发挥作用。

（1）硬件环境容错，各服务器厂家都生产有相应的高可靠服务器，解决思路是服务器内提供双份硬件，如双路电源、内存等。在 IDC 机房中一般通过多路网络、多路供电措施、同时备用 UPS 设备、柴油发电设备等综合措施保障机房的可靠性。

（2）应用集群容错，应用集群将无状态的服务或系统应用镜像后，在多个服务器上进行部署，客户端通过负载均衡算法访问服务，若其中一个服务发生问题，自动将此服务排除在集群外，其他服务继续发挥作用。

（3）数据集群容错，是指关系型数据库或 NoSQL 数据库通过共享存储或者主主复制、主从复制方式实现集群。主主复制，是双主库都可以进行写操作，数据变更通过复制的方式传递给另一个库，当一个主库发生错误时，另一个主库立即接管发挥作用。主从复制，是从库从主库复制数据，从库平时只能读不能写，当主库发生错误时从库升级为主库发挥作用。

（4）容灾备份，通过整套环境的备份，起到灾难后立刻接管的作用，包括多机房部署、同城灾备、异地灾备等形式。多机房部署是在同一数据中心的多个分区部署相同的分布式系统，保证相同的应用或者数据库，数据库通过数据传输软件进行同步。同城灾备是分布式系统在一个城市的不同数据中心部署。异地灾备是将分布式系统部署在不同的地域。

（5）服务容错，在分布式系统面向 API 的编程中，需考虑超时、重试、混序等异常现象，保证服务幂等，即任意多次客户操作或服务调用所产生的影响均与一次执行的影响相同。典型的异常场景包括：因网络重发或系统 bug 重发收到的多次付款请求；前端页面的重复提交；创建订单时网络超时；等待支付回调结果时，收到退款请求等情况。解决的办法如下。

1）幂等提交，采用会话 token 校验机制。在生成表单页面时，服务器会先生成一个 token 保存于 session，并把该 token 传给表单页面，用于后续校验。当表单提交时会带上 token，服务器端判断 session 保存的 token 和表单提交 subtoken 是否一致，若不一致或 session 的 token 为空或表单未携带 token 则不通过。首次提交表单时 session 的 token 与表单携带的 token 一致，则判断通过，并删除 session 保存的 subtoken。当再次提交表单时，由于 session 的 token 为空则不通过。从而实现了防止表单重复提交。

2）状态机幂等，采用乐观锁的机制，通过唯一索引+版本号进行更新，保证状态正确。涉及状态机（状态变更图）相关的业务，需要设置状态字段，如果状态机已经处于下一个状态，这时来了一个上一个状态的变更，就需要采用乐观锁的机制，通过唯一索引+状态字段进行更新，使不符合状态机要求的操作不能成功，保证了有限状态机的幂等。

3）流水幂等，在数据库层建立正确的唯一索引，通过唯一索引保证数据幂等。对于服务调用，需要在调用接口中增加交易流水号字段（唯一索引），一般通过将消费者渠道来源编码与序列号组装成交易流水号（source+seq），交易时根据交易流水号进行判断，调用此交易流水是否已经处理过，如果处理过则直接返回结果。

（6）超时重试，针对超时未返回结果的业务，一般要进行重试处理，多次重试后仍无结果的，可以通过交易补偿或异步消息等方式保证最终一致。如支付业务，在最终未收到支付回调，或支付回调处理失败时，可以按照对账文件进行补账，这也是交易补偿的一种方式。

2.2.9 安全

互联网天然的开放性对系统安全提出了巨大的挑战。系统安全是一个综合工程，涉及弱电施工、网络拓扑、主机管理、软件架构等多个环节，按领域可以分为管理安全、物理安全、主机安全、网络安全、应用安全和数据安全几类。围绕安全的矛与盾的攻守是个长期过程，应定期进行全路径的安全体检，在软件开发过程中应该定期进行代码检查和漏洞扫描。

（1）物理安全，物理安全是信息安全的前提，是保护机房设备、设施免遭地震、水灾、火灾或其他人为破坏的措施。

（2）主机安全，是指对主机的操作系统、访问控制的安全保护。如操作系统安全升级等。

（3）网络安全，是针对整个网络拓扑结构的安全保护。如防火墙保护、入侵检测（IPS）等。

（4）应用安全，是指业务系统的安全保护，如用户密码加密、接口调用鉴权、XSS 攻击防范、SQL 注入防范、垃圾与敏感信息过滤、App 安全加固、短信轰炸保护等。

（5）数据安全，是指对图片文件、数据库数据、队列消息等数据资产的鉴权访问、数据加密、数据备份等保护措施。

（6）管理安全，是指与安全相关的组织结构、管理制度等。

2.2.10 治理

在一个分布式系统中需要一个全局的治理结构，实现全局的监控、调度、保护和异常处理，并统筹协调与大规模集群模式相适应的开发、测试与运维工作。

（1）系统监控：在面向服务的分布式系统中除了传统的对主机负载、I/O、内存以及应用情况进行监控外，还要关注系统调用链情况、服务稳定相关的熔断情况，在发现问题时自动报警。

（2）交易治理：在面向服务的架构中，通过注册中心、控制台、网关等对服务地址、负载均衡策略进行管理，在应对高并发流量时，通过自动或手动方式进行限流、熔断、降级或者进行扩展处理。

（3）DevOps：统筹协调开发、运维、测试的一体化整合，通过 Docker、K8s，Jenkins 等基础设施集成其他工具实现测试、检查、部署的持续集成。

第3章 前端架构

3.1 前端应用

在互联网架构中，前端是指网站的前台部分，负责界面展示和用户交互，具体可包括 PC 浏览器前端，移动端浏览器前端、App 前端、公众号前端、小程序前端、快应用等，主要技术包括 HTML5、CSS3、JavaScript 以及原生相关语言和技术等。

移动互联网在快速发展，网站设计过程中需要考虑适应各种屏幕分辨率，需要给用户带来最好的用户体验，前端技术体系的进化进入爆发期。在 Web 应用中出现了 HTML5、CSS3、AJAX 以及各种先进 JS 框架，App 开发体系快速发展，超级 App 的出现推动了各平台的公众号、小程序等应用体系。前端的重要性和专业性凸显，出现了前后端分离的开发模式，前端专注于 UI 交互，后端专注于逻辑开发，前后端通过约定好的 API 来交互，后端提供 JSON 数据，前端解析 JSON 并操作页面。

提到架构往往想到的是后端的分布式系统结构，但前端应用是直面用户的不二渠道，前端代码是直接在客户端介质中执行的，在移动互联网时代，前端应用的架构设计包括交互设计、性能优化、安全保护以及前端代码的迭代能力，是影响整体应用性能、决定应用效果的关键着力点。作为大型系统的架构师，应该了解全栈技术架构。

3.2 前端开发模式

3.2.1 抽象 DOM 模式

AJAX 技术为前端提供了局部刷新技术，使业界更加注重用户的交互，因此出现了各种对 DOM 进行操作的 JS 框架。相比 JavaScript 原生 API，这些框架提供了丰富的 DOM 选择器，封装了更加方便的 DOM 操作和 AJAX 交互操作接口，屏蔽了各种浏览器的差异。典型代表如 jQuery。DOM 交互框架使 JS 的编写变得简单，生产力得到了极大的提高。

早期的 JS 框架以满足 PC 端需求为主要工作目标，移动互联网快速发展，前端需要适应各种屏幕分辨率、满足各种手势操作的需求，对前端的要求越来越高。早期 JS 框架主要解决了 DOM 交互的问题，当前端功能较多时，从后端获取的数据和 HTML 展示与用户操作相关的代码混合在一起，层次不清，较难开发和维护。

3.2.2 MVC 模式

参照后端的主流架构模式，在前端也出现了 MVC 模式，即前端分为数据层（Model）、视图层（View）、控制器层（Controller）。图 3-1 表示了前端 MVC 模式与服务端的关系。从前端到服务端的整个架构看，主要的业务处理逻辑依然在服务端处理，前端主要负责展示。前端的 MVC 架构是对服务端 View 层次在浏览器或客户端上的处理逻辑的进一步细化。

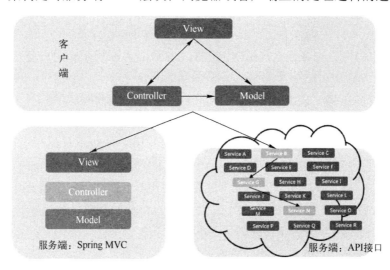

图 3-1　前端 MVC 模式与服务端

在前端自有的 MVC 架构中，View 层包括了页面展示和事件处理，Model 层主要负责前端数据处理，包括数据格式处理、与服务端的网络通信等。而 Controller 主要负责 View 与 Model 的耦合，处理业务逻辑。

3.2.3 MVP 模式

在前端的 MVC 模式中，View 层功能内容较多，可以直接与 Model 层交互。如对输入框复制等功能是可以直接调用 Model 层数据的。

在 MVP 模式中，使用 Presenter 替代了 Controller。MVP 与 MVC 的本质区别是：在 MVP 中，View 并不直接使用 Model，它们之间的通信是通过 Presenter（对应 MVC 中的 Controller）来进行的，所有的交互都发生在 Presenter 内部，而在 MVC 中 View 会直接从 Model 中读取数据而不是通过 Controller。前端 MVC 模式是一个相互连接的三角形结构，而 MVP 模式是一个上下垂直的层次结构。前端的 MVP 模式的层次关系与服务端的 MVC 模式更加相似。MVP 模式剥离了视图与状态的关系，使视图从特定的业务场景中抽离。MVC 模式与 MVP 模式的区别如图 3-2 所示。

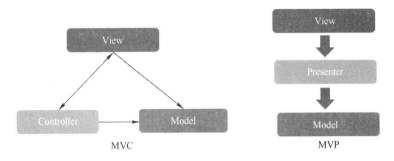

图 3-2 前端 MVC 与 MVP 模式

3.2.4 MVVM 模式

MVVM 模式（Model-View-ViewModel）是 MVP 模式的进一步改进，其中的 Model 和 View 与 MVP 模式一致，ViewModel 是一个同步 View 和 Model 的对象。

MVVM 的核心思想是数据双向绑定（data-binding），View 和 Model 之间通过 ViewModel 进行交互，没有联系。交互是双向的，View 数据的变化会同步到 Model 中，而 Model 数据的变化也会反映到 View 上。交互还是自动的，无需人为干涉，View 与 Model 之间的双向状态维护由 ViewModel 来统一管理。

图 3-3 清晰地表达了 MVVM 模式的结构。从 View 侧看，ViewModel 中的 DOM Listeners 工具会监测页面上 DOM 元素的变化，并将变化传递给 Model，同步更改 Model 数据；从 Model 侧看，当更新 Model 中的数据时，Data Bindings 工具会更新页面中的 DOM 元素。

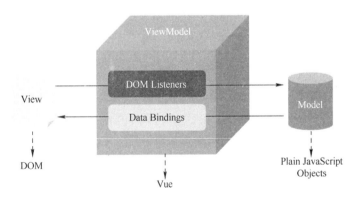

图 3-3 Vue 的 MVVM 模式

相比 MVC 或 MVP 模式，MVVM 要实现自动双向绑定对框架要求更高，封装更深。MVVM 框架通过 HTML 自定义属性与 Model 建立对应关系，如<input type="text" v-model="message">与 model 中的 "message" 变量相对应。通过劫持 Model 数据的 get 和 set 方法，当 Model 发生变更时 Data Bindings 工具会扫描 DOM 树中与 Model 相对应的元素，更新元素的 innerHTML。反之，DOM Listeners 会监听 HTML 元素的 change、keyup、 select 等事件，通过事件触发改变 HTML 元素对应的 Model 数据。

前端主流 JS 框架中 VUE 与 AngularJS 都实现了 MVVM 模式。

在 MVVM 模式下，页面的变化由数据驱动，反之用户操作又会驱动数据变化，框架自动管理交互操作，解放了大量的内容渲染和事件绑定的 DOM 操作逻辑，使开发人员更加关注业务逻辑。

对比 Web 应用、App 原生应用以及后端应用的 MV*架构，会发现它们在实现中有很多差异。前端应用中主要是处理用户交互，所以前端架构中 View 层较重。同时编程语言不同，功能分工也有所差异，如 Android 原生开发的 View 层含有很多事件处理程序，类似于 Spring MVC 的 Controller 层，而 JS 页面的 MVC 功能分工与后端更加相似。从 MVC 到 MVVM，更多的是掌握一种理念和思路，在前端架构中很难完全满足 View 层不直接访问 Model 层的要求。

3.2.5 Virtual DOM

Virtual DOM 是一种用自定义的 JavaScript 对象代替 DOM 树的结构。

使用 Virtual DOM 更新页面时，首先用 Virtual DOM 树构建一个真正的 DOM 结构。当 DOM 文档状态变化时，会新建一棵 Virtual DOM 树，并将新树与旧树进行对比，记录两棵树的差异。最后将对比后的差异修改到真实的 DOM 树上。Virtual DOM 本质是用户 JS 与 DOM 之间的缓冲，采用了 DocumentFragment 的机制，Virtual DOM 记录下多次 DOM 操作，一次提交，避免多次渲染。基于 Virtual DOM 的页面更新过程如图 3-4 所示。

图 3-4　基于 Virtual Dom 的页面更新

真正的 DOM 对象有非常庞大的结构，而自定义的 JavaScript 对象较为简单，只需要具有节点类型 tag、属性 attributes 和子节点 children 就可以。每次真正的 DOM 操作都会导致浏览器进行页面渲染，这是一个非常繁重的工作。DocumentFragment 对象是标准语法，与 document 级别相同。JS 构造 DocumentFragment 时不影响 Document，不会进行页面渲染。当 DocumentFragment 节点全部构造完成后，再将 DocumentFragment 对象添加到 Document 中，所有的节点都会一次性渲染出来，避免了逐个修改 Document 导致的浏览器反复渲染，减少浏览器负担，提高页面渲染速度。

分析记录两棵 DOM 树差异的过程也叫 DOM Dif，是 Virtual DOM 的核心。大量基于 Virtual DOM 的应用证实了 DOM Dif 算法是高效的。React 与 Vue 框架都以 Virtual DOM 为核心，提高页面渲染效率。Virtual DOM 将用户操作与页面渲染隔离，有利于构建跨端的应用，ReactNative 和 Weex 就是采用这种模式。

3.2.6　组件化编程

在 CS 架构流行时，Delphi 以强劲的组件开发能力受到追捧。Delphi 等工具提供了丰富的组件，极大地简化了开发工作，推动 CS 模式的开发达到了顶峰。

组件化可以将一个庞大且复杂的 UI 场景分解成几个小的部分，这些小的部分彼此之间互不干扰，单独开发，单独维护，任意组合。组件化将复杂的逻辑封装在内部，大幅度地提高了代码的复用性，开发者们不需要再面对复杂且难懂的代码，只需要关注组件的组合和使用，同时也降低了维护成本。

Web 前端的组件化最开始还是从服务端做起。为了适应服务端的 MVC 框架，在 JSP 上使用了 Struts 标签等服务端模板，模板经框架解析后在浏览器上展示出 HTML。AJAX 流行后，各种 DOM 操作框架百花齐放，很多框架将 HTML、CSS 和 DOM 操作封装，出现了真正的前端框架，典型如 easyUI、DOJO 等框架。移动互联网时代，无论是 App 原生应用还是 Web 开发都将组件化编程作为重要手段。Web 开发中，React、AngularJS、Vue 等主流框架都以组件化作为前端开发的核心，大量第三方机构也封装了灵活、美观的第三方组件，如：AntDesign、ElementUI 等。新一代的 UI 组件以 MVVM、Virtual DOM、预编译的 CSS、扩展 HTML 元素、DOM 操作为基础。

组件（Component）是 Vue.js 最强大的功能之一。图 3-5 是 Vue 官网的组件化相关说明图。

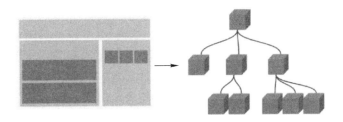

图 3-5　Vue 中的页面组件

在 Vue 中，可以通过嵌套的组件树构造应用，如定制页头、侧边栏、内容区等父组件，父组件中可以包含导航链接、博文内容之类的子组件。通过前端的组件技术，可以使用独立可复用的小组件来构建各种大型应用。

图 3-6 是一个基于组件的前端架构。组件架构的主要技术这里不再一一介绍，在主流前端框架中对这些技术进行了封装，提供了组件编程的基础技术体系。在基础组件这一层，有非常多的第三方开源产品，如 ElementUI 就是一套第三方开发的基于 Vue 的 UI 组件库，形成了布局、表单、导航、对话框等常用的基础 UI 组件。通过对基础 UI 组件的封装，可以形成业务组件，如登录、支付、分享、点赞、评论、搜索等。通过这些业务组件再组装成应用界面，几乎任意类型的应用的界面都可以抽象为这样一个组件树。

图 3-6　基于组件的前端架构

3.3　响应式网站设计

响应式网站（Responsive Web Design，缩写为 RWD）是指用户页面根据用户行为以及设备环境（系统平台、屏幕尺寸、屏幕定向等）进行相应的响应和调整，自动切换分辨率、图片尺寸及相关脚本功能以适应不同设备。响应式网页设计就是一个网站能够兼容多个终端而不是为每个终端做一个特定的版本。响应式网站设计包括响应式 HTML、响应式布局、响应式图片、响应式 CSS、响应式 JS 等。

进行响应式设计首先需要了解 User Agent 与 media query。

（1）User Agent

User Agent 即用户代理，简称 UA，是一个特殊字符串头，使服务器能够识别客户使用的操作系统及版本、CPU 类型、浏览器及版本、浏览器渲染引擎、浏览器语言、浏览器插件等。

（2）media query

在 CSS 中可以使用 media query 来判断不同的媒体类型引入的样式和脚本。如：

```
<link rel="stylesheet" media="screen and (max-width: 500px)" href=
"col-md-4.css" />
```

上面的 media 语句表示：当宽度小于或等于 500px 时，调用 col-md-4.cs 样式表渲染页面。其中：

（1）screen：媒体类型，包括 screen（屏幕）、print（页面打印或打印预览模式）等 10 余种类型。

（2）and：关键词，与其相似的还有 not，only 等。

（3）max-width:600px：媒体特性（媒体条件），如最小宽度是 min-width，除了宽度还可以判断颜色等。

3.3.1　服务端响应与客户端响应

对于用户行为和设备环境的响应判断有两种方式，客户端判断和服务端判断。客户端判断是指在浏览器端通过 CSS 中的 media query 进行判断或使用 JS 判断 User Agent。服务端判断是指客户端提交 User Agent 到服务端，服务端判断 User Agent 请求信息后输出。

（1）PC 端与移动端的 HTML 结构差距较大时，如 PC 显示出更多的字段，进行更加适用于鼠标操作的业务，此时适用于服务端判断，由服务端输出 PC 与移动两套页面。

（2）PC 端与移动端的 HTML 结构差距不大的，可以输出一套页面，由前端自适应。HTML 的结构差异可以结合响应式 JS 和 CSS、响应式图片和响应式布局进行变化处理。但因为移动端处理能力有限，需要保证移动端资源最小化，有冲突的条件下要优先照顾移动端，而 PC 端可以适当冗余。

3.3.2　响应式 JS

设置 PC 端和移动端两套 JS。有两种判断并输出的方式，一是使用 media query 判断媒体类型适应设备，或使用 JS 判断 User Agent；二是在服务端判断 User Agent，直接输出。

3.3.3　响应式 CSS

设置适应小、中、大等不同屏幕的样式。有两种判断并输出的方式，一是使用 media query 判断媒体类型适应设备。二是在服务端判断 User Agent，直接输出。

3.3.4　响应式图片

根据不同屏幕大小和分辨率设置多套图片。有两种判断并输出的方式，一是使用 media query 判断媒体类型适应设备。二是在服务端判断 User Agent，直接输出。

3.3.5　响应式布局

布局是响应式网站的核心。

（1）使用 Grid 布局

CSS 的布局模式包括 table 布局、float 浮动布局、flex-box 布局、Grid 布局等等。以 flex-box 布局和 table 比较，相当于把 table 中的单元格拿出来，作为一个箱子，flex-box 可以对箱子的摆放进行规划，也可以把箱子看成 Word 软件中的一个汉字，flex-box 的布局（display）就是 Word 中的汉字排版功能，所以布局方式更加灵活。

相比使用 flex-box 布局进行响应式设计，使用 Grid 布局可以更加精确。Grid 布局相当于田字格本，布局过程就是在田字格上定义业务区域占用的单元格位置，如图 3-7 所示。

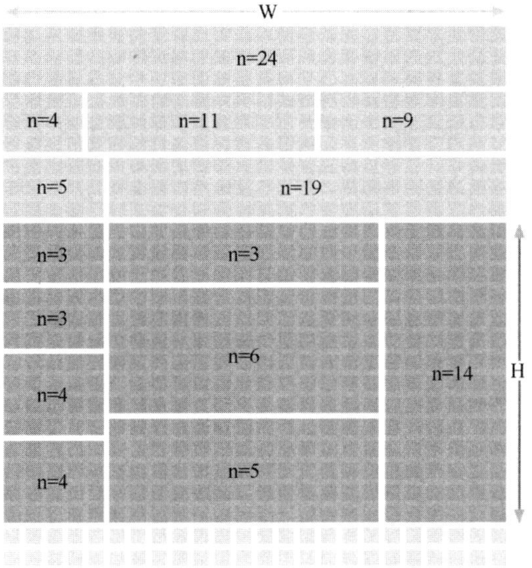

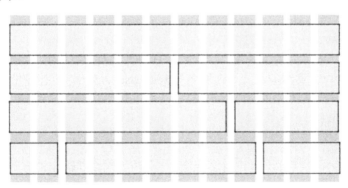

图 3-7　Grid 布局

例如在 Bootstrap 中，把网页分为 12 列，设置适应超小、小、中、大等不同屏幕的样式。如图 3-8 所示。

图 3-8　Bootstrap 的布局模式

Bootstrap 的响应式网格布局见 https://v4-alpha.getbootstrap.com/layout/grid/。使用 media query 判断设备大小变化，应用不同的样式，样式中的列宽和间距做出相应的改变，其中列宽使用百分数，而间距 gutter 使用 px 或 rem。如果屏幕太小，则在样式中将宽度统一设置为 100%。例如：

```
.col-md-4 {
  width: 30%;
  padding-left: 16px;
  padding-right: 16px;
  float: left;
```

　　　　}

（2）使用 REM 布局

在 CSS 中 px、em、rem 都是计量单位，都能表示尺寸。px 表示"绝对大小"，是 CSS 中定义的像素（与显示器像素有区别），利用 px 设置字体大小及元素宽高等比较稳定和精确，但其不能随浏览器缩放产生变化。em 表示相对尺寸，相对于当前对象内文本的 font-size（如果当前对象内文本的 font-size 计量单位也是 em，则当前对象内文本的 font-size 的参考对象为父元素文本 font-size）。rem 也表示相对尺寸，其参考对象为根元素<html>的 font-size（默认是 16px）。所有元素使用 rem 定义大小，根据 media query 查询屏幕大小并设置不同的根 font-size，这样屏幕大小变化时，根 font-size 也会变化，布局比例就会根据 rem 进行缩放。

某些浏览器还支持使用 Zoom 按屏幕进行缩放，但 zoom 是全局的配置，而 rem 可以配置到 html 元素上，更加灵活。

3.4　单页面架构

3.4.1　单页面应用的定义

单页 Web 应用（single page web application，SPA）就是只有单个 Web 页面的应用，广泛应用了 AJAX 技术，通过页面局部刷新，而不是通过从远程服务器渲染页面使全部页面重写。当前主流 JS 框架都将 SPA 作为主要开发模式。与 SPA 相对的是多页面应用（MPA），典型代表是早期以 JSP 为模板的传统应用结构。

在 SPA 中，第一次加载时要加载绝大多数的静态资源，包括 HTML、CSS、JS、Image 等。页面加载完成后，SPA 不会因为用户的操作而进行页面的重新加载或跳转。取而代之的是通过异步获取 JSON 数据局部刷新页面，利用 JS 动态地变换 HTML 的内容。SPA 是前端面向接口（或面向 API）编程的一个具体实现方式。

3.4.2　SPA 的优缺点

（1）SPA 的优点
- 良好的交互体验，在 SPA 中用户不需要刷新页面，页面切换流畅，更加类似于本地应用，更具响应性。
- 后端与前端解耦，后端不再负责页面渲染，后端吞吐能力提高。后端面向接口编程，一套后端可以面向不同终端。

（2）SPA 的缺点
- SEO 难度较高，由于内容都在一个页面中动态替换显示，很多搜索引擎不能通过

JS 获取动态页面，SPA 模式在 SEO 上有着天然的弱势。

- 初次加载耗时多，SPA 在初始加载页面时需要将大量 JavaScript、CSS 统一加载，会导致第一次访问时速度较慢。
- 前进、后退功能缺失，由于 AJAX 请求不需要整页面的刷新动作，不会导致浏览器的 URL 地址变化，因此页面的变化无法记录到浏览器的历史记录堆栈中，从而使得用户无法通过浏览器的前进/后退按钮在不同状态页面间进行切换。

3.4.3 服务端渲染

为了解决 SPA 应用的 SEO 问题，单独提供一套静态页面是最好的解决办法，可以使用服务端渲染技术（Server Side Rendering，SSR），即由后端服务器将数据与模板结合，返回 HTML 的过程。服务端渲染包括非同构渲染和同构渲染。

（1）非同构渲染模式下前后端不是同一种技术栈，如后端采用经典的 Spring MVC 渲染输出。此种模式的主要问题是编写两套代码导致工作量较大。

（2）同构渲染是指前后端采用相同的技术栈进行渲染输出。当前各大前端框架基本都提供自身相对应的同构的服务端渲染技术。如在 Vue 的官网上有 Vue SSR 指南，见https://ssr.vuejs.org/zh/。其他主要的 SSR 技术包括 PrerenderJS，NRect 服务器渲染框架 Next.js，Vue 服务器渲染框架 Nuxt.js。

采用 PrerenderJS 进行渲染，首先通过反向代理或者 Prerender 应用程序中间件判断访问端是否来自爬虫，针对爬虫程序会先使用 Google-Chrome 加载网站资源，并返回静态 HTML 给爬虫程序，若非爬虫程序可以直接回溯到源站。PrerenderJS 不区分前端开发语言，能统一做预加载。对爬虫进行判断时，PrerenderJS 提供在应用层判断或代理层判断等多种模式，但在应用层判断会加重应用层负担，推荐在代理层进行判断。

3.4.4 初始页面优化

为了解决 SPA 初始页面加载慢的问题，要尽可能地减少初始页面文件的大小，主要方法如下：

（1）懒加载，例如，结合 webpack 的代码分割功能，配合使用 Vue 的路由与组件懒加载办法。

（2）在业务上优先显示功能按钮，延时显示可见区域外内容。

（3）不阻塞预加载，使用<link rel="preload">属性进行预加载，将加载和执行分离开，不阻塞渲染和 document 的 onload 事件。

（4）内容压缩，启用 gzip 功能，在服务端压缩资源，浏览器解压缩。

（5）使用正确的图片文件格式，小图片使用 Base64 传输。

（6）精简 JS 与 CSS 代码。

（7）减少 get 请求数，合并文件。

（8）使用 CDN 加速。

3.4.5 地址堆栈管理

一般情况下缺失浏览器前进后退功能对用户影响不大，在业务上也可以通过"面包屑"进行替代。有特殊要求的，解决办法是用 JS 修改 location.hash 值（URL 中"#"符号后的字符串），另外也可在页面中嵌入隐藏 Iframe，浏览器可以对 Iframe 节点的 src 属性建立堆栈，通过建立页面状态与 URL hash 或 Iframe 的对应关系解决问题。

3.5 微前端架构

3.5.1 微前端的定义

微前端这个术语最初来自 ThoughtWorks。与微服务的产生背景一致，也出现了大型且杂乱无章的前端单体应用（monolith），难以维护和发展，解决方案是微前端架构。微前端是指多个按页面和功能划分的前端技术团队，使用不同的技术体系，将遗留的和新建的各种应用页面聚合展现给用户，每个子应用可以独立开发、测试和部署。见 https://www.thoughtworks.com/radar/techniques/micro-frontends。

3.5.2 微前端的作用

- 人员和技术独立演进：不同的团队，独立的技术体系，分别构建，各自演进。解决了巨大的前端单体应用开发效率低下、构建速度慢的问题。
- 聚合新旧各种前端应用：聚合不同业务和技术体系的前端应用，尤其是解决遗留系统问题，新模块可以使用最新的框架和技术，保留旧系统继续发挥作用。

3.5.3 技术发展路线

在前后端未分离的时代，实现类似微前端作用的技术是 Portal 与 Portlet，典型的实现如 Liferay。Portal 是一种 Web 应用，用来将不同信息源的内容集成到一个 Web 页面里，提供个性化的内容和个性化的风格展示。页面上每个不同的信息源就是一个 Portlet。Portlet 是一个服务端实现的架构，按 JSR168 规范实现异构独立开发，每个 Portlet 对接不同的信息源并将返回内容在 Portal 页面中显示，Portal Web 页面由一个个 Portlet 组成。移动互联网时代，Portlet 技术无法适应前后端分离的要求，所以出现了微前端技术。

3.5.4　微前端的特点

一个完善的微前端应具备如下特点：

■ 子应用技术无关。技术框架无关，各子应用可以使用不同种类的框架，不同种类的框架共存，如 AngularJS、React.js 和 Vue 框架并存。框架版本无关，同一种框架的不同版本可以共存，不会出现死锁崩溃。
■ 子应用工程自治。子应用在开发、发布及部署上相互独立，不存在依赖关系。
■ 子应用运行时隔离。子应用运行时样式隔离，避免 CSS 相互污染；运行时 DOM 隔离，避免变量冲突，JS 操作非自身领域的对象；运行时异常隔离，避免问题互相传递、互相影响。
■ 子应用动态组合。子应用可以自由组合，对用户提供统一的样式与用户体验。子应用遵循标准规范的生命周期；子应用通过路由映射和数据共享互相访问并实现父子嵌套关系。

3.5.5　微前端的技术架构

典型的微前端架构如图 3-9 所示。微前端架构应包括如下几部分。
（1）构建打包：支持微前端插拔式打包，微前端的插拔不需要对整体重新打包发布。
（2）生命周期：将微前端注册到主体，运行时按需加载和卸载。
（3）运行沙箱：提供微前端的运行环境并隔离 DOM 操作和 CSS 样式。
（4）路由分发：导航到各个微前端，路由前保证微前端预加载。
（5）消息总线：各组成部分通过消息总线分发事件、共享数据。
（6）观察监控：观察运行时状态，监控健康指标、告警和阈值。
微前端技术方兴未艾，满足微前端的全部特点要求充满了挑战，目前典型解决方案是 single-spa。

图 3-9　微前端架构

3.6　移动 App 开发

3.6.1　Native App

Native App（原生 App）开发模式是指使用操作系统本地支持的语言进行开发，直接对接本地操作系统。Android 系统开发基于 Java 语言，底层调用 Android 的 API，iOS 系统开发基于 Objective-C 或者 Swift 语言，底层调用 iOS 提供的 API。

优点：

- 直接依托于操作系统，交互性最强，性能最好，体验最优。
- 直接调用本地资源接口，功能最为强大。
- 经过应用商店审核把关，安全性较高。

缺点：

- 开发与维护成本高，无法跨平台，不同平台 Android 和 iOS 上都要各自独立开发维护。
- 版本更新烦琐不及时。Android 中可以选择直接下载整个 APK 进行更新，但是也会有更新提示。iOS 中，必须通过 AppStore 更新并审核。
- 原生应用内容，不支持搜索引擎。

3.6.2　Hybrid App

Hybrid App（混合开发）模式是指使用 JS 等网页语言开发实现出类似原生效果的系统，开发框架中混合了业务领域语言（DSL）与原生语言。混合模式的 App 也要通过应用商店分发给用户安装。Hybrid App 兼具了 Native App 功能体验好与 Web App 使用 HTML5 跨平台开发低成本的优势。

优点：

- 开发与维护成本较低。Hybrid 模式下，由原生语言提供统一的 API 给 JS 调用，实际的主要逻辑由 H5 来完成，只需要一套代码，多端适用，可以有效利用 Web 开发资源。
- 功能更加完善，性能和体验比 Web 网站好。可以调用原生 API 实现原生 App 的功能，另外性能也更接近原生 App。

缺点：

- 整体处于原生开发与 H5 Web 站之间，相比原生功能体验和性能仍有差距。
- 开发框架中混合了 DSL 与原生语言，架构较复杂，具有一定的侵入性。

混合模式开发可以分为四类模式。

（1）原生为主内嵌网页的模式

原生语言作为架构基础，实现页面框架、首页、设备调用等功能，而 H5 页面实现主要业务。交互强、性能要求高的界面用原生开发，业务变化较频繁的界面用 H5 开发。在人员配备上需要最少的原生开发人员，大量人员进行 H5 开发。这种模式因为侵入性较小所以系统最为稳定，可根据情况选择使用原生还是使用网页开发，所以较为灵活，同时此种模式可以复用前端开发人员，是主流的开发模式。

（2）JavaScript 桥接与 WebView 渲染模式

如图 3-10 所示，PhoneGap、Cordova、Ionic 等平台基于 WebView 进行 UI 渲染，使用 JaveScript 桥接原生服务，WebView 是一个浏览器内核。在开发时使用 Web 方式处理实际的逻辑，UI 通过内嵌 WebView 浏览器来显示 HTML 代码。同时为获取原生能力，通过 JavaScriptCore 桥接到原生系统，获取服务。

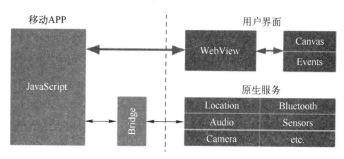

图 3-10　JavaScript 桥接与 WebView 渲染模式

（3）完全 JavaScript 桥接模式

ReactNative 与 Week 等平台舍弃使用 WebView，使用 JavaScriptCore 调用系统 UI 控件和系统服务，UI 最终会渲染成原生的控件。如图 3-11 所示。

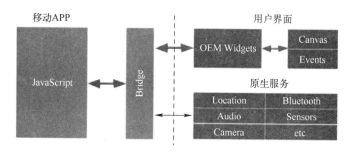

图 3-11　完全 JavaScript 桥接模式

ReactNative 与 Week 在前端分别采用 React 和 Vue 作为 DSL，这两种 DSL 都会生成 Virtual DOM。React 和 Vue 中虚拟 DOM 最终会映射为浏览器 DOM 树，而 ReactNative 与 Week 中的虚拟 DOM 会通过 JavaScriptCore 映射为原生控件树。JavaScriptCore 是一个 JavaScript 解释器，为 JavaScript 提供运行环境，也是 JavaScript 与原生服务之间通信的桥梁，UI 显示也要通过这个桥梁调用原生 OEM widgets。通常情况下，访问 widgets 的频率非常高，尤其是在动画与滑动操作场景，通过 JS 桥接可能会导致性能问题。

（4）原生编译模式

Google 出品的 Flutter 不使用原生的 OEM Widgets（或 DOM WebViews），而是使用自

己的 Engine 来绘制 Widgets，Flutter Engine 直接对接系统层的画布和事件，定制自己的 Widget，如图 3-12 所示。

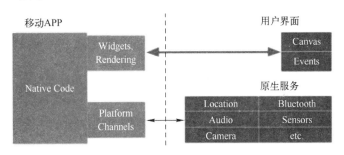

图 3-12 原生编译模式

Flutter 使用 Dart 语言开发，Dart 可以被编译（AOT，预先编译）成不同平台的本地代码，让 Flutter 可以直接和平台通信而不需要一个中间的桥接过程，从而提高了性能。

3.7 公众号、小程序与快应用的开发

3.7.1 公众号开发

公众号开发是指针对微信公众号的开发。公众号开发主要使用 H5x 相关技术，主要开发内容包括：（1）获得微信平台的安全授权，获得公众号专属的 OpenID，使用 AccessToken 安全调用接口。（2）使用公众号内的消息会话，公众号是作为微信用户的一个联系人形式存在的，消息会话是公众号与用户直接交互的基础。（3）公众号内的业务场景通过自定义菜单链接到网页的形式实现。这时需要网页获得用户的授权，获取用户基本信息，还可以通过微信 JS-SDK 使用微信原生功能，实现在网页上录制和播放微信语音、监听微信分享、上传手机本地图片、拍照等功能。

3.7.2 小程序开发

小程序是指运行在超级 App 内，不需要另外安装的应用，超级 App 作为应用商店，负责小程序的审核，同时为小程序提供相应的环境生态与流量支持。现在互联网头部超级 App 如微信、支付宝、头条、百度、京东等都推出了自己的小程序体系。

小程序一般包括视图层和逻辑层。视图层一般包括页面配置文件、页面结构文件、页面样式文件，一般各平台在视图层都自定义描述页面结构的类 HTML 标签语言以及类 CSS 的样式语言。组件（Component）是视图的基本组成单元。视图层通过事件机制连接逻辑层。逻辑层一般用 JavaScript 编写，一般都支持 MVVM 模式，逻辑层可以调用部分原生

API 与 OpenAPI，原生 API 包括多媒体、文件、位置、网络、设备等接口，OpenAPI 是超级 App 开放的特色能力接口。

3.7.3 快应用开发

快应用是手机市场上处于领先地位的九大手机厂商共同推出的新型应用生态。用户无需下载安装，即点即用，更新直接推送，享受原生应用的性能体验。

"快应用"使用前端技术栈开发，原生渲染，同时具备 H5 页面和原生应用的双重优点。

快应用前端开发模式与 Vue 相近，采用 MVVM 模式，支持标准的 JS 语法，为获得更高的渲染性能和易用性，对 CSS 和标签进行了一些剪裁和扩充，很多前端代码资源可以直接复用。

快应用没有采用浏览器内核的运行模式，框架深度集成进各手机厂商的手机操作系统中，在操作系统层面形成用户需求与应用服务的无缝连接，将系统原生的渲染机制和接口能力提供给上层应用。很多原本在原生应用中才能使用的功能，在快应用中可以很方便地实现，享受原生应用体验。快应用有自己的"快应用中心"作为应用入口，同时支持生成桌面图标，不用担心分发留存等问题，资源消耗也比较少。

3.7.4 多端开发框架

Web、Native、超级 App 小程序、快应用等各种端形式多样，针对不同的端编写多套代码的成本显然非常高，需要只编写一套代码就能够适配到多端的能力。

uni-app 与 Taro 是开源的多端开发解决方案，均支持移动端、H5、微信小程序、百度小程序、支付宝小程序、头条小程序这六端的转化，uni-app 遵循 VUE 的规范，Taro 遵循 React 语法规范。它们支持多端适配的原理是先把代码解析成一棵抽象语法树，根据这棵树生成其他小程序端支持的模板代码，最后把业务代码运行在一个与其他端框架兼容的运行时框架上。

将源代码解析为 AST 抽象语法树可以使用 Acorn 等 JavaScript 解析器。解析之前代码时遵循语言规则的文本，解析之后成为与输入文本完全相同的树形结构。这个过程是可逆的，再一次对 AST 遍历以及替换，这个过程对于前端来说相当于 DOM 树的生成，最后根据修改后的 AST 生成编译后的代码，如图 3-13 所示。

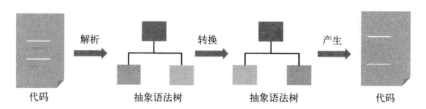

图 3-13 多端开发框架的代码转换

Antmove（蚂蚁搬家）是一个小程序平台开发的统一解决方案，通过编写一次代码，编译成不同平台的小程序代码。Antmove 并不是开发框架，而是源码到源码的转换器。Antmove 生成的代码侵入性更少，可以产生原生的小程序代码。

3.8　服务于前端的后端架构 BFF

3.8.1　BFF 的用途

BFF（Backend for Frontend）即服务于前端的后端，是指在后端服务器上部署的专门为前端使用而不涉及后端业务逻辑的应用。

在前端架构中有很多解决方案是需要后端参与的。但这些业务从业务范围上看与后端关系不大。如前面提到的前后端分离、动静分离、服务端响应式输出、服务端渲染。这些业务与前端耦合性较强，与后端结合较松散。因此可以把这类后端应用抽象出来单独部署，也就是 BFF。BFF 还可以用于：

（1）服务整合。在某一前端调用服务端接口时，可能发现把多个接口服务整合在一起对前端更有效率。从服务端看，这是针对某一种前端的特有整合服务。此时在 BFF 层进行接口整合既满足了前端的需求，又不影响服务的其他消费者。在接口整合过程中，BFF 不用关注底层业务，只需聚焦在前端关注的数据上。

（2）响应式后台服务。不同设备可能对接口有不同的要求。接口的功能相同，但因为设备的特殊性，请求的内容和响应的内容需要区别处理，可以用 BFF 进行特殊处理和响应。BFF 是无状态的快应用，可以多端共用一个 BFF，也可以在通用 BFF 的基础上，分离出某一设备专用的 BFF。

（3）Mockserver。在前后端分离后，接口文档作为前后端编程的依赖标准。前后端在开发进度上不可能完全一致，为避免互相影响，可以搭建 Mockeserver 模仿接口行为。将 Mock 数据生成在 BFF 层，对于各种端来说，相当于后端服务已经好了，可以直接进行联调，不需要等待，去除了前后端的相互依赖。Mock 数据可以由测试工程师负责维护，前后端共同使用，开发测试用同一套标准，减少流程和沟通上的损耗。测试工程师将设计的用例转化为实际可用的 Mock 数据，作为自动化测试等测试手段的参照结果。

3.8.2　前后端同构

前后端同构包括组织结构同构和技术架构同构。

（1）组织结构同构，BFF 与前端业务的结合更紧密，需要与前端业务同步变更，所以在组织上由前端技术人员维护 BFF 是最佳选择。

（2）技术架构同构，BFF 由前端人员管理，最好是使用与前端相同的技术栈。典型同构技术栈是以 Node.js 为服务端的 MEAN 技术体系（MongoDb/MySQL、Express、AngularJS、Node.js）。处理 Mockserver 时模板技术是非常有效的，可以使用前端模板引擎 art-template、doT、mustache 等。另外在本章服务端渲染部分还提到了同构渲染相关的其他技术栈。

3.8.3　BFF 与 Gateway

BFF 与 Gateway 在功能上有很大的重合，Gateway 是分布式架构下进行统一管理的关键节点，不可或缺。BFF 层的增加虽然进一步解耦了前后端，但也增加了工作量和复杂度。在非必要的情况下，可以不再增加 BFF 层，相关功能在 Gateway 层处理。必须增加 BFF 时，BFF 应放置在 Gateway 的后面，便于 Gateway 对请求统一管理。如图 3-14 所示。

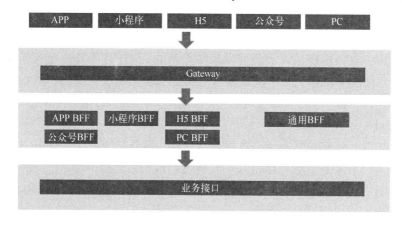

图 3-14　BFF 与 Gateway 架构

3.9　前端优化

当前各种前端技术异彩纷呈，前端技术的发展思路越来越接近后端，前端架构对系统整体架构的影响已经不低于后端架构。下面对一些重点技术进行简单归纳，全栈架构师需要重点了解。

3.9.1　前端性能优化

前端性能优化从用户角度可以让页面加载得更快、对用户的操作响应得更及时，向用户提供更为友好的体验。从系统整体架构上看，前端优化能够减少页面请求数，减轻后台业务处理的压力，减小请求所占带宽。

性能优化一般需要使用 Chrome 控制台、Fiddler 等工具查看资源使用情况。前端页面呈现需要经历加载、脚本执行、渲染和绘制几个过程，性能优化也是围绕着页面呈现的过程进行优化。优化过程中适用于 PC 的优化手段在移动端同样适用，发生冲突时一般遵循移动优先的原则。

下面整理了一些常用的前端优化策略，主要内容参考 http://www.mahaixiang.cn/ydseo/1163.html。

1．加载优化

对于移动端的网页来说，加载过程是最为耗时的，可能会占到总耗时的 80%，是优化的重点。

（1）减少 HTTP 请求。

- 合并 CSS、JavaScript，避免多次文件请求。
- 合并小图片，使用雪碧图，避免多次图片请求。
- 使用 get 完成 Ajax 请求。
- 内联（inline）首屏 CSS 和 JavaScript。

（2）使用缓存。

- 文件头指定 Expires 或 Cache-Control，使内容具有缓存性。
- 使用 Last-Modified 与 Etag，在重复请求的情况下，直接访问浏览器侧文件。
- 使用外联式引用 CSS、JavaScript。
- 使用 CDN（内容分发网络）。
- 使用可缓存的 Ajax，Ajax cache 设置成 true，Ajax 具有 Expires 头。
- 缩小 favicon.ico 并缓存。
- App 静态资源本地存储。
- 合理利用 localStorage、sessionStorage、WebSQL、indexedDB 打造离线应用。

（3）精简 HTML、CSS、JavaScript、cookie 等资源。HTML 内容控制在 1KB 以内，其他资源不大于 1014KB。对 HTML、CSS、JavaScript 等进行代码压缩，去除多余的注释、空格、换行符和缩进。

- 剔除重复的 JavaScript 和 CSS。
- 移除空的 CSS 规则。
- 在服务端启用 GZip。
- 合理分拆大块的 CSS 和 JavaScript。
- 减少 cookie 的大小。

（4）压缩图片，图片建议在 10KB 以内，特殊情况可达 30KB。

- 使用 CSS3、SVG、IconFont 代替图片，小图片（不超过 2KB）可以使用 datauri。
- 选择合适的图片（WebP 优于 JPG；PNG8 优于 GIF）。
- 合理压缩图片，选择合适的大小（可以使用智图等工具）。

（5）按需加载，需要时再加载资源。

- 懒加载，如 Vue 的组件懒加载。
- 滚屏加载，非首屏资源滚屏加载。

■ 响应式加载（加载适用于设备的资源）。

（6）预加载，资源加载完成后再显示页面。

■ 显示加载，通过进度条等方式告知用户加载进度。

■ 隐形加载，在用户无感知的情况下加载其他资源。

（7）避免页面重定向。

（8）减少 DNS 查询，设置 DNS 预解析。

2．CSS 优化

（1）CSS 写在头部并使用 Link 方式引入，尽量避免在 HTML 标签中写 Style 属性，避免使用@import。

（2）避免在 CSS 中使用表达式和滤镜。

（3）不滥用 Float，Float 在渲染时计算量比较大。可以使用 flex-box 布局。

（4）不滥用 Web 字体，Web 字体需要重绘当前页面。

（5）不声明过多的 Font-size，过多的 Font-size 影响 CSS 树的效率。

（6）值为 0 时不需要任何单位，可提高浏览器的兼容性和性能。

（7）避免使用复杂的选择符。

3．JavaScript 优化

（1）JavaScript 放在页面尾部。

（2）使用异步方式加载 JavaScript（defer 和 async）。

（3）减少重绘和回流。

■ 避免不必要的 Dom 操作。

■ 尽量改变 Class 而不是 Style，使用 classList 代替 className。

■ 避免使用 document.write。

■ 尽量避免缩放图片、移动元素位置。

（4）缓存 Dom 选择与计算，避免 Dom 树查找。

（5）缓存列表.length 函数值，每次使用.length 函数都要重新计算长度值，用一个变量保存这个值，避免重复计算。

（6）尽量使用事件代理，避免直接绑定事件。

（7）尽量使用 ID 选择器，ID 选择器是最快的。

（8）使用 touchstart、touchend 代替 click，但应注意避免重叠元素 Touch 响应相互影响。

（9）不使用 eval、with，使用 Join 代替"＋"连接字符串，推荐使用 ES6 编程。

（10）避免 Touchmove、Scroll 事件连续处理，导致多次渲染。使用 requestAnimationFrame 监听帧变化，使得在正确的时间进行渲染。增加响应变化的时间间隔，减少重绘次数。

4．HTML 优化

（1）使用 Viewport 固定屏幕，加速页面的渲染，可使用以下代码：

```
<meta name="viewport" content="width=device-width, initial-scale=1">
```

（2）减少 Dom 数量和深度。Dom 节点太多影响页面的渲染，应尽量减少 Dom 节点。

（3）避免将图片和 iFrame 等元素的属性"Src"设置为空。

（4）尽量避免使用<table><iframe>，推荐使用<ul>替代，异步加载 iframe。

（5）动画优化。

- 尽量使用 CSS3 动画。
- 合理使用 RAF（requestAnimationFrame 动画）代替 setTimeout。
- 5 个元素以内使用 CSS 动画，5 个元素以上使用 Canvas 动画（iOS 8 可使用 webGL）。
- 开启移动设备 GPU 加速。

3.9.2　搜索引擎优化

搜索引擎优化，又称为 SEO，即 Search Engine Optimization。SEO 主要研究搜索引擎工作的原理，包括如何抓取网页、怎样索引等，以此优化网页内容，在不影响用户体验的前提下，使网站搜索引擎排名得以提升，进而提升该网站访问量。SEO 在技术上的主要手段包括：

（1）主题明确，内容语义化。合理设置网站、栏目、列表、文章、段落、内容、图片等元素的文字属性，主要包括 title、keywords、description、H1、Image alt 等。

（2）网站结构清晰。搜索引擎按链接的深度和广度爬取网站内容，所以首页要放在根目录下，需要避免网站目录层次过多。

（3）网站 URL 规范。搜索引擎需要根据 URL 探索网站地图，所以要使用规范的 URL，使用小写字母，避免使用下画线等符号。

（4）动态内容静态化。搜索引擎很难解析动态内容，所以要合理利用服务端渲染等技术提供静态内容，尽量精简 HTML 代码，网页中的 JavaScript 和 CSS 尽可能和网页分离。

（5）网站导航友好。合理设置网站的 robots.txt 与 sitemap.html 文件，使搜索引擎知道哪些内容不能抓取，怎么抓取。

3.9.3　网站运营优化

互联网业务的发展是数据推动和运营推动的结果。网站前端的数据可以为网站的运营提供指导，分析用户行为，优化网站结构。

（1）前端数据

客户端行为分析，是指在网站前端埋点统计网站的页面点击量 PV、用户访问数 UV、用户点击顺序、页面访问顺序、用户浏览时长等信息。可以结合第三方 SDK 如百度站点统计、友盟等工具进行。在设计时需要规范网站的前端埋点标准和手段，避免遗漏。

（2）服务端数据

在服务端记录访问 API 的用户环境和用户交互信息，主要信息包括访问的设备、系统、IMEI 等用户环境信息，访问 IP、访问时间、接口名称等交互信息。在设计时需要制定好接口规范，前端组织好服务端需要的数据。

（3）信息推送

运营需要有触达终端用户的手段，如消息推送、短信推送、站内信等，其中消息推送需要在客户端集成极光推送等第三方组件。

第4章 接入架构

4.1 整体接入架构

互联网系统的外部接入层由 DNS、CDN、反向代理、API 网关组成。图 4-1 是接入层的总体结构。在企业系统内部各系统间有时也设立内部的集成接入层。

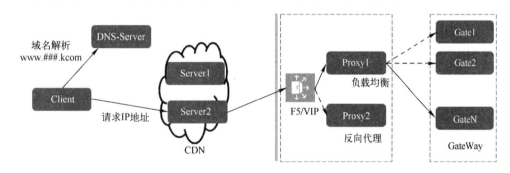

图 4-1 接入层架构

4.2 DNS 解析与负载均衡

4.2.1 DNS 域名解析

任何一个连接在因特网上的主机或路由器，都有一个唯一的层次结构的名字，即域名（domain name），域名的层次结构包括顶级域、主域名、子域名等。

图 4-2 是阿里云 CDN 服务的域名说明。根域由根 DNS 服务器（全球 13 个）解析，顶级域由顶级域名服务器解析，主域名由权威域名服务器解析，也就是网站注册域名的服务提供商，如万网、新网等。

浏览器查询自身的 DNS 缓存和本机操作系统 Host 文件缓存，若没有域名记录，会向本机配置的 LocalDNS 服务器请求解析。LocalDNS 服务器是在本机网关配置的代理解析 DNS 的服务器，一般由 ISP 运营商提供，用于递归查询域名服务器返回的应答，解析出最终 IP。LocalDNS 服务器先向根域名服务器请求顶级（如.com）域名服务器的 IP 地址，然后再向顶级（.com）域名服务器请求权威域名服务商的地址，最后向权威域名服务商请求解析得到域名对应的 IP，告知浏览器。域名解析过程见图 4-3。

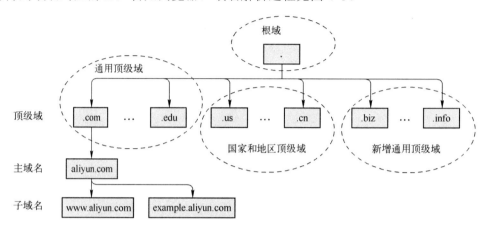

图 4-2　域名分层结构

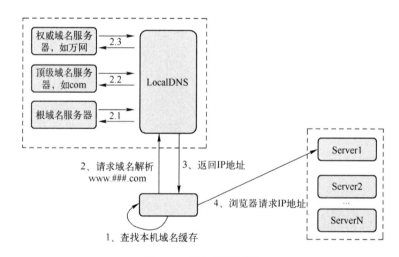

图 4-3　域名解析过程

4.2.2　DNS 负载均衡

DNS 服务商可以为域名配置多个 IP。在配置域名解析时需要添加解析记录，解析记录有很多种，其中包括 A（address）记录。A 记录是用来指定主机名（或域名）对应的 IP 地址的记录，网站可以通过为主域名添加多个 A 记录的方式配置多个 IP。

DNS 负载均衡技术的实现原理就是在域名服务商处为同一个主机名配置多个 IP 地址，在应答 DNS 查询时，每次返回不同的 IP 地址作为解析结果，将客户端的访问引导到不同的 IP 上去，从而达到负载均衡的目的。

DNS 服务商常提供 DNS 智能解析和加权轮询服务。

（1）智能解析

为保障通信链路安全冗余，并使不同地域的用户使用最快的通信链路，网站会配置多个不同区域或运营商的 IP，如电信 IP、联通 IP。普通 DNS 解析只支持随机返回 IP。通过 DNS 服务商提供的智能解析功能，可以判断访问者的来源，为不同的访问者智能返回不同的 IP 地址，但是由于 DNS 本身无法感知 IP 地址的可用性状态，所以在故障、灾难场景下无法快速有效地将用户对应用服务的访问路由至可用的 IP 地址。此时需结合 DNS 服务商定制其他辅助功能来解决。

（2）加权轮询

有些 DNS 服务商还提供权重配置功能，实现加权轮询效果，也就是将解析流量按照权重进行分配，在 DNS 查询请求时，IP 地址按照预先设置的权重进行返回。

将负载均衡的工作交给 DNS，不需要进行任何代码修改，技术实现灵活、方便，简单易行，成本低。同时，基于地理位置的智能解析可以加速用户访问。

但由于 DNS 是多级解析的，每一级 DNS 都可能缓存 A 记录，记录的添加与修改是需要一定时间才能够生效的。一旦有一台服务器需要下线，即使修改了 A 记录，要使其生效也需要较长的时间，这段时间，DNS 仍然会将域名解析到已下线的服务器上，最终导致用户访问失败。同时，DNS 负载均衡采用的是简单的轮询算法，DNS 并不知道各服务器的真实负载情况，不能够按服务器的处理能力来分配负载。

所以，网站部署架构中一般会将 DNS 解析作为第一级负载均衡，即域名解析得到的 IP 地址并不是实际提供服务的物理服务器的地址，而是指向提供负载均衡服务的反向代理服务器，反向代理服务器作为第二级负载均衡，将请求发到真实的服务器上，最终完成请求。

4.3　CDN 内容分发网络

4.3.1　CDN 的作用

CDN（Content Delivery Network）即内容分发网络，也称为内容传送网络。CDN 提供商通过在网络各处放置节点服务器构成 CDN 网络，CDN 根据网络流量和各节点的连接、负载状况以及到用户的距离和响应时间等综合信息将用户的请求重新导向到离用户最近的服务节点上。

CDN 的作用如下。

（1）对于远程访问用户

- 镜像服务：消除了不同运营商之间互联的瓶颈造成的影响，实现了跨运营商的网络加速，保证不同网络中的用户都能得到良好的访问质量。
- 远程加速：CDN 自动选择最快的服务器，使用户可就近取得所需内容，解决 Internet 网络拥挤的状况，提高用户访问网站的响应速度。

（2）对于源站

- 带宽优化：远程用户从 CDN 服务器上读取数据，分担了源站网络流量、减轻源站服务器负载。
- 集群抗攻击：广泛分布的 CDN 节点加上节点之间的冗余机制，可以有效地预防黑客入侵以及降低各种 DDoS 攻击对网站的影响。

4.3.2　CDN 的组成结构

CDN 的核心由四个部分组成。内容发布，将内容发布到远程节点；内容路由，将远程用户的请求路由到最近的节点或者找到最好的链路回源；内容存储，海量内容的存储；内容管理，监控管理端到端的性能。

CDN 网络架构由中心节点和边缘节点组成。中心节点的主要功能之一是实现全局的负载均衡。中心节点通过全局负载均衡 DNS 与其他 CDN 节点保持通信，搜集各节点的通信状态，获得处理用户请求的最佳链路。边缘节点主要指部署在各地的异地节点，是 CDN 分发的载体，主要由节点负载均衡设备和 Cache 高速缓存服务器等组成。节点负载均衡设备负责维护本节点中各个 Cache 的负载均衡，保证节点的工作效率。此外，节点负载均衡设备还负责收集节点和外部环境的信息，保持与全局负载 DNS 的通信，实现全局的负载均衡。

4.3.3　内容加速原理

1. 加速域名与别名记录

CDN 的最核心功能是内容路由，是将要加速的域名解析到最近的 CDN 节点 IP 地址的过程。实现内容路由需要在 CDN 服务商和加速域名的 DNS 服务商处分别进行配置。

在 DNS 服务商配置域名解析时可以添加 CNAME 解析记录（Canonical Name），也称为别名记录，通过别名记录可以将多个域名映射到另外一个域名。

通过 A 记录和 CNAME 记录可以更加方便地进行地址变更。当有多个域名需要指向同一服务器 IP 时，可以将一个域名做 A 记录指向服务器 IP，然后将其他的域名做别名（即 CNAME）到 A 记录的域名上；当服务器 IP 地址变更时，只需要更改 A 记录的域名到服务器新 IP 上，其他做别名（即 CNAME）的指向将自动更改到新的 IP 地址上。

在 CDN 中，CNAME 用来将加速域名指向到 CDN 域名。如为主域名 mydemo.com 下的静态资源路径 image 加速，在腾讯 CDN 的配置过程如下。

（1）在腾讯 CDN 配置加速域名："image.mydemo.com" 并设置其回源到 "www.mydemo.com/image/"（或其对应的 IP），配置完成后 CDN 会自动生成 CNAME 域名 "image.mydemo.com.cdn.dnsv1.com"。

（2）在主域名的域名服务商处配置加速域名与别名记录的映射关系。添加别名记录：为主机 "image"（即二级域名 image.mydemo.com）增加记录值 "image.mydemo.com.cdn.

dnsv1.com"，完成别名绑定。

绑定后，在通过加速域名 image.mydemo.com 访问时，会解析到 image.mydemo.com.cdn.dnsv1.com。

2. 浏览器通过 CDN 访问的过程

在使用 CDN 后，LocalDNS 服务器从根域名递归解析到权威域名服务商后，因为域名服务商为加速域名配置有 CNAME，这个域名最终会指向 CDN 网络中的全局负载均衡 DNS。全局负载均衡 DNS 将当时最接近用户的 CDN 节点地址提供给 LocalDNS 服务器。LocalDNS 服务器将获得的 IP 地址返回给浏览器。浏览器向该 CDN 节点 IP 发起访问请求；CDN 节点返回请求文件，如果该节点中请求的文件不存在，就会再回到源站获取这个文件并缓存，然后返回给浏览器。

4.3.4　CDN 的功能架构

CDN 可以实现静态加速、动态加速、边缘计算、安全防护、数据缓存等功能。图 4-4 展示了 CDN 的整体功能架构。

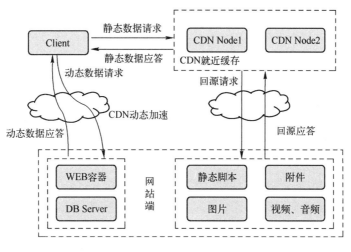

图 4-4　CDN 功能架构

（1）静态加速

网站的静态资源包括静态脚本、图片、附件和音频/视频。静态加速是指 CDN 将源站上的静态资源缓存到 CDN 的加速节点，当终端用户请求访问或下载静态资源时，系统自动调用离终端用户最近的 CDN 节点上已缓存的资源。

（2）动态加速

网站的动态资源包括 Web 程序和数据库等。在用户访问动态资源时，CDN 会从用户接入点到源站的链路中，寻找一条最优传输链路，并在传输过程中对传输协议进行优化、内容压缩合并，以提高请求访问的速度。

（3）边缘计算

边缘计算是一个新兴概念，是指将计算节点部署在靠近用户侧，提高响应速度与可靠性。可以利用 CDN 边缘节点的冗余计算能力，提供计算服务。边缘计算与 CDN 的结合还在发展中，未来可以在 CDN 边缘节点上执行内容甄别、服务端渲染、边缘网关（限流、验证）等轻量级业务服务，还可以在边缘节点动态执行用户函数的方式来实现 Serverless 架构。

（4）安全防护

CDN 作为用户访问的入口，是守卫网站安全的第一道防线。CDN 可以为网站提供 WAF 应用防火墙、DDoS 清洗以及用户识别与访问控制等功能。WAF 防护可以抵御 SQL 注入、XSS 攻击、本地文件包含等各类 Web 攻击。DDoS 清洗可以抵御 SYN Flood 等各类流量攻击。用户识别与访问控制功能用于分析客户端的 IP、URI、Referer、User-Agent、Params 等信息，制定黑白名单等访问控制规则。

（5）缓存管理

CDN 的缓存管理功能包括域名管理、权限管理、日志管理、统计分析等。其中直接与内容分发相关的主要功能包括：

- 内容刷新。CDN 提供基础缓存配置能力，可根据指定业务类型、目录、具体 URL 等各类规则设置缓存过期时间，定期清理节点缓存资源。当用户请求到达节点时，节点会回源站拉取对应资源，返回给用户并缓存到节点，保证用户获取最新资源。适用于内容更新和资源清理。需注意，提交大量的刷新任务，会清空较多缓存，从而导致回源请求突增，源站会产生较大压力。

- URL 预热。初始状态下，CDN 加速节点上无资源缓存，节点缓存行为由用户请求触发。当用户请求至 CDN 加速节点时，节点上若无缓存资源则回源站进行拉取。通过 URL 预热，资源会提前缓存到全网 CDN 节点，当用户请求到达节点时，可以直接在节点获取资源，防止穿透到源站。URL 预热功能适用于新功能发布、重大活动准备等场景。但提交大批量预热任务后，会耗用更多源站带宽。

- 缓存资源配置。当资源未返回响应头 Etag 或 Last-modified 时，缓存失败，导致 CDN 缓存命中率低，此时可以通过手动添加 URL 路径等资源缓存规则，使资源缓存。

- 过滤 URL 可变参数。当 URL 请求中带有 queryString 或其他可变参数时，CDN 可能判断 URL 未缓存，导致重新回源。此时可配置 URL 的可变参数规则，使 CDN 过滤掉可变参数，识别缓存资源。

4.4 反向代理

4.4.1 正向代理与反向代理

正向代理是代理客户端，为客户端收发请求，使真实客户端对服务器不可见。如在一个局域网内的众多客户端可以通过具备公网访问权限的代理服务器实现公网访问。正向代理的结构见图 4-5 的上半部分。

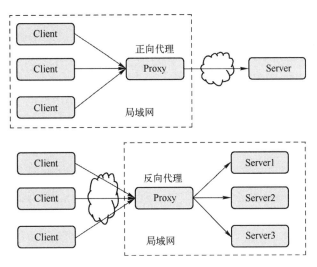

图 4-5　正向代理与反向代理

反向代理是代理服务器端，为服务器收发请求，使真实服务器对客户端不可见。通常将反向代理作为公网访问地址，服务器是内部资源，通过反向代理保护和隐藏内部服务器资源。反向代理的主要功能是负载均衡和静态文件缓存。反向代理的结构见图 4-5 的下半部分。

4.4.2　负载均衡

1. 负载均衡原理

负载均衡除了前面介绍的 DNS 负载均衡的办法，还可以根据负载均衡器在 OSI 七层网络模型的位置，分别在二层、三层、四层和七层实现负载均衡。图 4-6 是七层网络模型图。

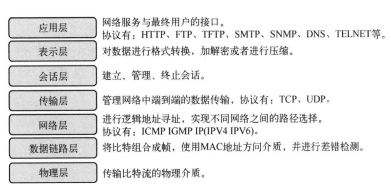

图 4-6　OSI 七层网络模型

（1）二层负载均衡

链路层的负载均衡通过修改帧数据包中的 MAC 地址来达到转发的目的。所有的真实服务器和负载均衡服务器都有相同的 IP 地址（虚 IP），当负载均衡服务器接受请求之后，不用修改 IP 数据包的目的地址和源地址，通过改写报文的目标 MAC 地址的方式将请求转发到目标机器实现负载均衡。

因为请求的 IP 地址和实际处理的真实服务器的 IP 地址一致，所以不需要回到负载均衡服务器进行地址交换，可以将响应直接返回给用户浏览器，避免了负载均衡服务器成为传输瓶颈的可能，这种模式又称作三角传输模式。二层负载均衡机制如图 4-7 所示。

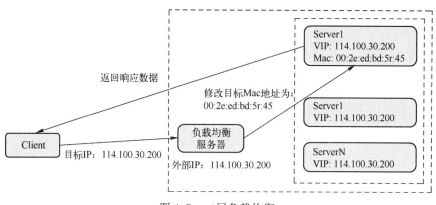

图 4-7　二层负载均衡

（2）三层负载均衡

当用户发起请求访问负载均衡服务器，负载均衡服务器获取网络数据包（源地址为客户请求端地址，目标地址为负载均衡服务器 VIP），并根据负载均衡策略算法得到一个真实业务服务器 RS（Real Server）的 IP 地址，其后将网络数据包的目的地址修改为该 IP 地址，并发送数据包。业务服务器 RS 之后再向负载均衡服务器返回数据，负载均衡服务器将源地址修改为自身的地址后（负载均衡服务器 VIP），返回给用户浏览器。三层负载均衡机制如图 4-8 所示。

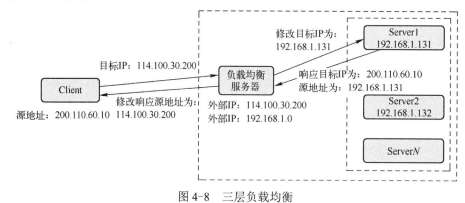

图 4-8　三层负载均衡

（3）四层负载均衡

四层负载均衡工作在传输层，在传输层 TCP/UDP 协议中包含了源 IP 与源端口号、目标 IP 与目的端口号。四层负载均衡服务器在收到第一个来自客户端的 SYN 请求后，通过修改数据包的地址信息（IP+端口号）将流量转发到应用服务器。在四层负载均衡中，TCP的连接建立，即三次握手是客户端和服务器直接建立的，负载均衡设备只是起到一个类似路由器的转发动作。可以参见 LVS 的 TUN　（IP Tunneling，IP 隧道）模式。四层负载均衡机制如图 4-9 所示。

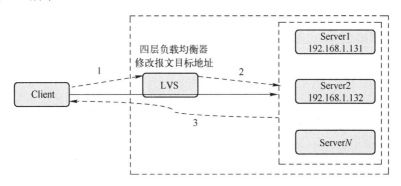

图 4-9　四层负载均衡

（4）七层负载均衡

当用户访问时，负载均衡服务器根据负载均衡算法将请求转发到业务服务器，业务服务器也通过反向代理服务器返还数据。七层模式下客户端和服务器会分别与负载均衡服务器建立 TCP 连接，七层负载均衡起到"内容交换"与"代理服务器"的作用。反向代理服务器需要两个网卡，分别对内和对外使用。七层负载均衡工作在应用层，除了根据 IP加端口进行负载外，还可根据七层的 URL、浏览器类别等信息来负载均衡。七层负载均衡机制如图 4-10 所示。

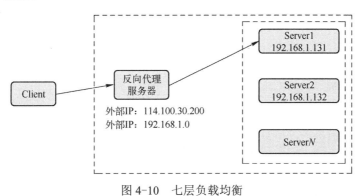

图 4-10　七层负载均衡

2．硬件与软件负载均衡

负载均衡还可以分为硬件负载均衡和软件负载均衡。硬件负载均衡主要包括 F5、Array 等设备，优点是功能强、性能好，但价格高。软件负载均衡包括 Nginx、HAProxy、LVS 等，优点是安装配置灵活，成本低廉。

（1）Nginx，工作在七层，支持各种灵活的策略，应用最为广泛。Nginx 是一款高性能的 Web 和反向代理服务器，也是一个 IMAP/POP3/SMTP 代理服务器。Nginx 用 C 语言编写，采用基于事件机制的 I/O 多路复用思想设计，内存占用少，并发能力强，采用了模块化的结构，扩展能力强，易管理。可以实现负载均衡和容错，缓存静态文件等功能。

（2）HAProxy，工作在四层和七层，性能比 Nginx 稍强。可以支持 TCP 协议的负载均衡转发，可以对 MySQL 进行负载均衡。

（3）LVS（Linux Virtual Server），工作在二层到四层。LVS 有三种运行模式，分别为 NAT 模式、TUN 模式和 DR 模式。LVS 支持底层协议，通过 LVS 分发请求，而流量并不从它本身返回，具备很高的性能。LVS 几乎可以对所有应用做负载均衡，包括 HTTP、数据库、在线聊天室等，应用范围比较广。

NAT（Network Address Translation，网络地址转换）也叫网络掩蔽或者 IP 掩蔽，是将 IP 数据包头中的 IP 地址转换为另一个 IP 地址的过程。NAT 模式下，LVS 作为 Real server 的网关，当网络包到达 LVS 时，LVS 做目标地址转换（DNAT），将目标 IP 改为 Real server 的 IP。Real server 接收到包以后，处理完，返回响应时，源 IP 是 Real server IP，目标 IP 是客户端的 IP，这时 Real server 的包通过网关（LVS）中转，LVS 会做源地址转换（SNAT），将包的源地址改为 VIP，客户端只知道是 LVS 直接返回给它的。原理图见图 4-8。NAT 模式请求和响应都需要经过 LVS，性能没有 DR 模式好。

TUN 模式是使用 IP 隧道（也叫 IP 封装，IP encapsulation）技术，将一个 IP 报文封装在另一个 IP 报文里面，使得客户端发往 LVS 的数据报文能以 IP 封装的形式转发到 Real server，Real server 系统需要支持 IP Tunneling 协议进行 IP 解包。TUN 模式采用三角传输模式，Real server 直接返回数据给客户端，不需要经过负载均衡器，所以性能比 NAT 模式好，原理图见图 4-9。

DR（direct routing，直接路由）模式运行在数据链路层，通过修改数据帧的 MAC 地址来实现负载均衡的，采用三角传输模式，详见二层负载均衡模式，性能最好，是 LVS 的主要运行模式。

3. 前端高可用中间件 KeepAlived

KeepAlived 是集群管理中保证集群高可用的一个服务软件，用来防止单点故障。KeepAlived 工作在 IP/TCP 协议栈的 IP 层、TCP 层及应用层，可以分别进行 IP 探测、TCP 的 IP+端口探测、HTTP 的 GET 等形式的探测。如果某个服务器节点出现异常或者工作出现故障，KeepAlived 将检测到并把出现故障的服务器节点从集群中剔除。

KeepAlived 采用 VRRP 虚拟路由冗余协议，是实现路由器高可用的协议，即将 N 台提供相同功能的路由器组成一个路由器组，这个组里面有一个 Master 和多个 Backup，Master 上面有一个对外提供服务的 VIP（该路由器所在局域网内其他机器的默认路由/网关为该 VIP），Master 会发组播（心跳），当 Backup 收不到 VRRP 包时就认为 Master 宕掉了，这时就需要根据 VRRP 的优先级来选出一个 Backup 作 Master，接管虚拟 IP（广播通知其他机器，虚拟 IP 的 MAC 地址更换为 Backup 的 MAC 地址，即虚拟 IP 漂移至 Backup 节点），提供正常服务。

如图 4-11 所示，KeepAlived 一般安装在两台物理服务器上，一主一备，相互监控对方是否在正常运行。VIP 在某时刻只能属于某一个节点，另一个节点作为备用节点存在。当主节点不可用时，备用节点接管虚拟 IP（即虚拟 IP 漂移），提供正常服务。

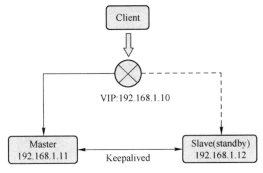

图 4-11　Keepalived 高可用原理

KeepAlived 采用主备（主从）架构，这种架构能迅速接管故障，但同一时刻只有一个设备在工作，在设备性能不足时无法扩展，同时备机一直处于 standby 状态，并未参与工作，造成了设备的闲置。

类似的软件还有 HeartBeat、Corosync 等。Keepalived 实现了轻量级的高可用架构，一般用于前端实施高可用的情况，且不需要共享存储，常用于两个节点的高可用。常用的前端高可用的组合有 LVS+KeepAlived、Nginx+KeepAlived、HAproxy+KeepAlived。Heartbeat/Corosync 一般用于服务的高可用，且需要共享存储，常应用于多节点的高可用。

4. 负载均衡的高可用架构

反向代理中间件作为网站的流量入口必须保证其具备极高的可靠性。在前端反向代理中间件中，Nginx 的应用最为广泛，高可用中间件中一般选择 keepAlived 中间件进行高可用管理。结合使用场景，有几种不同的高可用架构方案。

（1）KeepAlived+Nginx 架构

当网站处于初级阶段，用户较少时可以使用 KeepAlived+Nginx 的高可用架构，如图 4-12 所示。此种架构配置简单，易于维护，成本低。在此种架构中，只有一台 Nginx 在工作，只有当 Master 宕机或异常时，备份机才会上位。Nginx 作为外部访问系统的唯一入口，并发量可以高达五万以上，但是当并发量更大的时候，需要更多公网 IP，搭建多个 KeepAlived+Nginx 架构，扩展性较差。

（2）F5+Nginx 架构

F5 作为硬件负载均衡设备，功能全、性能强，是大型网站入口的常用设备。F5 一般由运维团队维护，Nginx 安装配置更加灵活，开发人员完全可以掌握其使用技巧。通过使用 F5+Nginx 的集群方式，结合两者的优势。F5 在 Nginx 前端，起到了总的负载均衡的作用，Nginx 在后端构成集群，可自由扩展。若 Nginx 实例存在故障，F5 的探测功能会自动将 Nginx 节点实例摘除，保障了高可用。此种模式效果最为理想，但 F5 硬件设备价格较高，适合大型网站不缺少资金的情况。

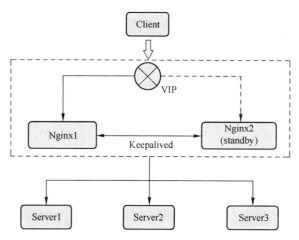

图 4-12　KeepAlived+Nginx 的高可用架构

（3）KeepAlived+LVS+Nginx 架构

图 4-13 是采用 KeepAlived+LVS+Nginx 的高可用架构。采用二层模式的负载均衡器 LVS-DR，性能高，可达百万级并发，作为系统的唯一入口。Nginx 动态管理负载服务器，配置简单、易于维护。通过 KeepAlived 负责 LVS 的主备切换，保证 LVS 的高可用。LVS 再将负载分配给由多个平等的 Nginx 构成的集群，负载压力过大时，可以横向添加 Nginx 负载均衡，Nginx 故障由 LVS 自动剔除，无缝切换。LVS-DR 模式需要在 Nginx 服务器上绑定 VIP，但对业务服务器 Realserver 无侵入。

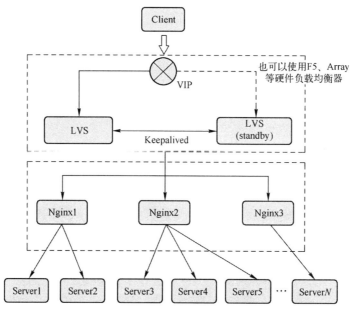

图 4-13　KeepAlived+LVS+Nginx 的高可用架构

（4）其他架构

图 4-14 是 KeepAlived+LVS 架构模式。此种模式下每台 Realserver 上都要绑定 VIP，对 Realserver 侵入较大，不利于 Realserver 扩展，不建议采用。其他还有采用 HAProxy 作

为前端负载均衡的架构，但并不常见。此处不再介绍。

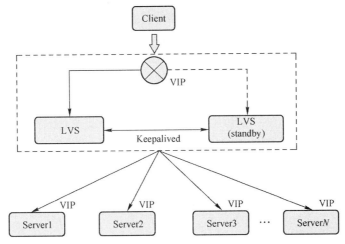

图 4-14　KeepAlived+LVS 高可用架构

5. 负载均衡算法

负载均衡算法是指把数据流量分配给服务器去负载的方法，分为两种，一种是静态方法，一种是动态方法。静态方法是指仅根据算法本身实现调度，实现起点公平，无论服务器当前处理多少请求，分配的数量一致。动态方法是指根据算法及后端 RS 当前的负载状况实现调度，无论以前分了多少，只看分配的结果是不是公平。

（1）静态负载均衡算法主要包括：

轮询均衡（Round Robin）：将每一次来自网络的请求轮流分配给内部的服务器，从 1 至 N，内部服务器都分配到后重新开始新一轮分配。此种均衡算法适合于所有服务器都有相同的软硬件配置并且平均服务请求相对均衡的情况。

随机均衡（Random）：通过系统的随机算法，根据后端服务器的列表随机选取其中的一台服务器进行访问。随着访问次数增多，每一台服务器的调用量越来越接近平均分配，与轮询算法的区别是随机算法没有严格的顺序。

加权轮询均衡（Weighted Round Robin）：根据服务器的不同处理能力，给每个服务器分配不同的权值，使其能够接受相应权值的服务请求。例如：服务器 A 的权值被设计成 1，B 的权值是 3，C 的权值是 6，则服务器 A、B、C 将分别接收到 10%、30%、60% 的服务请求。此种均衡算法能确保高性能的服务器得到更多的使用率，避免低性能的服务器负载过重。

加权随机均衡：根据后端机器的配置和系统的负载分配不同的权重，与加权轮询不同的是，它是按照权重而非顺序随机请求后端服务器。

源地址哈希均衡：根据获取客户端的 IP 地址、Cookie 或 URL 等，通过哈希函数计算得到的一个数值，用该数值对服务器列表的大小进行取模运算，得到的结果便是客服端要访问服务器的序号。采用源地址哈希法进行负载均衡，同一地址的客户端，当后端服务器列表不变时，每次都会映射到同一台后端服务器进行访问，实现了会话黏滞。

（2）动态负载均衡算法主要包括：

响应速度均衡（Response Time）：负载均衡设备根据各服务器对请求的最快响应时间来决定哪一台服务器响应客户端的服务请求。此种均衡算法能较好地反映服务器的当前运行状态。

最少连接数均衡（Least Connection）：对内部需负载的每一台服务器都有一个数据记录，记录当前该服务器正在处理的连接数量，当有新的服务连接请求时，将把当前请求分配给连接数最少的服务器，使均衡更加符合实际情况，负载更加均衡。但此种算法忽略了服务端的性能，可能导致处理能力弱的服务器分配了较大的连接。

处理能力均衡：此种均衡算法将把服务请求分配给处理负荷最轻的服务器（根据服务器 CPU 型号、CPU 数量、内存大小及当前连接数等换算而成），由于考虑了内部服务器的处理能力及当前网络运行状况，所以此种均衡算法相对来说更加精确。但此种算法需要在服务端有代理获取服务端负荷。

（3）服务器状况检测

负载均衡策略需要具备对网络系统状况的检测能力。一旦某台服务器出现故障，负载均衡设备依然把一部分数据流量引向那台服务器，这势必造成大量的服务请求丢失，达不到高可用性的要求。所以，良好的负载均衡策略应具有对网络故障、服务器系统故障、应用系统故障的检测办法。

Ping 侦测：通过 ping 的方式检测服务器及网络系统状况，此种方式简单快速，但只能大致检测出网络及服务器上的操作系统是否正常，对服务器上的应用系统检测就无能为力了。

TCP Open 侦测：检测服务器上某个 TCP 端口（如 Telnet 的 23 口，HTTP 的 80 口等）是否开放来判断服务是否正常。

HTTP URL 侦测：例如向 HTTP 服务器发出一个对 main.html 文件的访问请求，如果收到错误信息，则认为服务器出现故障。

4.4.3　Nginx 应用架构

1．Nginx 生态

Nginx 具有为数众多的第三方插件和关联软件，包括 WebUI 配置、图形转换和缩放、语言拓展、负载均衡算法、限流算法、监控和统计等，极大地丰富了 Nginx 的功能，建立了 Nginx 的生态。

（1）Tengine

淘宝的前端使用的 Tengine 就是基于 Nginx 做的二次开发定制版。它在 Nginx 的基础上，针对大访问量网站的需求，添加了一些高级功能和特性。Tengine 的性能和稳定性已经在大型的网站如淘宝网、天猫商城等得到了很好的检验。

在 Tengine 官方对 Tengine 与 Nginx 的性能测试对比中，分别压测 Tengine 和 Nginx，

访问空 gif 图片，结果如下：

Tengine 相比 Nginx 默认配置，提升 200%的处理能力。

Tengine 相比 Nginx 优化配置，提升 60%的处理能力。

（见http://tengine.taobao.org/document_cn/benchmark_cn.html）

（2）Nginx+Squid/Varnish

Varnish 和 Squid 是专业的 Cache 服务中间件。Nginx 的 Cache 功能是由第三方模块完成的，应对一般的业务，Nginx 自带的 Ncache 就可以了。若图片或文件较多，可以使用 Nginx+Varnish/Squid 的办法，如图 4-15 所示。Nginx 作为反向代理，将请求资源转发到后端的 Varnish 等专业 Cache 中间件，若 Varnish 缓存服务器中存在请求资源的缓存，则由 Varnish 主机向 Nginx 进行响应，若 varnish 中不存在缓存，则直接向后端请求资源，缓存后返回给 Nginx。这种办法的架构与 CDN 文件缓存相似。

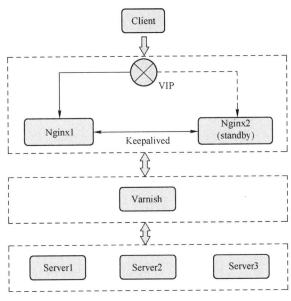

图 4-15　Nginx+Varnish 架构

（3）Nginx+Lua

OpenResty 是一个基于 Nginx 与 Lua 的高性能 Web 平台，其内部集成了大量精良的 Lua 库、第三方模块以及大多数的依赖项，可以使用 Lua 脚本语言调动 Nginx 支持的各种 C 以及 Lua 模块，充分利用 Nginx 的非阻塞 I/O 模型，快速构造出足以胜任 1 万乃至 100 万以上单机并发连接的高性能 Web 应用系统。

OpenResty 使得 Nginx 具有 web 容器功能，让 Web 服务直接运行在 Nginx 内部，不仅应答 HTTP 客户端请求，还可以操作 MySQL、PostgreSQL、Memcached 以及 Redis 等资源。将 OpenResty 作为高性能应用服务器，搭建能够处理超高并发、扩展性极高的动态 Web 应用、服务和动态网关。Nginx+Lua 作为 Web 容器，建议与作为反向代理的 Nginx 分开部署，反向代理作为企业整体内部资源的代理，代理了包括 Nginx+Lua 的 Web 容器，对外提供服务。OpenResty 适合处理高并发的与内存计算相关的业务，数据持久化等重量级操作会拖累整体系统能力。

OpenResty 应用广泛，基于 Nginx+Lua+Memcached 架构可以自建 CDN，Nginx+Lua 架构也可以作为 ServiceMesh 中的 Sidecar，还可以使用 Nginx+Lua 架构搭建企业服务网关。在 Tengine 官网中有两个例子，分别是淘宝使用 Nginx+Lua+Drizzle+Mysql 重构淘宝量子业务和使用 Nginx+Lua 实现灰度发布的管理。

如图 4-16 所示，为实现动态灰度发布，使用了 Nginx+Lua 架构。在管理端将 A/B 测试的 IP、URL 等规则推送给 Nginx，并将测试用户等信息写入 K-V 缓存，Nginx 从 K-V 缓存中取出用户信息并应用规则对用户请求进行判断，分配 AB 测试的流量。

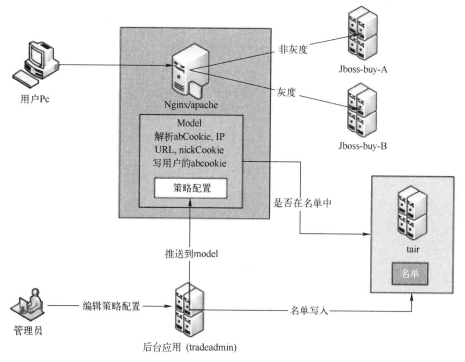

图 4-16　淘宝 OpenResty 应用于灰度发布

2.热加载、热更新、从容停止

Nginx 采用了高度模块化的设计思路，内部的进程主要有两类：Master 进程和 Worker 进程。其中 Master 进程只有一个，Worker 进程可以有多个。Worker 进程全部都是 Master 进程的子进程，是真正处理请求的进程。Nginx 的这种进程结构，使 Nginx 具有了热加载、热升级、从容停止服务的特性。Nginx 作为流量入口，这些特性具有重要意义。

热加载，可以保证 Nginx 在不停止服务的情况下更换配置文件。主要原理是：当通知 Ngnix 加载配置文件时，Ngnix Master 进程会进行语法错误的分析。如果存在语法问题，则返回错误，不进行装载。如果没有语法错误，那么 Ngnix 也不会将新的配置调整到所有 worker 中，而是先不改变已经建立连接的 worker，等待 worker 将所有请求结束之后，将原先在旧的配置下启动的 worker 杀死，然后使用新的配置创建新的 worker。

热升级，可以保证 Nginx 在不停止服务的情况下更换/回滚 binary 文件。与热加载类似，Nginx 会保证优雅地关闭旧的 worker 进程。

从容停止服务，使用 nginx -s quit 命令可以保证进程完成当前工作后再停止。

3．配置策略

Nginx.conf 是 Nginx 的主要配置文件，包括 main（全局设置）、server（主机设置）、location（URL 匹配后的路由设置）、upstream（上游服务器设置，主要为反向代理、负载均衡相关配置），Nginx 相关的反向代理和负载均衡以及静态文件解析的设置都用此文件进行管理。下面列举了一些重要的配置功能项。

（1）会话保持

在 Web 应用中，会话（Session）是保存在服务端容器中的。在服务集群环境下，如果用户的两次请求路由到了两台不同的机器，因为 Session 数据可能存在于其中一台机器，这个时候就会出现取不到 Session 数据的情况。使用 Nginx 做会话保持，使同一用户的请求都路由到相同的服务器上，是其中的一个解决方案。Nginx 中进行会话保持有两种办法。

- ip_hash，使用源地址哈希算法，将同一客户端的请求总是发往同一个后端服务器，除非该服务器不可用。ip_hash 简单易用，但使用限制也很多。当后端服务器宕机后，session 会丢失。来自同一局域网的客户端会被转发到同一个后端服务器，可能导致负载失衡。该方法也不适用于 CDN 网络和广泛存在的代理上网的情况。
- sticky_cookie_insert，使用 sticky_cookie_insert 启用会话亲缘关系，基于 cookie 判断，来自同一客户端的请求被传递到同一台服务器。可以避免 ip_hash 中来自同一局域网的客户端和前端路由地址相同的情况。

使用 Nginx 中做会话保持，业务层高度依赖 Nginx，耦合性太强。最好的替代方案是使用后端服务器机制保存 Session。例如，使用数据库、Redis 和 Memcached 等作为 Session 的存储服务器，将 Session 以 Sessionid 作为 Key，保存到后端的集群中。这样，无论请求如何分配，都可以获得 Session。

（2）重试策略

Nginx 通过配置上游服务器的 max_fails 和 fail_timeout 参数来判断服务器的状态，当 fail_timeout 时间内失败了 max_fails 次请求，则认为该上游服务器不可用/不存活，然后会摘掉该上游服务器，fail_timeout 时间后会再次将该服务器加入到存活服务器列表进行重试。

Nginx 认定服务失败的条件参数包括：

error，在连接到一个服务器，发送一个请求，或者读取应答时发生错误，一般在服务重启、停止，或者异常崩溃导致无法提供正常服务时发生。

timeout，在连接到服务器，转发请求或者读取应答时发生超时。

Invalid_header，服务器返回空的或者错误的应答。

http code，服务器返回错误的 http 状态码。

Nginx 重试的限制参数包括：

proxy_next_upstream_tries，设置重试次数，默认 0 表示无限制，该参数包含所有请求

upstream server 的次数，包括第一次后所有重试之和。

proxy_next_upstream_timeout，设置重试最大超时时间，默认 0 表示不限制，该参数指的是第一次连接时间加上后续重试连接时间，不包含连接上节点之后的处理时间。

使用重试策略时需注意，一方面，要严格定义允许发生重试业务的条件，避免出现不存在的 URI 触发重试机制的情况。因此在配置重试机制时，必须先对业务的实际情况进行分析，严谨选择重试场景。另一方面，timeout 的时间设置若与业务平均处理时间接近，会导致部分正常业务重试，出现请求放大的情况。因此在进行超时设置时，也必须根据业务实际情况来调整。可以适当调大超时设置，并收集请求相关耗时情况进行统计分析来确定合理的超时时间。

（3）启动压缩

在 Nginx 中启动 gzip 压缩可以大幅减少客户端的流量。与压缩相关的参数主要包括：

- gzip on，开启 Gzip。
- gzip_http_version，设置 gzip 压缩针对的 HTTP 协议版本。
- gzip_min_length，启用 gzip 压缩的最小文件，小于设置值的文件将不会压缩。
- gzip_buffers，设置压缩所需要的缓冲区大小。
- gzip_comp_level，gzip 压缩比/压缩级别，压缩级别 1～9，级别越高压缩率越大，当然压缩时间也就越长（传输快，但比较消耗 CPU）。
- gzip_types，进行压缩的文件类型。
- gzip_vary on，是否在 http header 中添加 Vary：Accept-Encoding，建议开启。

需要注意，不是压缩级别越高越好。当压缩级别达到 6 后，压缩比很难再提高，而且 gzip 很消耗 CPU 的性能。随着压缩级别的升高，压缩的比例其实增长不大，反而很吃处理性能，处理时间会明显变慢。其实 gzip_comp_level 1 或 2 的压缩能力已经够用了，另一方面，压缩要和静态资源缓存相结合，缓存压缩后的版本，避免高负载下启用压缩对 CPU 的消耗。另外测试时要注意满足启用压缩的条件，才能观察到压缩效果。

（4）黑白名单

在服务器被攻击的情况下，可以通过 Nginx 的黑名单对请求 IP 进行访问限制，白名单配置可用于对合作客户、搜索引擎等请求过滤限制。但面对专业羊毛党庞大的 IP 地址，一般要集成后台的数据分析系统，自动辨别恶意用户，保持到 K-V 缓存中，由 Nginx 使用 Lua 脚本进行逻辑判断。

（5）限流

Nginx 使用 ngx_http_limit_req_module 模块来限制请求的访问频率，基于令牌桶算法原理实现，并有两种用法：平滑模式（delay）和允许突发模式（nodelay）。Nginx 的限流是针对单个 Nginx 节点的管控措施。使用 nginx limit_req_zone 和 limit_req 两个指令，限制单个 IP 每秒可以处理的请求次数。

Nginx 的 ngx_http_limit_conn_module 模块提供了对资源连接数进行限制的功能，limit_conn_zone 限制客户端 IP 的连接数，limit_conn 限制 server 的连接数。

Openresty 中也提供了 lua-resty-limit-traffic 模块进行限流，模块实现了 limit.conn 和

limit.req 的功能和算法。

（6）图形缩放

http_image_filter_module 是 Nginx 提供的集成图片处理模块，可以实现实时缩放图片、旋转图片、验证图片有效性以及获取图片宽高以及图片类型信息，由于是即时计算的结果，所以网站访问量大的话，不建议使用。建议与 CDN 缓存结合使用。

（7）防盗链

Nginx 模块 ngx_http_referer_module 用于阻挡来源非法的域名请求。伪装 Referer 头部是非常简单的事情，所以这个模块只能用于阻止大部分非法请求。有些合法的请求是不会带 referer 来源头部的，不要拒绝来源头部（referer）为空的请求。

4.5　服务网关

4.5.1　服务网关与微服务

服务网关（GateWay）与微服务的架构是相辅相成的。在微服务架构中服务消费者并不是零入侵的，它需要实现通信协议、负载均衡调用、降级熔断、链路跟踪等功能，这些功能是面向网络内部的消费者设计的。在移动互联网业务中，移动设备上的客户端是 API 的最初消费者，但显然移动设备的客户端无法承载微服务的消费者的功能。

服务网关就是在服务端实现的对外来服务调用者提供统一接入管理的系统，是分布式系统中进行整体宏观管理的重要部分，部署在反向代理的后面，业务服务之前。服务网关是设计模式中的外观模式（Facade）的一种体现，它对外部调用提供了统一的出口，屏蔽了内部服务的实现机制，接口服务被服务网关保护起来，隐藏在服务网关后面，业务系统专注于创建和管理服务，而不用去处理与业务无关的事情。服务网关与微服务的关系如图 4-17 所示。

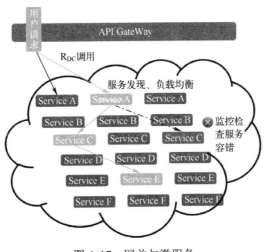

图 4-17　网关与微服务

服务网关对外承接外部渠道调用，对内与注册中心建立订阅与通知机制，通过服务发现和负载均衡调用后台服务，实施熔断降级策略，连接分布式缓存与专属数据库进行管理。在本书第 2 章也强调："分布式系统在实现节点自治的同时，也需要有措施地对各节点进行宏观统筹，实现整体安全防御，对子系统进行监控、服务治理和自动化处理。"服务网关与服务注册中心、链路跟踪、熔断降级、日志监控等共同组成了分布式系统的宏观管理核心。服务网关的作用如图 4-18 所示。

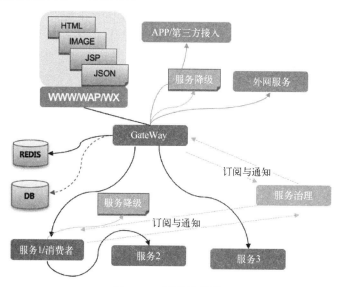

图 4-18　网关的作用

4.5.2　服务网关的功能架构

服务网关的功能主要包括统一接入、服务治理和安防监控三类。网关作为流量的入口，功能必须内聚，与业务关联度小，采用轻量级的实现方法。

1. 统一接入

服务网关作为后端业务的总的出入口，代理了后端的服务，统一接入前端各种渠道的请求。

（1）渠道接入。统一接入前端渠道，作为微服务消费者调用后端业务微服务。作为调用服务的入口，网关需对接网站、App、小程序等各种前端渠道的服务调用，网关还为第三方提供开放平台服务。网关需屏蔽服务端的调用细节，承担服务发现、负载均衡和协议转换的功能。

服务发现：网关系统应该统一接入各种微服务架构的服务注册中心，屏蔽其中的差异。通过注册中心发现服务地址，对接调用后台服务。与业务系统解耦，业务服务的升级不影响网关。

协议转换：将外部请求的协议转换为内部服务支持的协议，如支持 Http、Hession、Dubbo、Thrift、WebSocket 等协议的请求调用。

负载均衡：集成常见微服务框架的客户端负载均衡器，如 Dubbo 、Spring Ribbon 等，实现客户端负载均衡。

（2）对外调用。网关是远程客户端调用后端微服务的总入口，但有时后端服务也可能作为调用者使用系统外的服务。如第三方支付、邮件发送、消息 PUSH 等业务场景。为保证系统安全，对外网调用应该实施接口和服务器 IP 的白名单管理，同时也可以在网关层进行报文签名等与业务无关的处理。

（3）结果缓存。作为缓存体系的一部分，在网关层缓存服务调用结果。网关层缓存是整个系统的缓存结构中至关重要的一环。网关层的缓存可以建成 JVM 缓存与分布式缓存两层缓存体系。缓存的内容包括 URL 调用的结果、后台推送的数据、预制的托底数据等。

URL 调用结果缓存，可以将调用地址和参数（http URL）编码后作为缓存的 KEY，将第一次服务返回的结果存放到 Redis 中，下一次同样参数的调用就会命中缓存。程序可以按分类配置哪些 URL 的参数可以作为缓存的 KEY，也可以按分类配置缓存失效时间。为保证缓存的命中率，KEY 中一般不应包含 URL 中的客户 ID。结果缓存在网关层拦截向后端的调用，可以减少重复调用接口的现象发生。远程客户端在服务调用的过程中因为网络原因可能出现连接超时等情况，此时客户端会重新发起请求，服务端若没有幂等机制可能会造成业务状态异常，重复调用也会浪费服务处理能力，通过结果缓存可以在缓存层拦截调用。

URL 调用结果缓存其实是客户端触发网关拉取缓存数据的模式，也可以采用后台主动推送数据的模式，业务服务层通过事件触发或计划任务等机制推送数据到网关缓存中。在前端使用接口获取数据时，网关直接在缓存中取出并返回。

网关层的缓存作为服务的入口，能减少大量的服务调用，减轻服务压力。缓存穿透会对后台服务造成较大影响，服务方在数据变化时应通过 KEY 主动修改缓存，避免重启网关或重新加载缓存数据。

（4）路由控制。在网关层路由前端请求到服务的不同实现。前端架构的 BFF 部分中提到了后台需要针对前端不同设备和场景提供定向的响应式服务，此外如针对服务的 AB 分流测试、新旧接口并行等需求，都需要接口提供路由请求的能力。

如图 4-19 所示，网关将用户对 serverA 的调用路由到 serverA 的四个不同实现版本上。网关能根据正则表达式等规则匹配 URL 与后台服务，路由控制功能可以根据路由规则将调用请求指向到接口的不同实现。规则应动态加载，无需重启即可生效。

（5）格式检查。前后端分离的架构强依赖于接口规范，对于接口中的强制性约束，可以在网关层检查，提前拦截不符合规范的调用。可以使用模板引擎等技术手段配置和验证检查规则。

（6）数据转换。支持将返回数据转换成 JSON 或 XML 等不同的格式，可以使用数据模板引擎。

（7）异步与同步。网关与服务端的通信是不同进程间的通信，分为同步机制和异步机制。在基于消息队列的异步调用中，网关与后台服务使用 JMS 或 AMQP 机制的消息中间件通信。同步调用的机制，主要是基于 RPC 或 HTTP 协议的通信，例如 Thrift、Dubbo 和 HTTP。在前端调用者看来是一个同步的调用，但在服务端可能是个异步处理的过程，网关要屏蔽异步过程，从前端看与正常同步调用无区别。

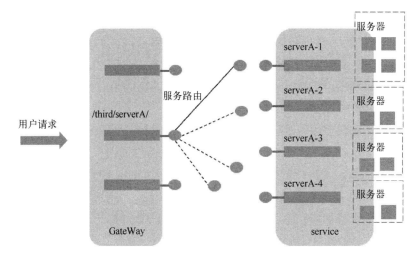

图 4-19　网关路由

（8）服务于前端的后端架构 BFF。服务整合、响应式后台服务与 MockServer 是 BFF 的三项核心作用，单独设计 BFF 会使系统整体结构显得更加复杂，为此可以将 BFF 作为服务网关的插件，在服务网关中插拔实现。服务聚合就是对服务的简单编排，网关是一个轻量级的架构，较好的解决方案是采用语言内部的反应式编程模式来实现，如 Scala 的 Future，Java8 的 CompletableFuture 和 JavaScript 的 Promise。

2. 服务治理

作为服务消费者，在网关层对服务进行管理，通过限流、熔断、降级等手段管理流量，保护业务系统。

（1）流量限制。防止业务服务崩溃的有效办法是对调用流量进行控制。在有些微服务的客户端中内含了各种流量控制的功能，网关集成客户端后自然也具备了这种能力。但作为通用型网关，不应绑定微服务厂商，需要自有的流量控制手段，包括 QPS 控制、连接数控制等。在控制维度上可以根据渠道与业务属性分类管理。对于单节点的流量限制，可以使用 Google 开源工具包 Guava 提供的基于令牌桶算法的限流工具 RateLimiter。对于整体的管控，需要有一个数据集中点，如在 redis 中集中计数。

（2）熔断降级。作为服务消费者，网关能掌握后台服务的健康情况，当后台服务健康状态不佳时，网关应能予以阻断降级，防止引发系统性雪崩。对于降级的服务，网关需要区分不同的渠道与业务属性，托底返回提前定义的业务结果。JVM 网关可以使用 Sentinel 和 Hystrix 等开源熔断器。

3. 安防监控

在服务的总入口进行安全防范和监控，通过权限控制、黑白名单、WAF 防火墙、内容加密等手段保护后方系统，防止攻击。网关系统也要记录好总入口日志，做好服务追踪和系统监控。

（1）服务追踪。网关作为后台服务调用的首个消费者，是根 Trace ID 的建立者。网关应与服务端共同建立服务的调用链路，对调用链路的跟踪可以分析链路上的薄弱环节。网关需要集成常见的链路中间件。

（2）日志监控。服务网关应具备完备的记录，存储集群中后台接口的请求信息和返回结果、异常信息、熔断降级信息。网关也要做好集群服务的数据统计功能，如统计请求次数、请求时间、响应状态、响应时间。

（3）加密解密。对于接口中需要加密和解密的数据，因为与业务无关，可以在网关层进行加解密运算，失败的可以提前抛弃。

（4）WAF 防火墙。在网关层也可以统一实施防止 XSS 攻击、SQL 注入等安全防范的措施。

（5）黑白名单。类似于接入层 Nginx 的黑白名单功能，提供 IP，设备、用户等黑白名单的判断和处理功能。可以通过管理端将黑白名单规则推送到 Redis 中，各网关实例连接 Redis进行判断。由于需要对每个接口都进行检查，根据规则数据量情况，可考虑将规则数据放在JVM 中缓存。为了方便管理，需要辅助以配置中心系统，推送变化的规则到所有网关实例中。

（6）权限控制。对外提供服务的接口一般都有基于 OAuth 2.0 安全协议或与时间相关的 token 参数，用以验证接口调用是否合法、检查渠道是否有调用接口的权限。此种检查与业务无关，应在服务调用链的前端挡住不合理调用。在各业务系统中的服务调用，不需要经过网关，可以采用简单的用户密码权限验证方式。

图 4-20 为网关系统功能架构图。PC、移动 WAP、App、第三方平台等渠道通过网关调用内部接口，内部业务系统的 Mail、第三方支付等业务通过网关系统完成对外访问。网关需要支持从 Http 到 Dubbo 等协议的同步调用转换，也要支持异步消息通信。

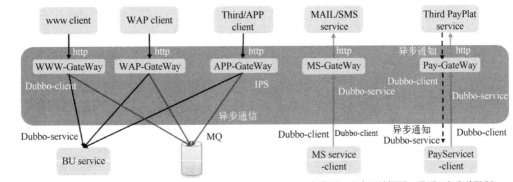

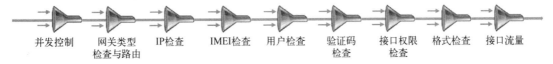

图 4-20　网关系统功能架构

网关对内调用和对外调用的处理顺序是不一样的，对内调用首先要经过并发限流控制，用于统计和控制系统整体流量。然后要经过前置路由控制器，用于分配各渠道在网关内部的处理流程。根据渠道的不同分别进行权限检查、User Agent 核验，格式检查、缓存提取、接口流量控制等处理。对外部的访问，主要是需要进行白名单检查、加签或加密处理等业务流程。

网关各逻辑执行顺序的选择，一是基于内存运算并能返回最短路径的逻辑放在前面，不浪费算力。二是安全检查逻辑放在前面，减少业务细节暴露。最后，处理数据统计的逻辑要注意是否需要将快速返回的流量纳入统计。

4.5.3 服务网关的技术架构

可以看到网关可以提前拦截服务调用、控制调用过程，适用于与业务无关的事件处理。因为网关是后端服务的总入口，这就要求网关具备较高的性能、可靠性，并拥有接近无限的扩展能力。网关是一个多实例的集群架构，各个实例节点应该是平等的，去中心化的。网关中应该避免数据持久化等重型操作，数据应加载到缓存中。

（1）云原生的架构，网关是无状态的实例，应支持容器化部署，服务于微服务架构（微服务 Dubbo、Spring Cloud 等）和服务网格架构（Istio）。

（2）使用高并发框架，网关需要支持 NIO 的高性能底层框架。在接入层中介绍过的 Nginx+Lua 的高性能、插件式架构特性非常适合用来实现服务网关。构建于 JVM 上的网关，可以基于 servlet 3.0（如 tomcat8-NIO）、Netty、Vertx，Spring Reactor 等技术底层实现。网关还可以使用 Node.js、Golang、Erlang 等支持高并发的语言。

（3）插件架构，从接收用户请求到返回处理结果，在业务上网关按先后顺序进行了一系列处理，这些业务处理模块应该是可插拔的，处理过程应该是链式的，类似于 Servlet filter 和 Spring MVC Interceptor。

（4）线程池隔离，在水平与垂直两个方向做好隔离。在水平方向上，因为后台服务的流量差异较大，为避免业务相互影响，在网关层可以按服务接口配置不同的线程池。在垂直方向上，为调用链上的处理环节设置不同的线程池，将前置过滤、API 调用、后置处理分隔。

（5）集群分组，网关的集群实例应支持按业务分组，通过接入层的反向代理服务器配置路由规则，将请求路由到相应的网关实例小组。

（6）优雅加载与升级，网关作为服务的总入口，当网关不能提供服务时，其影响是全面的。网关各节点的配置信息和缓存数据在发生变化时，应支持在不影响后端 API 提供服务的情况下加载配置文件和缓存数据。可以集成配置中心或脚本引擎，利用配置中心的动态加载机制或脚本语言不用编译的特性实现动态加载数据。但脚本引擎效率不高，在高并发的网关系统中推荐采用集成配置中心的方案。另外，在网关的插件结构中，经常变化的插件应该支持热插拔，可以单独升级替换。

（7）自动化运维，网关应该提供面向运维人员管理的操作页面，提供自动化的发布、部署、监控管理的工具。

4.5.4 开源服务网关

API GateWay 有很多开源的实现。包括 Zuul、Spring Cloud Gateway、Kong、Tyk、Traefik、

Ambassador 等，其中 Ambassador 可以与 Istio 无缝集成。

这几种网关中，Zuul、Spring Cloud Gateway 和 Kong 的应用较广。其中 Kong 基于 Nginx+Lua 开发，系统性能最高，功能较全，但需要掌握 Lua 技术栈。Zuul 包括两个版本，Zuul1 代码简单易懂，具有较好的架构，Zuul2 在 Zuul1 的基础上实现了全异步网关。Spring Cloud GateWay 基于 Spring 体系，借鉴了 Zuul 的部分思路，较容易掌握，也是 Spring 用于替代 Zuul 的解决方案。

在限流能力上，Spring Cloud Gateway 目前提供了基于 Redis 的 Ratelimiter 实现，使用的算法是令牌桶算法，通过 yml 文件进行配置。Zuul2 可以通过配置文件配置集群限流和单服务器限流，亦可通过 filter 实现限流扩展。Kong 本身拥有基础限流组件，可在基础组件源代码基础上进行 Lua 开发。OpenResty 有限流组件 resty.limit.count、resty.limit.conn、resty.limit.req 来实现限流功能，实现漏桶或令牌桶算法，

1. Zuul Gateway

（1）Zuul1 Gateway

Zuul 是 Netflix 开源的基于 Web servlet 的 Gateway 服务器。Zuul 的核心是可以动态加载的 filters，采用设计模式中的责任链模式，将接收请求的对象连接成一条链，沿着这条链传递请求。通过这种模式将请求发送者与接收者解耦，可以动态地改变链内的处理逻辑或者调动处理的次序，类似 servlet filter 与 springmvc Interceptor。

图 4-21 展示了 Zull 基于 Groovy 的动态过滤器的运行机制。Zuul 采用 Groovy 编制 filter，Groovy 是基于 JVM 的动态语言，能够与 Java 代码很好地结合。Zuul 提供了 Groovy 的运行时框架 Runner，可以对过滤器进行动态加载、编译和运行，实现了过滤器的插件化与热加载。

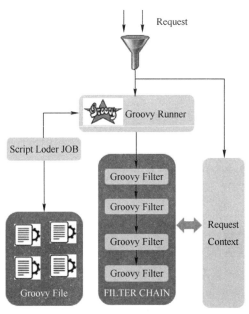

图 4-21　Zull Groovy 动态过滤器

Groovy filter 脚本文件存放在 Zuul Server 上的特定目录下面，Groovy Runner 通过 Script Loder Job 定期轮询目录，动态加载 filter 到 filter chain 中。Zuul 的过滤器链之间通过 RequestContext 传递请求上下文，RequestContext 类中的 ThreadLocal 变量记录有每个 Request 所需要传递的数据。在 Groovy 脚本中设置有脚本顺序号，Runner 按照顺序编号依次调用 filter chain 脚本。

Zuul 的大部分功能都是通过过滤器来实现的。Zuul 对应于调用请求的生命周期，定义了四种标准过滤器类型。

- preFilters：前置过滤器，用来处理一些公共的业务，比如统一鉴权，统一限流，熔断降级，缓存处理等，并且提供业务方扩展。
- routingFilters：用来处理一些泛化调用，主要是做协议的转换，请求的路由，构建发送给微服务的请求。
- postFilters：后置过滤器，在路由到微服务以后执行，主要用来将响应从微服务发送给客户端，日志打点，记录时间等等。
- errorFilters：错误过滤器，在其他阶段发生错误时执行该过滤器，用来处理调用异常的情况。

基于 Zuul 的过滤器结构，可以进行简单的改造，在 Route Filter 之前增加自定义的过滤器，如图 4-22 所示。在 Route Filter 前实现自定义的 Java 过滤器。

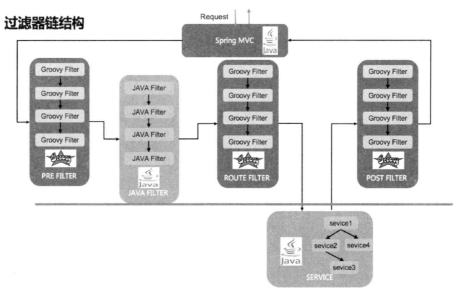

图 4-22　Zuul 过滤器链结构

（2）Zuul2 Gateway

在 Zuul 中应用同步 Servlet，使用 thread per connection 方式处理请求。每来一个请求，Servlet 容器为该请求分配一个线程专门负责处理这个请求，直到响应返回客户。在这种模式下，由于容器线程池的数量是固定的，当后台服务慢时，容器线程池容易被耗尽。为解决已发现的问题，2018 年 5 月 Netflix 发布了 Zuul2。

　　Zuul2 采用了 Netty 实现异步非阻塞编程模型，图 4-23 是 Zull2 的架构图。Zull2 的前端用 Netty Server 代替了 Servlet，目的是支持前端异步。后端用 Netty Client 代替 Http Client，目的是支持后端异步。采用新的模型，Zuul2 的性能比 Zuul1 高 20% 左右，而且 Zuul2 可以接收更多的连接数。但异步模型也增加了程序的复杂性，而且同步 Servlet 可以使用 Servlet 3.0 的异步特性解决，Netty client 连接的服务提供者也可以使用 Hystrix 的线程隔离进行处理。在 Spring Cloud 中集成了 Zuul1 并没有集成 Zuul2，Spring Cloud 自己开发的 GateWay 也是基于 Netty。

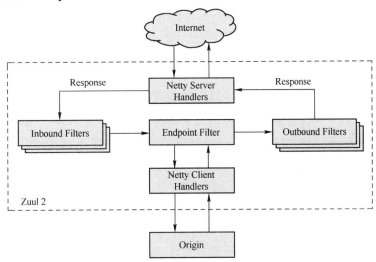

图 4-23　Zuul2 结构

　　下面是 Zuul2 官网中提到的一些特性，供参考。

　　Zuul2 中的过滤器叫作 inbound、outbound、endpoint，与 Zuul1 相比用 Inbound Filters 代替了 Pre-routing Filters，用 Endpoint Filter 代替了 Routing Filter，用 Outbound Filters 代替了 Post-routing Filters。过滤器支持同步和异步。其中 endpoint 只有同步方式。

　　Zuul2 可以和 Eureka 一起工作，使用 Eureka 的服务器列表。

　　Zuul2 缺省使用 Ribbon 的 ZoneAwareLoadBalancer 做负载均衡。负载均衡器持续统计每个 zone，如果失败率超过配置的阈值，将去掉该 zone。

　　Zuul2 不使用 Ribbon 建立流出的连接，而使用 Netty 客户端创建自己的连接池。Zuul2 为每个主机、每个事件循环建立连接池。这样做，可以减少线程间的上下文切换，确保 inbound 和 outbound 事件循环的完整性，但可能导致连接数变少。

　　Zuul2 扩展了 HTTP 状态码，支持 HTTP2。

　　Zuul2 支持可扩展的重试机制，提供并发保护，限制连接数等功能。

2．Spring Cloud Gateway

　　Spring Cloud Gateway 是 Spring 官方基于 Spring 5.0、Spring Boot 2.0 和 Project Reactor 等技术开发的网关，Spring Cloud Gateway 旨在为微服务架构提供一种简单有效的、统一的 API 路由管理方式，并且基于 Filter 链的方式提供网关的基本功能，例如安全、监控、埋点和限流等。Spring Cloud Gateway 依赖 Spring Boot 和 Spring WebFlux，基于 Netty 运行。它不能在传统的 servlet 容器中工作，也不能构建成 war 包。

Spring Cloud Gateway 中的核心概念。

（1）Route 路由

Route 是网关的基础元素，由 ID、目标 URI、断言和过滤器组成。当请求到达网关时，由 Gateway Handler Mapping 通过断言进行路由匹配（Mapping），当断言为真时，匹配到路由。

（2）Predicate 断言

Predicate 是 Java 8 中提供的一个函数。输入类型是 Spring5.0 框架中的 Spring Framework ServerWebExchange。它允许开发人员匹配来自 HTTP 的请求，例如请求头或者请求参数。简单来说，断言就是路由条件。

（3）Filter 过滤器

Filter 是 Gateway 中的过滤器，可以在请求发出前后进行一些业务上的处理。Spring Cloud Gateway 中的 filter 分为两种，分别是 Gateway Filter 和 Global Filter。过滤器 Filter 将会对请求和响应进行修改处理。

图 4-24 是 Spring Cloud Gateway 官网的架构设计图。客户端向 Spring Cloud Gateway 发出请求。如果 Gateway Handler Mapping 确定请求与路由匹配，则将其发送到 Gateway Web Handler。此 handler 通过特定于该请求的过滤器链处理请求。图中 filters 被虚线划分的原因是 filters 可以在发送代理请求之前或之后执行逻辑。先执行所有"pre filter"逻辑，然后进行请求代理。在请求代理执行完后，执行"post filter"逻辑。

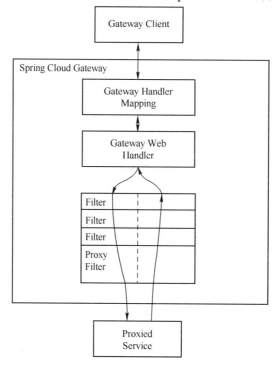

图 4-24　Spring Cloud Gateway 架构

Spring Cloud Gateway 内置了非常多的开箱即用的路由断言和过滤器，并且都可以通过 SpringBoot 配置或者手工编码链式调用来使用。内置的 10 余种路由断言，可以根据请求的 Header、Path、Host 或者 Query 来做路由。内置的 20 余种 Filter 和 9 个全局 Filter，也都可以直接用。主要特点包括：

- 能够根据任何请求的属性匹配路由。
- 可以将断言和筛选器指定到路由上。
- 集成 Hystrix 断路器。
- 集成 Spring Cloud 服务发现客户端。
- 很容易编辑自定义断言和筛选器。
- 支持请求速率限制。
- 支持路径重写。

Spring Cloud Gateway 常用的路由断言和过滤器如下所示。

（1）路由断言，Spring Cloud Gateway 将路由作为 Spring WebFlux HandlerMapping 基础结构的一部分进行匹配。Spring Cloud Gateway 包含许多内置的路由断言 Factories。这些断言都匹配 HTTP 请求的不同属性。多个路由断言 Factories 可以通过 and 组合使用。

After Route，在某日期时间之后发生的请求都将被匹配。

Before Route，在某日期时间之前发生的请求都将被匹配。

Between Route，在某两日期间发生的请求都将被匹配。

Cookie Route，请求包含参数中的 cookie 名称和参数中的正则表达式为真的将会被匹配。

Header Route，请求包含参数中的 header 名称和参数中的正则表达式为真的将会被匹配。

Host Route，请求的 host 包含在参数中的主机名将会被匹配。

Method Route，HTTP 请求方式与参数中的 http method（get 或 put）匹配的。

Path Route，与参数中的 Url path 表达式列表匹配的。

Query Route，与参数中的 Url 查询字符串及其正则表达式匹配的。

RemoteAddr Route，与参数 IPv4 或 IPv6 地址匹配的。

（2）局部过滤器，过滤器分为 Pre 和 Post 两类，Pre 过滤器在请求转发到服务提供者之前执行，适合做鉴权、限流等操作，Post 过滤器在服务提供者处理后，将结果返回到客户端之前执行。过滤器应用到单个路由或一个分组的路由中。

AddRequestHeader，在请求中添加 http header 参数。

AddRequestParameter，在请求中添加查询参数。

AddResponseHeader，在响应中添加 http header 参数。

Hystrix GatewayFilter，在网关路由中引入断路器，保护服务不受级联故障的影响，并允许在下游故障时提供 fallback 响应。

FallbackHeaders，允许在转发到外部应用程序中的 FallbackUri 请求的 header 中添加 Hystrix 异常详细信息。

PrefixPath，给所有匹配请求的路径加前缀/mypath。如向/hello 发送的请求将发送到/mypath/hello。

PreserveHostHeader，设置了该 Filter 后，GatewayFilter 将不使用由 HTTP 客户端确定的 host header，而是发送原始 host header。

RequestRateLimite，对请求进行限流，默认提供了 RedisRateLimite，采用令牌桶算法限流。

RedirectTo，重定向过滤器。

RemoveNonProxyHeaders，从转发请求中删除 headers。

RemoveRequestHeade，从请求中删除指定名称的 header。

RemoveResponseHeader，从响应中删除指定名称的 header。

RewritePath，通过使用 Java 正则表达式重写请求路径。

RewriteResponseHeader，通过使用正则表达式重写响应头的值。

SaveSession，将调用转发到下游之前强制执行保持会话状态。

SecureHeaders，添加安全的 headers 参数到响应中。

SetPath，根据参数设置 Path 路径。

SetResponseHeader，使用给定的名称替换 response header。

SetStatus，设置 HttpStatus。

StripPrefix，在将请求发送到下游之前，要从请求中去除部分路径中的节数。如将 /name/bar/foo 请求时的前二节去掉，向 nameservice 发出的请求将是 http://nameservice/foo。

Retry，向服务提供者发起重试，包括四个参数。retries：应尝试的重试次数；statuses：应该重试的 HTTP 状态代码；methods：应该重试的 HTTP 方法；series：要重试的一系列错误码。

RequestSize，根据请求大小限制请求不继续下达到下游。

Modify Request Body，在请求主体被网关发送到下游之前对其进行修改。

Modify Response Body，此过滤器可用于在将响应正文发送回客户端之前对其进行修改。

（3）全局过滤器，针对所有路由生效，在过滤器链中根据 @order 指定的数字大小排序执行。

ForwardRoutingFilter，使用转发 URL 中的路径覆盖请求 URL 的路径。

LoadBalancerClientFilter，使用 Spring Cloud LoadBalancerClient 将名称（如 myservice）解析为实际主机和端口，并替换 URI。

Netty Routing Filter，如果 URL 具有 http 或 https 模式，则使用 Netty HttpClient 发出下游代理请求。响应放在 exchange 属性中，以便在以后的过滤器中使用（WebClientHttpRoutingFilter 能够不依赖 Netty 就实现相同的功能，但还未正式发布）。

Netty Write Response Filter，如果 exchange 属性中存在 Netty HttpClientResponse，则运行 NettyWriteResponseFilter。它一般与 NettyRoutingFilter 成对使用，将 NettyRoutingFilter 请求后端服务的响应写回客户端。WebClientWriteResponseFilter 不需要 Netty 即可实现相同的功能，一般与 WebClientHttpRoutingFilter 成对使用，但还未正式发布。

RouteToRequestUrl Filter，如果 exchange 属性中存在 Route 对象，RouteToRequestUrlFilter

将运行。它基于请求 URI 创建一个新的 URI，使用 Route 对象的 uri 属性进行更新。新的 URI 被放置在 exchange 属性中。

WebSocket Routing Filter，如果 exchange 属性中有 ws、wssscheme，则 Websocket Routing Filter 将运行。它使用 Spring Web Socket 基础模块将 WebSocket 转发到下游。

Gateway Metrics Filter，启用网关指标，此过滤器添加名为"gateway.requests"的计时器指标，这些指标可以从/actuator/metrics/gateway.requests 中获取，很容易与监控系统集成。

Making An Exchange As Routed，网关路由 ServerWebExchange 之后，向 Exchange 属性添加 gatewayAlreadyRouted 将该 exchange 标记为"routed"。一旦一个请求被标记为 routed，其他路由过滤器将跳过该过滤器不会再次路由该请求。

3. Kong Gateway

Kong 是 Mashape 公司开源的基于 OpenResty（Nginx + Lua 模块）编写的高可用、易扩展的 API Gateway。除了免费的开源版本，Mashape 还提供了付费的企业版，包括技术支持、使用培训服务以及 API 分析插件。

Kong 是具有高性能和强扩展能力的网关，是在生产环境广泛使用的网关之一。图 4-25 是 Kong 的层次结构图。

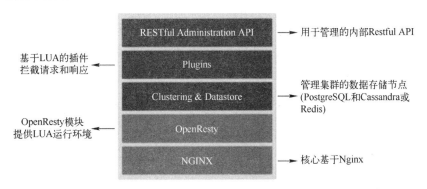

图 4-25 Kong GateWay 层次结构

（1）Kong 是基于 Nginx+OpenResty 构建的，继承了 Nginx 强大的性能，Kong 通过 Lua 扩展了 Nginx 的功能，接管了请求/响应的生命周期，Kong 可运行在 Docker 中。

（2）DataStore 用于存储 Kong 集群节点、API、消费者、插件等信息，支持 PostgreSQL 和 Cassandra（建议使用），在企业版中支持用 Redis 存储调用结果缓存。Kong 支持水平扩展节点，客户端流量通过反向代理层进行负载平衡，分配流量到 Kong 集群，集群节点间通过数据库共享配置。为提高性能，Kong 也会在本地缓存服务、路由、消费者、插件、凭证等配置数据，节点的管理 API 所做的更改会通过定时任务传播到其他节点。

（3）Kong 插件基于 Lua 开发，可以拦截请求/响应的生命周期，支持第三方插件。目前已有流量限速、代理缓存、访问控制、密钥认证、负载均衡、日志监控等插件。

（4）Kong Restful 提供 JSON API 对插件进行管理，官方提供 Kong dashboard UI 管理工具。

Kong 将客户端请求通过 Consumer、Route、Service、LoadBalancer 传输给目标 API。Kong 的架构图如图 4-26 所示。

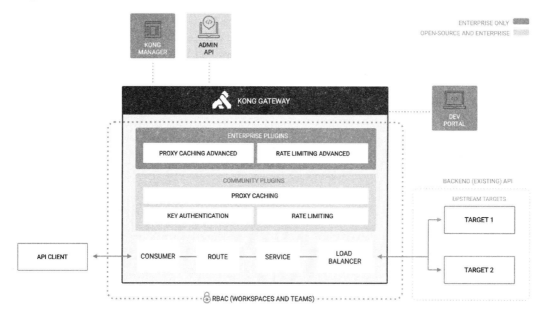

图 4-26　Kong GateWay 架构

（1）Consumer 对象表示服务的消费者或使用者。如访问控制插件依赖 Consumer 消费者。

（2）Route 路由实体，定义匹配客户端请求的规则，每一个匹配给定路线的请求都将被提交给它的 Service 服务。每个路由都与一个 Service 服务关联，而 Service 服务可能有多个与之关联的 Route 路由（类似于 Nginx 的 location）。

（3）Service 服务实体，代表上游服务 API（类似于 Nginx 的 server）。

（4）LoadBalancer 负载均衡：基于 DNS 负载均衡，或动态的环形均衡器，包括加权轮询与哈希均衡（类似于 Nginx 的 upstream）。

默认情况下，Kong 在端口 8000 和 8443 上监听流量，判断客户端 API 请求并将它们路由到适当的后端 API。在路由请求和提供响应时，可以将插件应用到 Consumer、Route、Service 等核心对象上，根据需要通过插件应用自定义策略。图 4-27 是 Kong 的插件架构。

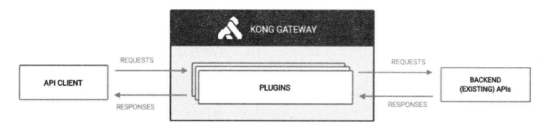

图 4-27　Kong GateWay 插件

4．Soul Gateway

Soul 是一个高性能的、跨语言的、响应式的 API 网关。参考 Kong，Spring Cloud Gateway 网关设计，基础架构框架使用 Spring Boot 构建。主要特点是配置的实时加载与链式插件。

在功能架构上 Soul 分为 Admin 管理模块和 Server 服务提供模块。

Soul Admin 是 soul 的管理后台，可以通过三种可选的方式，包括 http 长连接、WebSocket 和 ZooKeeper，将配置信息推送到 Soul-Server 本地内存，使缓存立即生效。

Soul Server 是 HTTP 服务，用责任链模式串联网关插件，底层与 Spring Cloud Gateway 相同，都采用了 webflux 反应式 Web 框架，基于 Netty 进行异步非阻塞调用。

主要特点：

- 网关多种规则动态配置，支持各种策略配置。
- 支持各种语言，可以与 HTTP、RESTful、WebSocket、Dubbo 和 Spring Cloud 无缝对接。其中 Dubbo 部分采用泛化接口调用的形式对接。
- 插件热插拔，易扩展，已经提供了基础插件，包括监控、路由、鉴权、限流、熔断、防火墙等。其中，采用了与 Spring Cloud Gateway 类似的路由断言、Redis 令牌桶限流和 Hystrix 熔断，监控插件使用 InfluxDb 存储监控调用信息，使用 Distruptor 并发高性能队列进行监控写入。

4.6　内部系统集成

服务网关是统一管理企业内部系统与企业外部关系的接入系统。在大型企业内部，不同的团队也在使用着各式各样的系统，这些系统使用不同的语言，不同的通信协议，需要通过企业集成系统统一协调管理系统间的集成。

通常，把从入口请求到集群服务的流量管理通常称为北向流量管理；与之相应，从集群内访问外部服务的出口的流量管理称为南向流量管理。而东西向流量则是指集群内服务之间的流量管理，或者称为服务网格之间的流量管理。API 网关是南北向管理的关键手段，而企业集成就是东西向管理的关键手段。

若集成较复杂，场景较多，涉及服务编排等功能可以应用 SOA 架构体系中的 ESB 中间件，如 JBOSS ESB、Mule、ServiceMix 等。

另一方面，企业集成与 API 网关在功能上有很多相似之处，API 网关经少量改动就可以胜任一般集成场景，必要时可以集成 CAMEL 等轻量级开源集成组件。

如图 4-28 所示，企业后台核心系统是基于 Dubbo 的微服务架构，需要调用基于 Webservice 的辅助支持系统的服务。企业集成系统，接收到后台核心系统的请求，将 Dobbo 协议的数据转成普通 Java 对象，再封装层 Webservice 协议，调用辅助系统的 API。

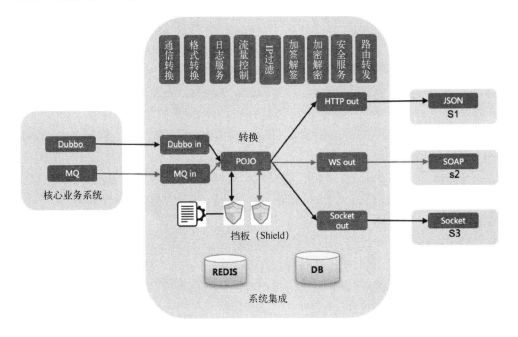

图 4-28　企业内部系统集成架构

企业内部集成系统的主要功能包括：

（1）转换协议，集成系统接收到调用请求，进行格式转换和通信转换，转换后将请求路由到目标系统，接收目标系统处理结果，逆向转换后返回结果给调用方。

（2）访问控制，集成系统在转换过程中需要用到流量控制、IP 过滤、加签解签、权限验证等一系列访问控制组件。

（3）日志记录，记录包括接收请求、转换后发送、接收结果、转换后返回结果四个阶段的详细过程。

（4）挡板（Shield），为方便系统调试，集成系统应配套挡板功能。

- 挡板程序可以在接收请求后不经目标系统直接返回预先配置结果。
- 挡板程序需具备基本的脚本执行能力，可配置不同请求返回的不同内容，包括返回的业务信息、状态码等。为模拟异常情况，挡板程序也应能配置超时时间等参数，以测试超时和幂等场景。
- 为防止挡板数据或程序污染生产环境，请求系统发往挡板的通信模块应是统一的，并通过返回结果明确判断是挡板返回的结果，在数据和 UI 上予以明显的区分。

第5章 服务架构

5.1 服务端架构生态

在后台服务架构中，当前还是以微服务架构为主流。本章主要介绍微服务架构和服务网格架构的主要中间件。微服务架构的核心是服务的注册、发现和负载均衡。为满足大规模、大流量的服务调用需求，微服务生态中还包括流量控制、配置中心、服务追踪、消息总线等后台组件。目前，Spring Cloud 已经成为微服务的主流标准。

阿里巴巴将自身的互联网组件整合进 Spring Cloud，形成 Spring Cloud Alibaba 分支，具备较高的实用性。Spring Cloud Alibaba 是阿里巴巴将其分布式组件按照 Spring Cloud 规范整合提供的一站式微服务开发解决方案，包含了如 Nacos、Sentinel、RoketMQ、Dubbo 以及商业化组件 OSS、SMS、schedulerX 等阿里系的组件，方便开发者通过 Spring Cloud 编程模型轻松使用这些组件来开发分布式应用服务。其中，Dubbo 作为国内早期出现的微服务中间件，在阿里的支持下，依然具有很大的影响力。

服务网格 Servicemesh 技术解决了微服务架构的代码耦合和多语言支持等问题，作为下一代的服务架构，正处在高速发展阶段。Istio 是服务网格技术的主要中间件，已经成为 Servicemesh 的事实标准。围绕 Istio，各大厂商定制了自己的 Servicemesh 中间件，典型代表如阿里的 SOFAMesh。

5.2 Spring Cloud

Spring Cloud 是面向微服务的全套的分布式系统解决方案。Spring Cloud 解决方案拥有众多子项目，其核心是 Spring Cloud Netflix，是基于 Spring Boot 对 Netflix 分布式服务框架的封装，包括服务发现和注册、负载均衡、断路器、REST 客户端、请求路由等。Spring Cloud 还包括一部分分布式系统的基础设施的实现，如 Spring Cloud Stream 扮演的就是 kafka，ActiveMQ 代理的角色

5.2.1 Spring Cloud 总体架构

Spring Cloud 包括基于 Netflix 改进的分布式核心组件，也包括其他分布式基础设施。图 5-1 是 Spring Cloud 生态的常用架构图。

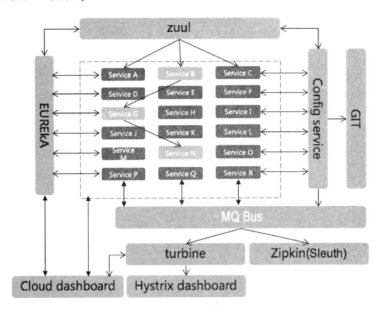

图 5-1 Spring Cloud 微服务组成架构

（1）Spring Cloud Netflix 核心组件，对多个 Netflix OSS 开源套件进行整合，包括以下几个组件。

Eureka，服务治理组件，包含服务注册与发现。

Hystrix，容错管理组件，实现了熔断器、舱壁隔离等功能。

Ribbon，客户端负载均衡的服务调用组件。

Feign，基于 Ribbon 和 Hystrix 的声明式服务调用组件。

Zuul，网关组件，提供智能路由、访问过滤等功能。

Archaius，外部化配置组件。

（2）其他部分组件。

Spring Cloud Config：配置管理工具，使用 Git 作为配置仓库，实现应用配置的外部化存储，支持客户端配置信息刷新、加密/解密配置内容等。

Spring Cloud Bus：事件驱动的消息总线，用于传播集群中的状态变化或事件，以及触发后续的处理。

Spring Cloud Security：基于 Spring Security 的安全工具包，为应用程序添加安全控制。

Spring Cloud Consul：封装了 Consul 操作，Consul 是另一种服务发现与配置工具。

Spring Cloud Stream：消息队列操作开发包，封装了与 Redis、Rabbit、Kafka 等中间件的发送接收消息机制。

Spring Cloud Sidecar：提供多语言支持，可以根据 Eureka 接口，自己实现软负载等功能。

5.2.2 Spring Cloud 核心构成与原理

图 5-2 是 Spring Cloud 的核心组件的逻辑结构图。实际业务中，Spring Cloud 的业务

节点既可能是消费者节点也可能是服务提供者节点，根据调用关系进行转换。

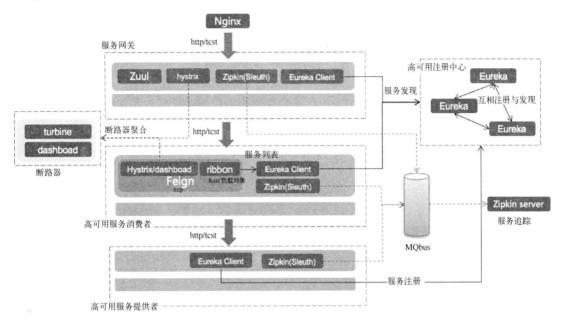

图 5-2　Spring Cloud 逻辑结构

1．Eureka server 与 Client

Eureka 既包括了服务端组件也包括了客户端组件，使用 Java 编写，提供了 RESTful API，在多语言支持时，需要有对应语言的客户端。图 5-3 是 Eureka 集群的架构图。

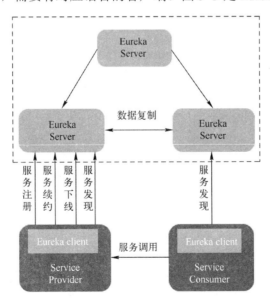

图 5-3　Eureka 集群架构

Eureka Server 即注册中心，接收服务提供者的注册，形成服务清单，与服务提供者维持心跳，维护服务状态，使服务续约。服务提供者不能工作或客户端注销时，使服务下线。提供服务清单给服务消费者。Eureka 支持按 region（地理分区）和 zone（机房分区）划分区域，服务提供者注册到 zone 中，消费者优先访问相同 zone 的服务。

Eureka server 高可用集群通过互相注册完成，集群中的每一个 Eureka 节点在配置中指定另外 N 个 Eureka 节点的地址，使节点互相注册成为集群。集群内的 Eureka 节点是平等的，节点间会互相同步数据。在 Eureka client 处配置每个 Eureka server 节点的地址，Eureka 故障时可以切换至其他节点。当其中一台 Eureka 宕机时，其他 Eureka 节点仍然持有全套数据，可以继续提供服务。当故障节点恢复时，集群中的节点会再次同步数据。Eureka 节点之间两两连接起来形成通路，就可以共享信息，但当有一个节点断掉时，会导致集群分裂成两个部分，所以最好还是在集群中保留多条通路。节点间是异步通信的，可能在某一时刻节点间状态不一致。

Eureka Server 在运行期间会统计本节点全部连接的心跳成功比例，如果在 15min 之内低于 85%，Eureka Server 就会进入自我保护机制。之后，当前节点依然可用，能够接受新服务的注册和查询请求，但是不会同步到其他节点上，也不再从注册列表中移除因为长时间没收到心跳而应该过期的服务。当网络稳定时，当前节点的信息会被同步到其他节点中。Eureka 自我保护机制是为了防止误杀服务。当个别客户端出现心跳失联时，则认为是客户端的问题，剔除客户端；当捕获到大量的心跳失败时，则认为可能是网络问题，进入自我保护机制；当心跳恢复时，Eureka 会自动退出自我保护机制。如果在保护期内刚好某个服务提供者非正常下线了，此时服务消费者就会拿到一个无效的服务实例，即会调用失败。对于这个问题需要服务消费者端有一些容错机制，如重试、断路器等。

Eureka client 嵌入在服务消费者和提供者的代码中，主要靠独立的线程池周期性地执行 http 请求来进行服务发现的更新和服务注册与续约。服务提供者启动时通过 Eureka client 向 server 注册，并定时（默认 30s）发送心跳，维持服务状态。作为服务消费者，从 Server 下载服务队列清单并缓存，定期更新清单内的服务状态。服务调用时，Eureka Client 会先从本地缓存找寻调取的服务，如果获取不到，会从注册中心刷新注册表，再同步到本地缓存。Eureka Client 在服务提供者关闭时向 Server 发送注销请求，Eureka Server 将实例从清单中删除。

2．Spring Cloud Ribbon

Ribbon 是 Netflix 开发的基于 HTTP 和 TCP 的客户端负载均衡工具，支持负载均衡、状态检查、故障容错等功能。

在 Spring Cloud 与 Eureka 结合后，Spring Cloud Ribbon 会从 Eureka Client 处获取服务清单并缓存，服务清单是服务地址与对应的服务名的 Map 结构，在业务端通过服务名获得服务地址并发起调用。图 5-4 是 Ribbon 的负载均衡原理图。

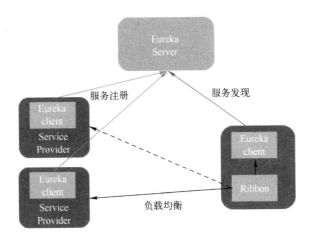

图 5-4　Ribbon 负载均衡原理

在 Spring Cloud 中，服务状态检查由注册中心管理，Spring Cloud Ribbon 不再负责状态检查的职责。Spring Cloud Ribbon 支持随机负载均衡、轮询负载均衡、响应时间加权轮询负载均衡、可用过滤负载均衡、最低并发负载均衡、区域优先负载均衡等策略。在服务调用失败后可发起重试，按指定次数，依次重试负载均衡的其他实例。Spring Cloud Ribbon 一般使用@LoadBalanced 注解配合 Spring RestTemplate 发起请求，需要在 RestTemplate 中组装发起调用的 URL。

3．Spring Cloud Feign

Feign 是 Netflix 开发的声明式、模板化的 HTTP 客户端，使用 Feign 可使 Web 服务客户端的编写更加方便。它具有可插拔注释支持，包括 Feign 注解和 JAX-RS 注解。Feign 支持请求拦截器，在发送请求前，可以对发送的模板进行拦截操作。Feign 还支持可插拔的编码器和解码器，默认支持 JSON 格式的编码器和解码器。

Ribbon 与后续要介绍的 Hystrix，都是应用于服务消费者一侧，共同发挥作用。Spring Cloud Feign 基于 Netflix Feign，整合了 Spring Cloud Hystrix 与 Spring Cloud Ribbon。在服务消费过程中，Hystrix 控制请求从调用到方法返回的过程；Ribbon 通过软负载均衡选择远程服务（service），控制从选址到 http 返回的过程；Feign 负责执行 Http 通信。在消费侧，通过 Spring Cloud Feign 使用注解配置接口，接口不是 RPC 中的 stub，不必与服务端应用产生直接关联，接口包含要调用的服务，且方法签名与服务端相同，即可完成对服务方的接口绑定，通过这种形式简化了在使用 Spring Cloud Ribbon 时自行封装服务调用客户端的开发量。Spring Cloud 增加了 Feign 对 Spring MVC 注释的支持。另外，还可以设置启动 GZip 压缩，设置压缩比率。

4．Spring Cloud Zuul

Zuul 是 Netflix 开源的微服务网关，Spring Cloud 对 Zuul 进行了整合与增强，Spring Cloud Zuul 包含了对 Ribbon 与 Hystrix 的依赖，依靠这两个组件拥有了舱壁隔离、断路器以及负载均衡的功能。Zuul 默认使用的 HTTP 客户端是 Apache HTTPClient，也可以使用 RestClient 或 okhttp3.OkHttpClient。Spring Cloud Zuul 的主要功能是服务路由与过滤，通过与 Eureka 配合，可以使用服务名进行路由。

5．Spring Cloud Hystrix/Dashboard/Turbine

Hystrix 是 Netflix 的流量管控组件，主要提供服务熔断、舱壁隔离、系统降级、请求缓存、请求合并的功能。Spring Cloud 整合了 Netflix Hystrix，通过熔断机制对服务延迟和服务故障提供更强大的容错能力。Hystrix Dashboard 默认可以展示单个 Hystrix 实例的实时监控信息。Turbine 是 Hystrix 的信息汇总组件，并将聚合的信息在 Hystrix Dashboard 中展示。

6．Spring Cloud Sleuth/Zipkin

Spring Cloud Sleuth 为服务之间调用提供链路追踪。通过 Sleuth 可以很清楚地了解一个服务请求经过了哪些服务，每个服务的处理时间，可以更方便地厘清各微服务间的调用关系。可以为 Spring Cloud Sleuth 配置采样率，在数据采集与系统性能间取得平衡。Spring Cloud Sleuth 可以与 Zipkin 整合，相当于 Zipkin 客户端，将信息发送到 Zipkin，利用 Zipkin 存储信息，使用 Zipkin UI 来展示数据。Spring Cloud Sleuth 与 Zipkin 之间也可以基于消息队列传输信息。

5.3 阿里的微服务中间件 Dubbo

Dubbo 是基于 RPC 的微服务架构。RPC（Remote Procedure Call）即远程过程调用。使用 RPC，可以像使用本地的程序一样使用远程计算机上的程序。RPC 远程过程调用是一个古老的技术，早期有鼎鼎大名的 CORBA、DCOM、RMI、EJB 等技术。单独的 RPC 框架还无法独立承载互联网架构体系，Dubbo 就是以 RPC 作为服务间通信核心，解决服务发现、负载均衡等问题，建立限流、熔断、降级等服务治理机制，搭建的自治理微服务架构体系。

其他以 RPC 为通信核心实现微服务架构的中间件还有新浪 motan、Icegrid、华为 serviceComb 等。下面以 Dubbo 为例对基于 RPC 的微服务架构原理进行讲解。

5.3.1 Dubbo 整体架构

1．Dubbo 运行原理

Dubbo 提供了与互联网应用相关的很多功能，包括集群容错、负载均衡、结果缓存、回声测试、并发控制、连接控制、令牌验证、路由规则、服务降级、优雅停机、多协议、多注册中心等。

在组成上，Dubbo 由服务提供者 Provider、服务消费者 Consumer、注册中心 Registry、监控中心 Monitor 和服务运行容器 Container 几部分组成。

- Provider：暴露业务服务的服务提供方。
- Consumer：调用远程服务的服务消费方，是服务提供方的客户端。
- Registry：服务提供者向注册中心注册服务，服务消费者从注册中心获取服务清单。
- Monitor：统计服务的调用次数和时间的监控中心。
- Container：是服务运行的应用容器。

图 5-5 是 Dubbo 官网中提供的调用关系说明。服务容器负责启动、加载、运行服务提供者。服务提供者在启动时，向注册中心注册自己提供的服务。服务消费者在启动时，向注册中心订阅自己所需的服务。注册中心返回服务提供者地址列表给消费者，如果有变更，注册中心将基于长连接推送变更数据给消费者。服务消费者，从提供者地址列表中，基于软负载均衡算法，选一台提供者进行调用，如果调用失败，再选另一台调用。服务消费者和提供者，在内存中累计调用次数和调用时间，每分钟发送一次统计数据到监控中心。

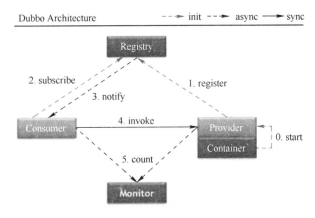

图 5-5　Dubbo 架构原理

2. Dubbo 的自动伸缩架构

应对高并发流量冲击的办法包括缓存、限流、降级和扩展，而且要结合监控做到一定程度的自动化。Dubbo 本身支持缓存、限流、降级等功能，在整体架构上无单点故障，各节点都可以扩展。

在自动化方面，Dubbo 结合 sentinel 实现了自动熔断降级功能，但还不能根据流量实现动态部署。官网中虽然提供了解决方案，但还未实现。Dubbo 的服务提供者与服务消费者都是无状态的，非常适合部署在容器上，可以结合 K8S、Jenkins、SVN、Git 等搭建 Devops 体系，方便各节点的运行维护管理。后期可以结合监控中心数据，实现基于容器的动态扩容。图 5-6 是基于容器的 Dubbo 伸缩架构。

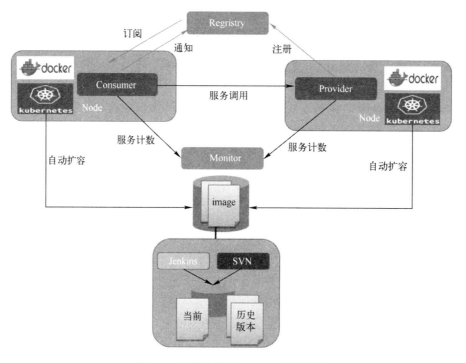

图 5-6　基于容器的 Dubbo 伸缩架构

3．Dubbo 的功能扩展

Dubbo 采用了微核心、插件式架构，这种架构极大地方便了功能扩展。在互联网业务中经常要求能按渠道治理，包括按渠道计数和监控、按渠道负载均衡、按渠道降级控制、按渠道并发控制。其实质是要求在上述扩展点能够根据服务名称、方法、参数等值进行分组治理。其中有些已经实现了，如路由规则，对于没有实现的可以按照插件规范定义相关扩展点。

5.3.2　Dubbo 关联的中间件和技术

在了解 Dobbo RPC 的运行机制前有必要了解其关联的中间件和涉及的主要技术。

1．ZooKeeper 注册中心

ZooKeeper 是互联网架构中常用的中间件，在 Dubbo 中支持使用 ZooKeeper 作为其注册中心。

（1）集群架构

ZooKeeper 是一个由多个 server 组成的集群，包括一个 Leader，多个 Follower 和 Observer，每个 server 保存一份数据副本。ZooKeeper 的组成架构如图 5-7 所示。

■ Leader：为客户端提供读写服务，并维护集群状态，它是由集群选举所产生的。

- Follower：为客户端提供读写服务，并定期向 Leader 汇报自己的节点状态。同时也参与写操作"过半写成功"的策略和 Leader 的选举。
- Observer：为客户端提供读写服务，并定期向 Leader 汇报自己的节点状态，但不参与写操作"过半写成功"的策略和 Leader 的选举，因此 Observer 可以在不影响写性能的情况下提升集群的读性能。

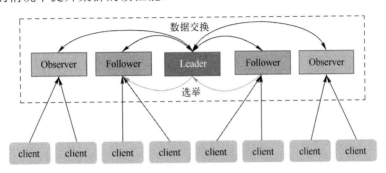

图 5-7　ZooKeeper 组成架构

ZooKeeper 基于 ZAB（ZooKeeper Atomic Broadcast）原子消息广播协议，保证集群中主从模式的各个副本之间数据的一致性。ZAB 协议是 paxos 选举算法的一种工业实现，是 ZooKeeper 专门设计的一种支持崩溃恢复的原子广播协议。

在 ZooKeeper 集群中，采用消息广播模式处理事务，所有的事务请求必须由唯一的 Leader 服务来处理，Leader 服务将事务请求转换为事务 Proposal，并将该 Proposal 分发给集群中所有的 Follower 服务。如果有半数的 Follower 服务进行了正确的反馈，那么 Leader 就会再次向所有的 Follower 发出 Commit 消息，要求将前一个 Proposal 进行提交。图 5-8 展示了 ZooKeeper 的消息广播机制。

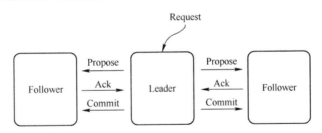

图 5-8　ZooKeeper 消息广播

当整个服务框架在启动过程中，或者当 Leader 服务器出现异常时，ZAB 协议就会进入崩溃恢复模式，通过过半选举机制产生新的 Leader，之后其他机器将从新的 Leader 上同步状态，当有过半机器完成状态同步后，就退出恢复模式，进入消息广播模式。

ZooKeeper 客户端通过 TCP 长连接随机连接到 ZooKeeper 的一个服务器上。连接会话（Session）从第一次连接开始就已经建立，之后通过心跳检测机制来保持有效的会话状态。通过这个连接，客户端可以发送请求并接收响应，同时也可以接收到 Watch 事件的通知。会话具有 sessionTimeOut（会话超时时间），当由于网络故障或者客户端主动断开等原因导致连接断开，此时只要在会话超时时间之内重新建立连接，则之前创建的会话依然有效。客户端随机连接到 ZooKeeper 的一个服务器上，当客户端修改 ZooKeeper 服务器数据项时，ZooKeeper 会将修改同步到其他服务器上，其他客户端也能看到数据的修改。

（2）数据结构

ZooKeeper 采用类似于文件系统的树形数据结构。树上的每个节点都可以有一个或多个子节点，与文件系统的不同之处在于 ZooKeeper 的每个节点都可以存储节点数据及拥有子节点，既是文件又是文件夹。每个节点的路径都是用斜线分割，并且路径唯一，使用绝对路径，没有相对路径。客户端可以设置观察者来监听节点，当节点变化时，客户端会收到变化通知。图 5-9 是 ZooKeeper 数据结构示意图。

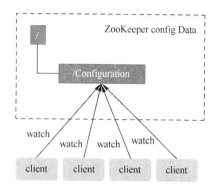

图 5-9　ZooKeeper 数据结构

ZooKeeper 数据结构的主要特点包括：

- 顺序一致性，数据更新请求顺序进行，来自同一个 client 的更新请求按其发送顺序依次执行。
- 原子性，一次数据更新要么成功，要么失败，所有事务请求的处理结果在整个集群中所有机器上都是一致的，不存在部分机器应用了该事务，而另一部分没有应用的情况。
- 全局唯一数据视图，client 无论连接到哪个 server，数据视图都是一致的。
- 实时性，一旦一个事务被成功应用后，客户端立即可以读取到这个事务变更后的最新状态的数据。

ZooKeeper 的节点类型包括：

- 持久化目录节点，客户端与 ZooKeeper 断开连接后，该节点依旧存在。
- 临时目录节点，临时节点会随着创建它的会话的生命周期而存在，客户端与 ZooKeeper 断开连接后，该节点被删除。临时节点没有子节点。
- 持久化顺序编号目录节点，客户端与 ZooKeeper 断开连接后，该节点依旧存在，只是在创建时 ZooKeeper 给该节点名称进行顺序编号，节点序号相对于父节点是唯一的。
- 临时顺序编号目录节点，客户端与 ZooKeeper 断开连接后，该节点被删除，只是在创建时 ZooKeeper 给该节点名称进行顺序编号。
- 容器节点，容器节点是专门为了应用于 leader 选举、分布式锁等场景而添加的特殊节点形式。当容器节点的最后一个子节点被删除，容器节点就会被列入 ZooKeeper 服务将要删除的节点行列。

ZooKeeper 的事件监听器是 Watcher。ZooKeeper 允许用户在指定节点上针对数据改变与删除、子目录节点增加与删除等事件注册监听，当事件发生时，监听器会被触发，并将事件信息推送到客户端。该机制是 ZooKeeper 实现分布式协调服务的重要特性。

（3）应用模式

在分布式系统中广泛应用 ZooKeeper 的节点特点和 Watcher 机制来实现集群管理、配置管理和分布式锁等需求。

■ 集群管理与注册中心

集群内的应用在 ZooKeeper 指定父目录下创建临时目录节点，然后监听父目录节点的子节点变化消息。一旦有应用停止运行，该应用与 ZooKeeper 的连接断开，其所创建的临时目录节点被删除，所有监听器都会收到通知，了解到有应用断开的信息。监听器也会了解到新应用的加入情况。

ZooKeeper 作为注册中心的原理就是应用了临时节点与应用的强关联关系，通过临时节点为注册中心存储服务提供者和服务消费者的清单，对分布式系统内的服务提供者和服务消费者进行集群管理。

在 Dubbo 中使用 ZooKeeper 作为注册中心。在服务提供者向注册中心注册时，会在 ZooKeeper 中建立/dubbo/{service name}/providers/{实例 URL 清单}的目录结构，其中{实例 URL 清单}是已经注册的服务实例的目录，每个实例都是临时节点，当服务提供者与 ZooKeeper 失去联系时，就会从清单中删除。当服务消费者启动时，会对 providers/{实例 URL 清单}服务实例目录节点进行监听，感知清单变化，同时会建立/dubbo/{service name}/consumers/{实例 URL 清单}目录结构，注册中心可以依赖消费者实例清单进行下行通知。

■ 配置管理

将集群内的配置放到 ZooKeeper 上去，保存在 ZooKeeper 的某个目录节点中，应用程序对 ZooKeeper 的目录节点进行监听，一旦配置信息发生变化，每个监听应用程序都会收到 ZooKeeper 的通知，应用程序可以重新拉取配置信息。相关原理，本书配置中心相关章节会应用到。

■ 分布式锁

基于在 ZooKeeper 中不能重复创建同一个节点或者基于 ZooKeeper 临时有序节点的排序机制可以实现分布式锁。具体内容见本书分布式锁相关章节。

2．SPI 插件

SPI 全称为 Service Provider Interface，是一种服务发现机制。它通过在 ClassPath 路径下的 META-INF/services 文件夹查找文件，通过 Java 反射机制自动加载文件里所定义的类。这样可以在运行时，动态为接口替换实现类。这一机制为很多框架扩展提供了可能，比如 Jdbc 也是基于 SPI 的机制通过 META-INF/services/java.sql.Driver 文件里指定实现类的方式来暴露数据驱动提供者。另一种动态加载模块的机制是 OSGI，但 OSGI 的机制比较复杂，不够轻量级。Dubbo 也是通过 SPI 机制加载所有的组件。Dubbo 并未使用 Java 原生的 SPI 机制，而是对其进行了增强。JDK 标准的 SPI 会一次性实例化扩展点的所有实现，如果有扩展点的实现在初始化时很耗时，或者有的扩展实现没有使用到也会被加载，会造成资源浪费。Dubbo 实现了对指定扩展点精确加载，另外还增加了对扩展点 IOC 和 AOP 的支持，加载扩展点时，扩展点实现类的成员如果是其他扩展点类型，会自动注入依赖的扩展点。Dubbo 版的 SPI 最后开源成了一个小的项目 Cooma。

3．动态代理

动态代理就是在运行时动态地创建一个 Proxy 动态代理类，代替原有类被使用，在使用后消耗。动态代理是很多框架的实现基础。

JVM 是通过字节码的二进制信息加载类的。通过字节码工具可以在运行期，遵循 Java 编译系统组织.class 文件的格式和结构，修改已有类或者动态生成类。在类被加载入 Java 虚拟机之前动态改变类行为，然后生成相应的二进制数据，最后把这个二进制数据加载转换成对应的类，这样，就完成了在代码中动态修改和创建一个类的过程。图 5-10 展示了动态代理的原理。

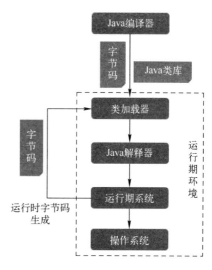

图 5-10　动态代理的原理

动态代理有两种实现，分别是基于接口（JDK 和 javassist）和基于继承（cglib）。图 5-11 是基于接口的动态代理模式结构。

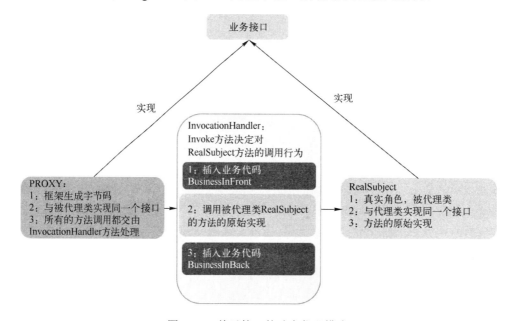

图 5-11　基于接口的动态代理模式

基于接口的实现逻辑是：引入 InvocationHandler 调用处理器类，将要修改的方法实现交给 InvocationHandler 角色。动态代理 Proxy 角色和被代理角色实现相同的功能，外界对动态代理 Proxy 角色中的每一个方法的调用，动态代理 Proxy 角色都会交给 InvocationHandler 来处理，而 InvocationHandler 则调用被代理角色的方法。

第一步，用户创建 InvocationHandler 调用处理器类，在 invoke 方法中调用被代理对象（实现了代理接口）的 method 方法，并在 method 前后插入自己的逻辑，甚至完全替代被代理的方法。

第二步，框架通过字节码生成机制，使用三个参数（被代理对象的 ClassLoader 对象、代理 interface、调用处理器 InvocationHandler）在内存中生成动态代理类字节码（图中的 Proxy），动态代理类要实现代理接口 interface。动态代理类与被代理类的区别是：1. 使用新的构造函数，使用 invokehandler 作为构造函数的参数，使动态代理类的实例关联到 invokehandler。2. 接口方法的实现替换为调用 invokehandler 类的 invoke 方法，invoke 方法的参数包括此动态代理类实例、接口方法、调用参数列表，通过参数可以使 invokehandler 类的 invoke 方法调用被代理的方法。

第三步，框架通过反射机制，用上一步提到的动态代理类的构造函数创建动态代理类实例对象。用户将动态代理类实例对象转型为被代理接口，当通过此接口实例对象调用一个方法时，这个方法的调用就会被转换为调用 InvocationHandler 接口的 invoke 方法。

Spring 中的 AOP 是基于动态代理实现的，即 JDK 动态代理和 Cglib 动态代理。

4. 序列化

为了在网络中传递调用对象，需要将内存对象转换成二进制流。将对象转换成二进制流的过程叫作序列化，将二进制流转换成对象的过程叫作反序列化。常见的序列化方案如下。

- Google protocol buffer：支持多种语言，支持静态序列化模式，支持消息有条件地新旧兼容。使用工具依据模式文件生成不同语言的接口类。客户端和服务端不需要模式文件，但需要接口文件。GPB 性能更好，不含有 RPC 功能。
- Thirft：支持多种语言，支持静态序列化模式。使用工具依据 IDL 文件生成不同语言的接口类。客户端和服务端不需要模式文件，但需要接口文件。Thirft 自带 RPC 功能。
- Hadoop avro：支持多种语言，支持动态和静态两种序列化模式。动态序列化，客户端和服务端都需要模式文件，但不需要根据模式文件生成 Stub 类。静态序列化，客户端和服务端需要模式文件，同时需要使用模式文件生成的接口类。
- Messagepack：数据格式与 json 类似，但是在存储时对数字、多字节字符、数组等都做了很多优化，通过减少无用的字符并优化二进制编码，序列化后的长度比 JSON 更短。支持主流的 50 多种编程语言。
- Kryo：只支持 Java，是 Java 中性能最好的序列化方案。使用了变长存储特性和字节码生成机制，有较高的运行速度和较小的体积。
- Hession：支持 Java，比 Java 原生的对象序列化/反序列化速度更快，序列化以后的数据更小。

为了使在网络上传输的数据流被请求方和服务方正确地解析，开源的序列化框架一般需要根据 IDL 或模式文件约束生成 stub 文件在客户端部署，并使用框架的序列化和反序列化方法进行对象与二进制流的转换。在请求方与服务器之间也可以自定义数据协议，自定义协议一般需要依赖接口文档约束，特定于某一领域，不需要部署 stub，但需要针对接口自行定制生成和解析方法。例如在金融业使用的定长的 8583 规范等。

5.3.3　Dubbo RPC 调用过程

对于 Dubbo 的 RPC 调用过程，在官网上有详细的说明，但比较复杂。在这里结合官网文档，进行思路和要点的梳理。Dubbo RPC 采用客户机/服务器模式，服务的调用分为以下四个步骤。

（1）服务消费方发出请求：主要包括请求编码和发出请求的过程。

（2）服务提供方接收请求：服务提供方接收到请求后，对请求解码、派发任务到业务线程和调用业务逻辑。

（3）服务提供方返回调用结果：服务提供方将调用结果编码并返回给消费方。

（4）服务消费方接收调用结果：消费方响应数据解码，向用户线程传递远程调用结果。

图 5-12 是 Dubbo 的远程服务调用过程。从图中可以看出，最底下的部分是序列化与网络传输部分，是 RPC 运行机制的核心，它解决了服务调用的 I/O 问题。在 I/O 线程的基础上，要为框架运行依赖的元数据进行编码解码，并提供框架内部的线程处理机制和请求响应模式。向上是框架支持的网络传输协议层，协议层决定了序列化和网络传输的方式。协议层之上是集群上节点的服务发现和负载均衡机制，以及服务治理处理链路，解决了谁来做和怎么管理的问题。最后是使服务调用对消费者和服务提供者透明的动态代理机制和用户代码逻辑。整个体系运行在 SPI 插件容器中，通过上下文关联。体系依赖于外部的注册中心和监控中心。

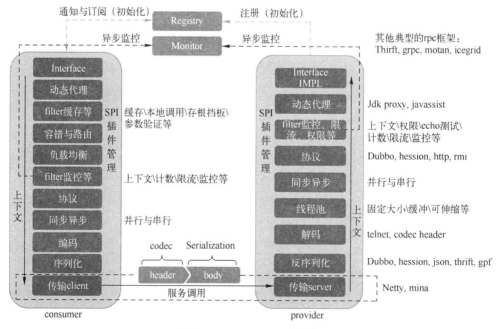

图 5-12　Dubbo RPC 结构

1. 序列化与网络传输

序列化与网络传输过程是 RPC 的核心。客户端即服务消费者将调用信息包括调用的接口、方法名、方法传入参数等信息序列化，通过 socket 传输给服务端，然后等待应答信息。在服务端监听端口，收到一个调用信息后，对信息反序列化解析出调用的接口、方法和参数，调用接口实现，进行业务处理后发送调用方法的返回值。最后，客户端接收到服务端发送回来的返回信息。序列化与网络传输的过程如图 5-13 所示。

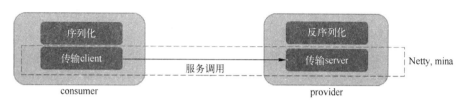

图 5-13　序列化与通信传输

2. 线程模型

为了使服务消费者与业务提供者更加健壮高效，需在服务端和消费端设计框架内部使用线程池和支持的响应模式。

（1）消费方同步和异步调用

在消费端，使用基于 NIO 的非阻塞实现并行调用，消费端不需要启动多线程即可完成并行调用多个远程服务，相对多线程开销较小。

图 5-14 是消费者调用远程服务接收返回结果的过程，见 Dubbo 官网。

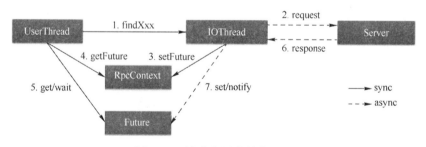

图 5-14　消费者同步异步调用

消费者调用支持以下三种响应模式。

- 异步无返回值，在消费方调用方法上设置 async="true"；return="false"。用户线程发起调用后无需等待，相当于"通知"模式。
- 异步有返回值，在消费方调用方法上设置 async="true"；return="true"。因为使用了异步模式，远程方法被调用后立即返回（此时 RPC 调用结果还未生成，RPC 的执行过程不阻塞业务请求线程）；服务消费业务用户线程可以在合适的时候执行 RpcContext.getContext().getFuture() 获取 RPC 调用结果。
- 同步调用，在消费方调用方法上设置 async="false"；因为使用了同步模式，远程方法被调用后直到收到 RPC 响应才返回，方法返回时得到结果，期间业务请求线程被阻塞。

（2）请求与响应关联

对于全双工的网络通信，在多线程并发请求响应的情况下，需要解决 RPC 响应 Response 与 RPC 请求 Request 相对应的问题。

对于不同的服务消费者客户端，请求响应自然与其网络通道 Channel 绑定，不会存在消费者 A 接收到消费者 B 的 RPC 响应的情况。

对于同一服务消费者客户端，在 RPC 请求 Request 构建时生成并携带全局唯一自增 ID，RPC 响应 Response 会携带该 ID 返回。消费者客户端只需维护唯一 ID 与 RPC 请求的关系 Map<Long, DefaultFuture> FUTURES 即可定位 RPC 响应对应的 RPC 调用上下文。

（3）编码与序列化

Dubbo 定义了 RPC 请求的封装类 Request，它包含一个 RPC 请求所具备的关键信息，包括请求 ID、版本、响应模式、请求调用接口、请求参数等。Dubbo 同样也定义了 RPC 响应的封装类 Response，它包含一个 RPC 响应所具备的关键信息，包括请求 ID、客户端超时时间、服务端超时时间、响应状态码、响应错误信息和方法执行结果等。

Dubbo 数据包分为消息头和消息体，消息头用于存储一些元信息，比如协议类型（Magic）、数据包类型（Request/Response）、消息体长度（Data Length）、序列化机制等。消息体中用于存储具体的调用消息，比如方法名称、参数列表等，由 Request 或 Response 对象的 data 字段执行序列化。

（4）Dubbo 服务端内部线程池

Dubbo 服务提供者，主要有两种线程池，一种是 I/O 处理线程池，另一种是服务调用线程池。I/O 处理线程池由 Netty 或 Mina 框架来配置，比如 Netty 中的 boss 和 worker 线程池，而服务调用 ThreadPool 可配置为：

■ fixed，固定大小线程池，启动时建立线程，不关闭，一直持有。这是缺省配置。

■ cached，缓存线程池，空闲一分钟自动删除，需要时重建。

■ limited，可伸缩线程池，但池中的线程数只会增长不会收缩。只增长不收缩的目的是避免收缩时突然来了大流量引起的性能问题。

■ eager，优先创建 Worker 线程池，在任务数量大于 corePoolSize 但是小于 maximumPoolSize 时，优先创建 Worker 来处理任务。当任务数量大于 maximumPoolSize 时，将任务放入阻塞队列中。阻塞队列充满时抛出 RejectedExecutionException。与 cached 线程池比较，cached 在任务数量超过 maximumPoolSize 时直接抛出异常而不是将任务放入阻塞队列。

图 5-15 是 Dubbo 线程派发模型，见 Dubbo 官方文档。如果事件处理的逻辑能迅速完成，并且不会发起新的 I/O 请求，比如只是在内存中记个标识，则直接在 I/O 线程上处理更快，因为减少了线程池调度。但如果事件处理逻辑较慢，或者需要发起新的 I/O 请求，比如需要查询数据库，则必须派发到线程池，否则 I/O 线程阻塞，将导致不能接收其他请求。

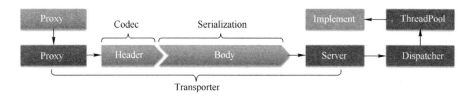

图 5-15　Dubbo 线程派发

Dispatcher 派发策略包括：

- all，所有消息都派发到线程池，包括请求、响应、连接事件、断开事件、心跳等。
- Direct，所有消息都不派发到线程池，全部在 I/O 线程上直接执行。
- Message，只有请求响应消息派发到线程池，其他如连接断开事件、心跳等消息直接在 I/O 线程上执行。
- Execution，只有请求消息派发到线程池，不含响应，响应和其他连接断开事件、心跳等消息直接在 I/O 线程上执行。
- Connection，在 I/O 线程上，将连接断开事件放入队列，逐个执行，其他消息派发到线程池。

（5）Dubbo 服务端同步和异步响应

Dubbo 框架 Provider 端在同步提供服务时，是使用 Dubbo 内部线程池来处理业务的。在异步执行时，则使用业务自己设置的线程从 Dubbo 内部线程池中接收请求进行处理。图 5-16 是 Dubbo 服务提供者同步异步处理模型。

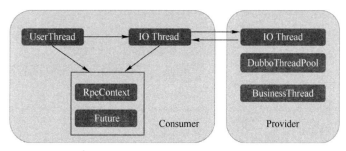

图 5-16　服务提供者同步异步处理

在 Provider 端同步执行时，由 Dubbo 内部线程池处理调用方发来的请求，由于所有服务接口都是使用同一个线程池来执行，所以当一个服务执行比较耗时的时候，可能会占用线程池中很多线程，这可能就会导致其他服务的处理受到影响。

Provider 端异步执行则将服务的处理逻辑从 Dubbo 内部线程池切换到业务自定义线程，避免 Dubbo 线程池中线程被过度占用，有助于避免不同服务间的互相影响。

但是需要注意，Provider 端异步执行对节省资源和提升 RPC 响应性能是没有效果的，这是因为如果服务处理比较耗时，虽然不使用 Dubbo 框架内部线程处理，但还是需要业务自己的线程来处理，同时还会新增一次线程上下文切换的过程（从 Dubbo 内部线程池线程切换到业务线程）。Provider 端异步执行和 Consumer 端异步调用是相互独立的，可以任意正交组合两端配置。包括：

- Consumer 同步—Provider 同步
- Consumer 异步—Provider 同步
- Consumer 同步—Provider 异步
- Consumer 异步—Provider 异步

3. 多协议支持

为适应不同场景，Dubbo 支持 Dubbo、hession、thrift 等协议，Dubbo 可以配置不同服务上使用不同的协议，也支持在同一服务上提供多种协议，比如大数据场景用短连接协议，小数据大并发场景用长连接协议。推荐使用 Dubbo 协议，若使用其他协议，在 RPC 的调用体系中需要配套对应的序列化和传输办法。各种场景适用的协议见表 5-1。

表 5-1　Dubbo 支持的协议汇总

协议名称	实现描述	连接	使用场景
Dubbo	传输：mina、netty、grizzy 序列化：Dubbo、hessian2、java、json	缺省采用单一长连接和 NIO 异步通信	1.传入传出参数数据包较小 2.消费者比提供者多 3.常规远程服务方法调用 4.不适合传送大数据量的服务，比如文件、视频
rmi	传输：java rmi 序列化：java 标准序列化	连接个数：多连接 连接方式：短连接 传输协议：TCP/IP 传输方式：BIO	1.常规 RPC 调用 2.与原 RMI 客户端互操作 3.可传文件 4.不支持防火墙穿透
hessian	传输：Serverlet 容器 序列化：hessian 二进制序列化	连接个数：多连接 连接方式：短连接 传输协议：HTTP 传输方式：同步传输	1.提供者比消费者多 2.可传文件 3.跨语言传输
http	传输：servlet 容器 序列化：表单序列化	连接个数：多连接 连接方式：短连接 传输协议：HTTP 传输方式：同步传输	1.提供者多于消费者 2.数据包混合
webservice	传输：HTTP 序列化：SOAP 文件序列化	连接个数：多连接 连接方式：短连接 传输协议：HTTP 传输方式：同步传输	1.系统集成 2.跨语言调用
thrift	与 thrift RPC 实现集成，并在基础上修改报文头	长连接、NIO 异步传输	

4. 服务发现

服务提供者在启动时，加载全部服务后保持监听，同时向注册中心注册服务列表。服务消费者在启动时与注册中心建立消息订阅关系，以便及时获取最新的服务列表。服务消费者在调用远程服务前，根据负载均衡策略从自身获取的服务列表中选择好目标地址，若是远程服务调用失败，消费者按集群容错策略处理。

（1）负载均衡策略，Dubbo 的负载均衡策略包括：加权随机、加权轮询、最少活跃调用数和一致性 HASH，在第 4 章中对负载均衡策略进行了讲解，这里不再赘述。

（2）集群容错策略，当负载均衡到某一具体节点执行后失败的处理策略。

Failover Cluster，失败自动切换（默认），当出现失败，重试其他服务器。可通过

retries="2" 来设置重试次数（不含第一次）。

Failfast Cluster，快速失败，只发起一次调用，失败立即报错。通常用于非幂等性的写操作，比如新增记录。

Failsafe Cluster，失败安全，出现异常时，直接忽略。通常用于写入审计日志等操作。

Failback Cluster，失败自动恢复，后台记录失败请求，定时重发。通常用于消息通知操作。

Forking Cluster，并行调用多个服务器，只要一个成功即返回。通常用于实时性要求较高的读操作，但需要浪费更多服务资源。可通过 forks="2"来设置最大并行数。

Broadcast Cluster，广播调用所有提供者，逐个调用，任意一台异常则报错。通常用于通知所有提供者更新缓存或日志等本地资源信息。

5．动态代理

为使 RPC 的过程对服务消费者和服务提供者透明，需要使用动态代理技术，在请求端，服务消费者调用服务提供者提供的接口时，拦截消费者对接口的调用，将对本地接口的调用代码转换为通过网络调用对应的服务提供者。在服务端，服务提供方反序列化请求信息后，通过动态代理调用客户端请求执行的方法。

6．SPI 容器

Dubbo 基于 SPI 和责任链模式扩展框架能力，使用微核心、插件式、平等对待第三方的设计策略。Dubbo 由一个管理 SPI 插件生命周期的容器构成微核心，核心不包括任何功能，确保所有功能都能被替换。框架自身的功能也用 SPI 插件的方式实现，没有任何硬编码。框架能做到的功能，扩展者也一定要能做到，以保证平等对待第三方，在框架的各个部分留出扩展点，包括注册中心扩展、监控中心扩展、负载均衡扩展、集群容错、线程池扩展、协议扩展、序列化扩展、网络传输扩展等。

采用责任链路管道式设计，使用 Filter 实现大部分服务治理的功能，在消费者端，可以在执行负载均衡策略前，插入缓存、降级、本地调用、存根挡板、参数验证等链路功能，也可以在协议层前插入上下文、计数、限流、监控等链路功能。在服务提供者端，在动态代理业务代码前可以插入上下文、权限检查、echo 测试、计数、限流、监控等功能。

通过微核心的 SPI 容器为架构设计提供了良好的依赖扩展机制，让扩展者可以和项目开发者拥有一样的灵活度。

7．其他

（1）服务容器是一个独立的启动程序，在使用 Dubbo 等不需要容器的协议时，服务容器只是一个简单的 Main 方法，并加载一个简单的 Spring 容器，用于暴露服务，后台服务不需要 Tomcat 或 JBoss 等 Web 容器的功能，如果硬要用 Web 容器加载服务提供方，会增加复杂性，同时也浪费资源。

（2）服务监控，在服务的各个环节，通过拦截和事件传递等机制对服务计数，并将服务状态等信息异步通知服务监控者。

（3）可视化与可配置化，提供用户界面进行服务治理，同时提供多样化的平等的配置能力，可以通过 XML 配置文件、属性文件、注解、配置 API 等方式提供配置功能属性。

5.3.4 Dubbo 面临的挑战

基于 RPC 架构的 Dubbo 微服务的主要问题如下。

（1）不支持多语言，不能做到零入侵。客户端需要内嵌 Dubbo Client 实现服务发现、负载均衡并发起 RPC 调用，这是微服务架构普遍存在的问题，在 Spring Cloud 中也需要 Feign 等客户端，解决办法是使用 Service Mesh 服务网格架构。

（2）服务治理生态，与 Spring Cloud 相比，Spring Cloud 涵盖网关到配置中心的全套组件。Dubbo 的微服务生态不如 Spring Cloud，但开源世界百花齐放，各种开源的组件已经逐渐完善，极大地补足了这个短板。

（3）客户端 Stub 依赖

在服务提供者开发一个服务后，需要把服务实现的接口和 POJO 参数等代码发送给服务消费者（此处是 API GateWay）部署。API GateWay 接收到客户端业务请求的 JSON 数据后，使用映射工具将 JSON 数据按接口要求转换成服务端 POJO 对象，并发起远程服务调用。在这个过程中需要服务提供方将公共代码打包供消费方使用，也就是提供 Stub。当有程序变化或者新需求时需要不停地发布 Stub，更新 API GateWay，而 API GateWay 作为系统的总出入口，属于关键公共资源，重启会影响系统总体业务。

在 Dubbo 中提供了泛化接口调用方式解决问题。在客户端没有 API 接口及模型类元的情况时，参数及返回值中的所有 POJO 均用 Map 表示，POJO 的每一个属性映射为 Key 和 Value。消费侧请求经序列化后发往 Dubbo 服务端，服务端经反序列化，在 Dubbo 内部通过反射机制将 Map 转为 POJO 对象，交业务代码执行。在服务端处理完成之后，Dubbo 再将结果 POJO 转为 Map 的形式返回给消费端。Dubbo 泛化调用过程如图 5-17 所示。

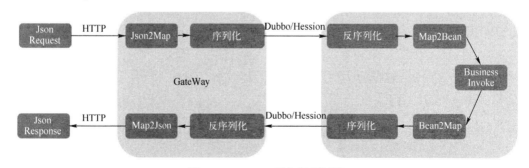

图 5-17　Dubbo 泛化调用网关

泛化调用过程对服务提供者是透明的，但需要在服务消费者侧提供泛化形式的代码调用。Dubbo Admin 中提供了对注册服务的调用测试的功能，就是依赖泛化调用的办法。Soul GateWay 也是基于泛化模式代理 Dubbo 客户端调用，将请求的 JSON String 通过第三方 JSON 映射框架转换成 Map，再序列化传输。基于泛化调用，在服务端多了请求和响应两次 Map<->Bean 反射的过程，会对性能造成影响。

为了解决 Json 数据转换问题，云集的 Flurry 网关利用接口元数据，使用流式处理模式将 JSON 数据序列化，如图 5-18 所示。

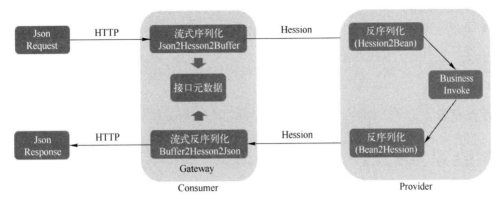

图 5-18　Dubbo 元数据流式序列化网关

接口元数据就是将接口的方法、输入和输出参数、参数的字段类型和长度等信息通过 XML/JSON 形式记录表达。接口元数据字符串可以通过配置工具实时推送到服务消费者内存中。在 Dubbo 2.7 版本中，已经自带了元数据中心的功能。

在服务消费者侧，Flurry 自定义 JSON to Hessian2 buffer 的语法解析工具，对每一个请求信息中的 JSON 片段在元数据中获取其类型，采用流式处理的办法，使用 Hessian2 协议写入到 buffer 中。此过程中可以利用元数据对接口进行格式检查，比如必填项缺失可以直接打回。

在服务侧，按正常的 Hession 协议处理。在数据返回时，在服务消费者侧依赖元数据将 hession 数据解析成 JSON 字符串。

采用流式的处理模式，实现 JSON 对 hessian2 的双向转换，无论数据包有多大，都可以在一定的内存规模内完成。在整个过程中没有依赖反射，利用元数据使 JSON 与 Hession Binary 之间直接转换，性能没有损耗。

在 Dubbo 生态中，还有利用 JSON-RPC 解决问题的方案。Dubbo 官方推荐使用 Dubbo Proxy 网关，Dubbo Proxy 可以将 Http 请求转换成 Dubbo 的协议，调用 Dubbo 服务并且返回结果，后续还会集成熔断、限流、API 管理等功能。

5.4　服务网格中间件 Istio

5.4.1　Istio 总体架构

以 Spring Cloud 和 Dubbo 为代表的微服务架构存在侵入性大、不支持多语言等问题，因此出现了非侵入性的 Service Mesh 架构。当前最主流的 Service Mesh 平台是 Istio，由 Google、IBM、Lyft 等公司贡献。

（1）Istio 的功能架构

Istio 官方文档描述的主要功能如下。

- 流量管理：控制服务之间的流量和 API 调用的流向，使得调用更可靠，并使网络在恶劣情况下更加健壮。
- 可观察性：了解服务之间的依赖关系，以及它们之间流量的本质和流向，提供快速识别问题的能力。
- 策略执行：将组织策略应用于服务之间的互动，确保访问策略得以执行，资源在消费者之间良好分配。策略的更改是通过配置网格而不是修改应用程序代码。
- 服务身份和安全：为网格中的服务提供可验证身份，并提供保护服务流量的能力，使其可以在不同可信度的网络上流转。
- 平台支持：Istio 的目标是在各种环境中运行，包括跨云、预置 Kubernetes、Mesos 等。
- 集成和定制：策略执行组件可以扩展和定制，以便与现有的 ACL、日志、监控、配额、审核等解决方案集成。

（2）Istio 的逻辑架构

Istio 服务网格逻辑上分为数据面板和控制面板，如图 5-19 所示。

- 数据面板，由一组智能代理 Proxy 组成，代理部署为边车模式，用于接管控制微服务之间所有的网络通信。
- 控制面板，是一个集中式的组件，负责管理和配置代理 Proxy 的路由流量以及在运行时执行策略。

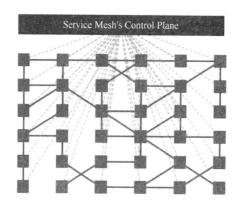

图 5-19 Istio 控制面板与数据面板

（3）Istio 的整体架构

图 5-20 是 Istio 控制面板和数据面板的主要结构。Istio 的数据面板官方默认使用 Lyft 捐赠的 Envoy 模块，编程语言是 C++，按照 SideCar 方式部署，是个高性能的网络代理，可以调节和控制微服务及 Mixer 之间所有的网络通信。Istio 的控制面板包括 Mixer，Pilot 和 Citadel 等模块，都是使用 Go 语言开发。Pilot 主要负责流量控制，对接 Kubernetes 等

资源调度器，并和用户以及 Sidecar 交互，推送配置数据到 SideCar。Mixer 负责收集 Envoy 代理和其他服务的遥测数据，并在服务网格上执行访问控制和使用策略，包括服务权限控制、服务配额限流、统计信息等能力。Citadel 模块用于生成身份及密钥和证书管理。分工上，Google 和 IBM 主要关注控制面板中的 Mixer、Pilot 和 Auth，而 Lyft 继续专注 Envoy。

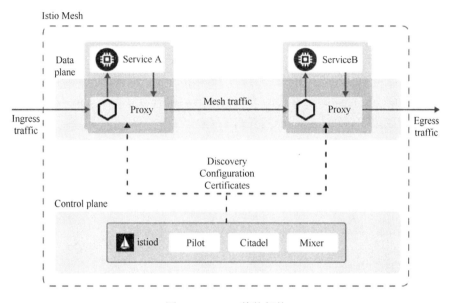

图 5-20　Istio 整体架构

图 5-20 中的消息调用逻辑如下。

■ 服务 A 通过 URL 的方式对服务 B 发起 REST 服务调用。

■ A 节点的流量接管能力将该报文接管到本节点的 Envoy 进程。

■ Envoy 进程通过 Pilot 下发的控制信息，经过一系列的负载均衡计算及权限检查，确定了 B 服务的目标实例节点，将信息投递给该节点。

■ B 节点收到消息后，流量接管能力将消息接管进 Envoy。Envoy 通过配额限流策略检查是否已经达到上限，检查通过后，则根据 Pilot 下发的内部路由规则，路由给节点内的服务实例。

■ 服务实例收到请求后，进行业务逻辑的处理。

虽然 Istio 在设计时支持多种资源管理平台，但当前还是以 Kubernetes 最为完善。在 Kubernetes 的服务访问机制中，Kubernetes 从 Kube-apiserver 中获取 Service 和 Endpoint，使用 Kube-proxy 把对 Service 的访问负载均衡到 Endpoint 中。Istio 以 Kubernetes 为基座，复用了 Kubernetes 的部分功能。Istio 从 Kube-apiserver 中获取 Service 和 Endpoint，接管流量，实现了服务的自动注册。Istio 的 SideCar 运行在 Kubernetes 的 Pod 里，替代了 Kube-proxy 接管流量，实现了服务治理。Istio 的控制面板数据存储在 Kubernetes 的 Kube-apiserver 和 Etcd 中。

5.4.2 Istio Envoy

Envoy 是 SideCar 的一种实现。SideCar 部署在每一个需要管理的 Kubernetes Pod 里，作为一个独立容器存在。在创建 Kubernetes Pode 时会注入 SideCar 容器，并将相关信息存储在 Kubernetes etcd 中。Envoy 可以拦截所有的流量，支持通过配置 iptables 或 cni 网桥等方式来拦截流量，容器的请求发出时，会经过本 Pod 的 Envoy 代理，Envoy 完成规则校验、数据采集、日志等操作后，再转发出去；请求方 Envoy 转发出去的流量会发送给接收方的 Envoy，之后才有可能到达真正的接收方容器。所有需要控制、决策、管理的功能由其他模块负责，然后配置给 Envoy 执行。

通过对拦截下来的流量的解析和修改，Envoy 可以实现以下功能。

- 支持 HTTP / 1.1、HTTP/2、gRPC、TCP 等通信协议。
- 动态服务发现（从 Pilot 得到服务发现信息）。
- 过滤、负载均衡、健康检查、基于百分比流量拆分的灰度发布、故障注入、执行路由规则 Rule（规则来自 Pilot，包括路由和目的地策略）。
- 加密和认证（证书来自 Istio- Citadel）。
- 输出各种数据给 Mixer（用于 Metrics、Logging、Distribution Trace）。

Envoy 在功能上与 Nginx 相似，都有网络代理的作用。同 Nginx 相比，Envoy 像一个超集，包含了除负载均衡以外更多的功能。虽然 Nginx 通过与 ZK、Consul 等服务集成，也可实现服务动态路由的功能，但服务治理包含了更多的内容，这些内容单靠 Nginx 难以全面实现。

在 Istio 中，Sidecar 是一个可插拔替换的组件。目前有很多可替代 Envoy 的网络代理模块，如 Linkerd、MOSN 等等。

Linkerd 是 Service Mesh（服务网格）技术的最早实现，由 Buoyant 发布。可以替代 Envoy。图 5-21 是 Linkerd 官网的架构图（图片来源 https://buoyant.io/2017/04/25/whats-a-service-mesh-and-why-do-i-need-one/）。

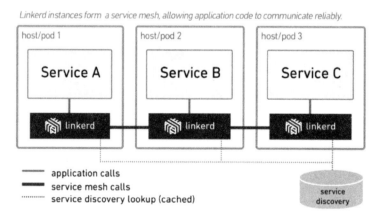

图 5-21　Linkerd 结构

蚂蚁金服开发了自己的一套完整的 Service Mesh 服务框架 Sofa Mesh。其中对应于 Envoy 的 MOSN 是一款使用 Go 语言开发的网络代理软件，MOSN 可以集成 Istio 用于代替 Envoy，并支持 Dubbo 协议。

Nginx 和 F5 的公司都有类似的 Service Mesh 产品 Nginmesh 和 aspen-mesh，Nginmesh 也支持集成 Istio。

5.4.3　Istio Pilot

Istio-pilot 是 Istio 的控制中枢，用于下发指令，控制客户端 Envoy 完成业务功能。和传统的微服务架构相比，Pilot 涵盖服务注册中心和 Config Server 等管理组件的功能。

图 5-22 为 Pilot 的架构图。其中，Envoy API 负责和 Envoy 的通信，主要是发送服务发现信息和流量控制规则给 Envoy；Abstract Model 是 Pilot 定义的服务的抽象模型，以从特定平台细节中解耦，为跨平台提供基础；Platform Adapter 则是这个抽象模型的实现版本，用于对接外部的不同平台，如 Kubernetes 和 Mesos；Rules API 提供接口给外部调用以管理 Pilot，包括命令行工具以及第三方管理界面。

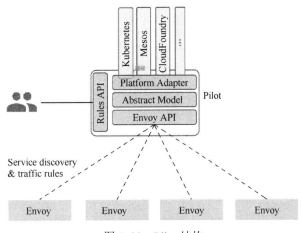

图 5-22　Pilot 结构

Pilot 在 Sidecar 侧还部署有一个代理组件 Pilot-agent，Pilot-agent 与 Envoy 部署在一个 Pod 中，是两个不同的进程。Pilot-agent 主要负责守护 Envoy 进程，负责 Envoy 进程的启动、重启、优雅退出，同时还负责将 CA 证书发送给 Envoy。

通过上述架构，Pilot 实现的主要功能如下。

Pilot 从 Kubernetes 等资源调度管理平台提取数据并将其构造和转换成 Istio 的服务发现模型，Pilot 自身解决了服务发现功能，无须再进行服务注册。Pilot 可支持 Kubernetes、Mesos、Consul 等平台。

Pilot 另一个重要功能是向数据面板下发规则，包括 VirtualService、DestinationRule、Ingress Gateway、Egress 等流量治理规则，也包括认证授权等安全规则。

VirtualService 描述了一个服务对象，在服务对象内定义了对流量的路由规则，支持对

HTTP、TCP、Tls 等协议的流量规则定义，在不同协议下定义匹配条件的请求进而执行相应操作。其中七层协议的 HTTP 的配置最为丰富，可以根据 HTTP URL、HTTP head 等信息匹配请求，执行 HTTP 重定向、HTTP 重写、HTTP 重试、HTTP 错误注入、HTTP 流量镜像等动作。其中，故障注入是指通过在网格中注入延迟响应、HTTP 错误码等办法，测试系统健壮性和容错能力；流量镜像是指复制应用流量到另一目标，不改变原有流量的调用路径，不必等待镜像流量的调用结果。

DestinationRule 描述负载均衡策略、连接池与熔断策略（包括连接池大小和异常实例的驱逐策略）。负载均衡策略支持轮询、随机、最少连接等算法，并且支持一致性 Hash 算法实现会话保存。连接池策略主要是配置 TCP 和 HTTP 的最大连接数、超时时间、TCP 心跳等参数。异常实例的驱逐策略使用断路器的状态机模型对服务健康状态检查，隔离状态不好的服务实例，在实例正常后再恢复。可以通过标签选择器定义 Pod 的子集 Subset，将上述策略应用到子集上。

Ingress Gateway 规则用于将服务暴露至服务网格之外。配置 Gateway 的路由规则和安全策略，接受外部访问，将流量转发到内部的服务。

Egress 规则可以将流量从网格中的服务路由到外部服务。配置如何访问外部服务以及安全策略，将外部服务像网格内服务一样管理。

Pilot 将各种规则转换成 Envoy 可识别的格式，通过 xDS 协议发送给 Envoy。xDS 是查询文件系统或服务器以动态获取资源的发现服务。Envoy 通过 xDS 协议监控指定路径下的文件、启动 gRPC 流或 REST 轮询等方式订阅 Pilot 的配置资源。Envoy 根据流量治理规则实现了智能路由（例如 A/B 测试、金丝雀部署等）和弹性（超时、重试、熔断器等）等流量管理功能。

如图 5-23 所示，Service A 和 Service B 是两个服务，B-1 和 B-2 分别是 Service B 服务在不同环境下的实例，Pilot 将 VirtualService 表达的路由规则分发到 Evnoy 上，Envoy 根据该路由规则进行流量转发。

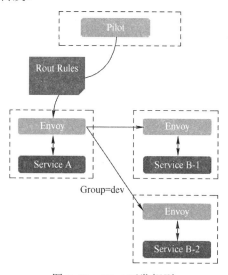

图 5-23　Pilot 下发规则

5.4.4 Istio Mixer

Mixer 是一个独立组件，负责在服务网格上执行访问控制和使用策略，并从 Envoy 代理和其他服务收集遥测数据。SideCar 会不断向 Mixer 报告自己的流量情况，Mixer 对流量情况进行汇总，以可视化的形式展现，此外 SideCar 可以调用 Mixer 提供的一些后端服务能力，例如鉴权、登录、日志等。图 5-24 是 Mixer 的结构图。

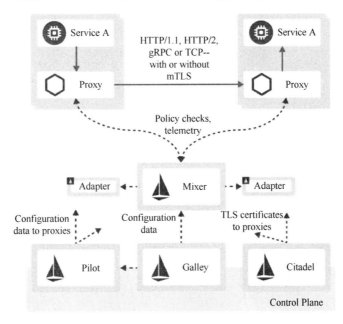

图 5-24　Mixer 结构

Mixer 提供的核心功能包括策略执行和遥测报告两类。

（1）策略执行，包括前置检查策略和配额管理策略，在执行来自服务消费者的传入请求之前验证前提条件，执行黑白名单检查、ACL 检查、单实例限速、基于 Redis 的集群限速等策略。

（2）遥测报告：收集和上报交易日志和监控数据。

Mixer 通过适配器 Adapter 的方式对接各种后端服务，使遥测和策略执行功能不侵入业务代码，并提供了扩展能力。它可以插入 Logging 日志、配额指标、Auth 安全认证、Tele 遥测等很多适配器，典型的开源中间件 ES 日志检索、Prometheus 系统监控、ZipKin 服务追踪等都可以通过适配器的形式对接。适配器使用 handler、instance、rule 对象管理。handler 描述适配器的工作参数，instance 描述适配器要处理的数据对象，rule 通过一个 Match 匹配表达式将 handler 和 instance 组合起来，描述哪个 instance 要使用哪个 handler 处理。前端的 Envoy 在每次流量到来时，都会请求 Mixer 匹配每一个处理规则。

如图 5-25 所示，当网格中的两个服务有调用发生时，Mixer 根据配置将请求转发到对应的 Adapter 做对应检查，Adapter 向代理返回允许访问还是拒绝。可以对接如配额、授权、黑白名单等不同的控制后端，对服务间的访问进行可扩展的控制。Envoy 也会上报遥测数据给 Mixer，Mixer 根据配置将数据分发给后端的遥测服务。

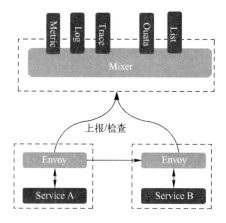

图 5-25　Mixer 适配器架构

Pilot 管理配置数据时，一般在配置改变时才与数据面板交互。而 Mixer 是实时管理，每一次服务调用都会访问 Mixer。高频访问以及 Mixer 的独立运行架构也带来了性能问题，将各种适配器功能逐渐合并到 SideCar 中可以有效解决性能问题。Istio 设计了一个二级缓存结构，Envoy 端在每个 Pod 里有一个一级缓存，这个缓存不能太大。Mixer 端会有一个二级缓存，由于 Mixer 是独立运行的，所以这个缓存可以设计得比较大。这样 Envoy 可以预先缓存一部分规则，只有当规则缺失时才需要向 Mixer 请求，减少每次流量到来的网络请求次数；另一方面，日志等数据上传也是异步执行的，先经过一级缓存、二级缓存再到达后端存储或处理系统。

5.4.5　Istio Citadel

Istio 提供了透明的安全机制，保障了服务的安全通信，使服务的安全设施与业务无关。在 Istio 中，Citadel 用于密钥和证书管理，Pilot 用于配置管理并将安全策略下发给 Envoy，Envoy 在数据层面实现安全通信，Mixer 用来做安全审计。其中，Citadel 是 Istio 的核心安全组件，提供了自动生成、分发、轮换与撤销密钥和证书功能。Citadel 一直监听 Kube-apiserver，以 Kubernetes Secrets 的形式为每个服务都生成证书密钥，并在 Pod 创建时挂载到 Pod 上。

Istio 的安全功能包括认证和授权两部分。认证用于服务间交换身份凭证，互相认证身份。认证包括使用 TLS 协议的传输认证和基于 JWT 的来源认证两种方式。Istio 通过 Policy 和 DestinationRule 对象管理认证配置。授权采用了基于角色的访问控制机制，包括 serviceRole 与 ServiceRoleBinding 对象，serviceRole 对象主要描述了一组基于服务的权限，用于管理与规则匹配服务的"get"或"Post"权限。ServiceRoleBinding 对象描述权限 serviceRole 赋予的服务和用户，通过定义 IP 和命名空间等信息匹配服务，通过 Request

等信息匹配用户。

如图 5-26 所示，服务间的访问可以使用 HTTP、GRPC、TCP 等方式，通过配置即可对服务增加认证功能，双方的 Envoy 会建立双向认证的 TLS 通道，从而在服务间启用双向认证。

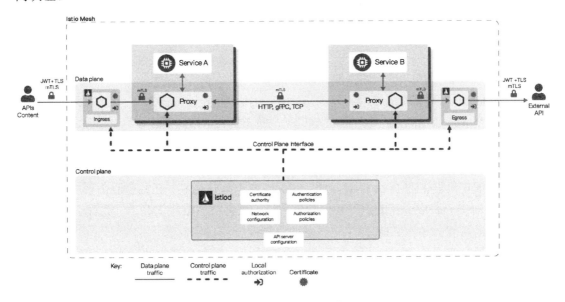

图 5-26　服务安全架构

5.4.6　跨集群服务治理

在多 Kubernetes 集群的环境中，为实现跨集群的服务治理，Istio 提供了多控制面板和单控制面板解决方案。

（1）多控制面板模式

多控制面板模式是指每个 Kubernetes 集群单独部署控制面板，各控制面板单独管理本集群内的服务和其他 VirtualService 等服务治理对象。多控制面板模式下，Kubernetes 集群之间网络互不干扰，集群内的 Pod 地址可以重复，跨集群的服务调用通过 GateWay 转发。为了解析跨集群的 Service 地址，需要在 Kubernetes 本地域名解析之外增加全局域名解析功能。若配置跨集群的 TLS 双向认证，就需要多个集群使用相同的 CA 证书。

（2）单控制面板模式

单控制面板模式是指多个 Kubernetes 集群只部署一个控制面板，通过一个控制面板管理所有 Kubernetes 集群的 Service 以及 VirtualService、DestinationRule、Ingress Gateway、Egress 等对象。单控制面板模式下 Sidecar 仍由各自的 Kubernetes 集群在创建 Pod 时注入，Pilot 连接各个集群的 Kube-apiserver 获取 Service 信息。

单控制面板还包括网络直连和集群感知两种方式。在网络直连方式下，集群内的 Pod 地址不能重复，可以互相访问。为实现跨集群的服务调用，需要在每个集群中都配置 Service

信息，能够解析 Service 地址。集群感知方式则不对集群内的地址有要求，各 Kubernetes 集群内是独立的网络，但 Pilot 依然要连接各个集群的 kube-apiserver 获取 Service 信息。Pilot 需要感知每个集群的入口网关 GateWay 的地址，发生跨集群的服务调用时，Pilot 会将其他集群的服务实例的地址转换为入口网关 GateWay 的地址。

5.4.7　Istio 面临的挑战

Istio 也在不断发展，目前的主要问题包括：

（1）SideCar 流量接管的性能损耗问题。Istio 的数据面板 SideCar 针对容器内流量进行全接管。服务消费者 Sidecar 要拦截 outbound，服务提供者 SideCar 要拦截 inbound，增加了两处延迟和故障点。这在服务消费者侧和服务提供者侧合计大约会造成 5ms 的延迟，在绝大多数场景下对业务是没有影响的。

（2）大规模集群下的 Pilot 性能问题。Pilot 对集群规模敏感，在构建路由数据时，Pilot 会默认从注册中心获取全量的服务实例数据，一旦服务节点量级上升后，集群中的服务数量、Pod 数量可能会导致 Pilot 发生较严重的性能及资源占用问题。

（3）频繁交互导致的 Mixer 性能问题。由于 Envoy 在每个请求的发送前以及收到请求后，都需要去 Mixer 查询权限及配额信息，所有流量都经过 Mixer，可能会存在性能问题。为提升性能，Envoy 端有一个稍小的一级缓存，但 Mixer 性能问题仍是关注的要点。

（4）与 Kubernetes 的绑定问题。Istio 在规划中可以支持 Kubernetes 和 Mesos 等平台，但在具体实践中还是对 Kubernetes 的支持最为稳定和完善。如 Pilot 服务发现模型依赖 Kubernetes 的 Service，因此，假如需要将 Istio 脱离 Kubernetes 运行，首要解决的是自动服务注册的问题。

第6章 服务治理

6.1 配置中心

随着程序功能的日益复杂，程序的配置日益增多，如功能开关、参数配置、服务器地址等，还要考虑配置的环境管理，区别测试环境、灰度环境以及生产环境的不同配置，此外，各种配置修改后还要重启生效。在一个分布式环境中，同类型的服务往往会部署很多实例，对成百上千个实例进行上述配置管理是一个巨大的挑战，因此需要引入配置中心管理。

6.1.1 配置中心的功能架构

配置中心的主要功能如下。

（1）丰富的管理控制台功能：将分布式系统的配置集中管理，具备简单易用的界面，支持基本的权限管理，可以对配置信息进行编辑、发布、回滚，可以查看配置信息的历史版本，监控各节点的配置应用情况。

（2）静态与动态配置：静态配置是指系统初始化时加载配置信息并生效，不在运行期更改信息的配置方法；动态配置是指可以动态修改配置信息，支持配置信息的动态刷新，在不重启的情况下即可实时发现配置变更并加载配置信息。

（3）多种配置模式：支持针对属性文件、XML 文件等文件类型的配置管理，配置文件的内容可以加载到配置管理端，在管理端进行编辑，配置信息可以通过管理端实时刷新到业务系统内存中。支持使用编程模式通过 API 进行配置变更和变更回调，配置变更是指通过 API 更改应用内容中的配置信息，变更回调是指在配置信息变更后回调业务系统更新相关属性。

（4）配置信息高可靠：在管理端，要保存配置内容副本以及配置信息变更历史；在业务端，既要将配置内容加载到业务系统内存中，也要在业务节点主机中落地保存，即使配置服务器宕机也不影响业务系统的运行。

（5）多系统多环境支持：支持对配置信息的版本和环境管理，配置信息可以同时面向不同的用户、不同版本的系统、不同的部署环境，如生产环境、灰度环境。

6.1.2 配置中心的技术架构

配置中心的实现方式主要包括 http 长连接、websocket、ZooKeeper、复用版本控制库等几种。

（1）http 长轮询模式

应用 http 长轮询机制，客户端请求 server 的配置服务，并约定客户端与服务端维持连接的时间。客户端的请求到达 server 之后，server 判断是否有变化的配置信息。

- 如果有变化，立刻返回变化信息的 ID。
- 如果没有变化，则会阻塞 http 请求，并且会将长轮询请求任务放到队列中（如 BlockingQueue），然后开启调度任务，调度任务在长连接维持时间到期后，会将长轮询请求移出队列，并返回当前变化的配置项 ID 给客户端，若没有数据变更则响应空数据。
- 如果维持连接的这段时间内，管理员变更了配置数据，会立即挨个移除队列中的长轮询请求，并响应数据，告知是哪些数据发生了变更。

Server 端需记录客户端请求的过程，使 Server 端可以查看客户端配置版本。客户端收到响应信息之后，分批请求获取变更的配置数据。客户端反复循环此过程。图 6-1 是长轮询机制的原理图。

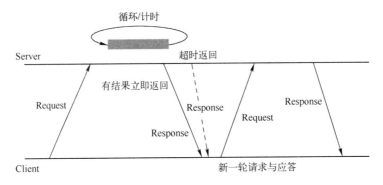

图 6-1　http 长轮询机制

长轮询模式使用的是 Pull 模式，Apollo 和阿里的配置中心 Nacos 都应用了长轮询模式。通过这种办法，配置信息可以做到实时更新，一般在 Pull 时会先返回变化清单再重新精准拉取，可以防止一次性返回过多配置信息。

（2）websocket 模式

Websocket 使用的是 push 模式，客户端和服务端使用 websocket 通信，可以使用 java-websocket 类库建立连接。在管理员变更数据后，Server 主动推送变更信息到客户端，推送信息要进行分片处理，防止一次性推送过多数据。客户端通过对应的 Handler 处理数据推送。使用 websocket 同步的时候，特别要注意断线重连机制，保持心跳。

另外，若客户端应用配置信息时出错，需要反向通知 server。在 server 上可以查看各客户端应用配置信息的情况。

（3）ZooKeeper 监控模式

利用 ZooKeeper 的数据变化通知功能，当 ZooKeeper 的目录发生变化时，如创建、更新、删除节点等，客户端可以设置观察者监听节点的变化，得到数据变化的通知。客户端收到通知后，做出相应的处理。

ZooKeeper 根据 Server 存储的配置信息建立自己的目录树，当管理员变更配置数据时，会更新 ZooKeeper 目录。客户端对 ZooKeeper 目录进行监听，当监听到 ZooKeeper 数据的变化时，客户端便会向 Server 请求变更的数据。Server 返回后，客户端加载应用配置信息。

（4）Git hook 模式

Git 或 Svn 等版本管理库，具有强大的版本功能，与配置信息的版本管理需求相同。另外，Git 还拥有强大的客户端工具。因此可以利用 Git 的以上特点，将 Git 作为负责配置信息持久化的配置仓库。Git 的 Hook 功能也为信息的热更新提供了抓手。Git 作为配置仓库，放在生产环境中，专注于配置管理，应与负责代码管理的 Git 互相隔离。

无论是哪种实现方式都要注意：

- 应用端在初始启动时连接配置中心加载全量配置信息，后续变更要通过增量方式获取。
- 传递配置信息时需要进行分片处理，一次性传递过多数据，会造成网络和线程阻塞。
- 配置中心可以查看各应用端的配置信息的版本情况，在信息不同步时，进行人工干预重新加载配置。

6.1.3 百度的配置中心 Disconf

Disconf（Distributed Configuration Management Platform）是百度开源的分布式配置管理平台。由 disconf-web、disconf-client、ZooKeeper 集群组成。disconf-web 是管理界面，提供配置管理、信息存储、信息查询接口等功能。disconf-client 主要用于监听配置变化并更新业务数据。ZooKeeper 集群是 Disconf 实现实时变更的核心，disconf 主要是依靠 ZooKeeper 的 Watch 机制来做配置实时修改，当 ZK 目录发生变化时会回调所有客户端节点，从而做到实时更新配置的目的。图 6-2 是 Disconf 的架构图。

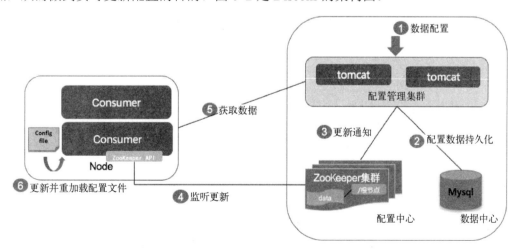

图 6-2 Disconf 配置中心架构

应用启动时，disconf-client 模块会在应用的最高优先级执行初始化操作，它会将配置文件名、配置项名记录在本地配置仓库里，并去 disconf-web 平台下载配置文件至 classpath 目录下，然后在 ZooKeeper 上生成相应的结点。接着 Spring 开始初始化用户定义的 SpringBean，由于配置文件已经被正确下载至 Classpath 路径下，因此，JavaBean 的配置文件使用的是分布式配置文件，而非本地的配置文件。配置项相对于配置文件，更加灵活，disconf-client 使用 Spring AOP 拦截系统里所有含有@DisconfFileItem 注解的 get 方法，把所有注解的请求都定向到用户程序的配置仓库中去获取数据。

当配置更新时，数据会持久化在 DB 中，同时更新 ZooKeeper 的数据项，客户端监听到 ZooKeeper 数据的变化，disconf-client 便会重新从 disconf-web 平台下载配置文件或者向 disconf-web 平台请求变更的 KV 数据，然后将变更信息放在客户端配置仓库里，按顺序回调客户端函数类的 reload() 方法，加载配置信息。

6.1.4 携程的配置中心 Apollo

Apollo（阿波罗）是携程研发的开源配置管理中心，能够集中化管理应用在不同环境、不同集群下的配置，配置修改后能够实时推送信息到应用端，并且具备完善的权限管理和流程管理等功能。

Apollo 采用了微服务结构，系统由核心部分、服务发现与负载均衡三部分组成。图 6-3 是 Apollo 官网的总体设计图。

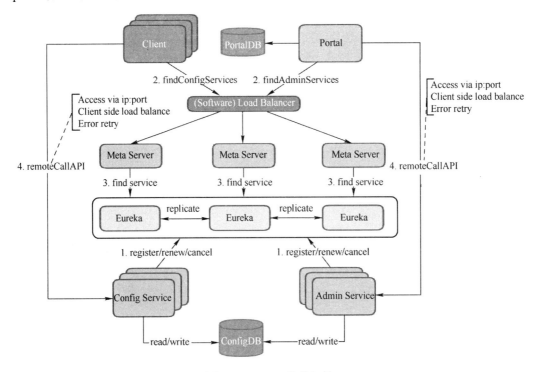

图 6-3　Apollo 总体架构

（1）核心部分

Portal 层是管理界面，调用 Admin Service 的服务。

Admin Service 提供配置的修改、发布等功能，服务对象是 Apollo Portal（管理界面）。

Config Service 提供配置的读取、推送等功能，服务对象是 Apollo 客户端。

Client 为应用提供配置获取、实时更新等功能，调用 Config Service 服务。

（2）服务发现与负载均衡部分

Config Service 和 Admin Service 都是多实例、无状态部署，所以需要将自己注册到 Eureka 中并保持心跳。

Eureka 与 Meta Server 构成了服务注册中心，用于 portal 和 client 发现接口。

Client 通过域名访问 Meta Server 同时在 Client 侧做 load balance、错误重试。

Portal 通过域名访问 Meta Server 同时在 Portal 侧做 load balance、错误重试。

图 6-4 是 Apollo 官网的客户端实现原理图。

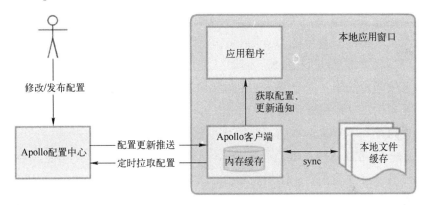

图 6-4 Apollo 客户端配置更新原理

- 用户在 Portal 进行配置修改并发布，Portal 调用 Admin Service 的接口发布配置变更信息。
- Admin Service 发布配置后，会向 ReleaseMessage 表插入一条消息记录。
- Config Service 定期扫描监控 ReleaseMessage 表记录变化，若 ReleaseMessage 有新的记录，Config Service 通知对应的 Apollo 客户端。客户端和 Config Service 基于 Http long polling 保持了一个长连接，从而能第一时间获得配置更新的推送。服务端使用 Spring DeferredResult 实现异步化，增加长连接数量，避免大量客户端冲垮 ConfigService。
- 客户端还会定时从 Apollo 配置中心服务端拉取应用的最新配置。
- 客户端会把从服务端获取到的配置保持在内存中，同时在本地文件系统缓存，在遇到服务不可用或网络不通的时候，依然能从本地恢复配置。
- 应用程序使用事件通知、装配注解等方式从 Apollo 客户端获取最新的配置并更新业务对象。Apollo 会在 Spring 的 postProcessBeanFactory 阶段注入配置到 Spring 的 Environment 中，早于 bean 的初始化阶段，实现了 bean 静态配置信息注入。

disconf 和 Apollo 在结构上很相似，核心部分由管理端（页面和服务）、配置服务和客户端组成，差异在于 disconf 应用 ZooKeeper 进行消息的热更新，Apollo 主要基于 Http long polling 机制。在业务系统方面的集成原理基本一致，都是在应用系统启动时，在 Spring 容器初始化 Bean 之前，优先加载配置文件。同时，通过事件和 Bean 属性注释方式，完成动态的配置更新。

6.1.5 Spring Cloud Config

Spring Cloud Config 分为服务端与客户端两部分。

客户端集成在业务系统中管理业务系统的资源配置过程。客户端连接配置中心，通过接口获取数据，在启动时从配置中心加载信息，客户端将获取的信息加载到应用上下文中，加载的优先级高于其他 JAR 包的配置内容。

服务端 Config Server 是一个独立的微服务应用，提供配置文件的存储，获取配置文件的服务接口以及相关的安全措施。Config Server 可以使用 Git、Svn 或者本地文件系统作为配置仓库来存储配置信息。Config Server 默认使用 Git 作为配置仓库，Git 使 Config Server 支持配置信息的版本管理，并且通过 Git 的客户端工具可以方便地管理和访问配置仓库。客户端连接配置中心获取配置信息时，Config Server 会使用 Git clone 命令从远程 Git 仓库获取最新配置落地到本地文件系统，然后从本地 Git 仓库中读取再返回。当远程 Git 故障时，Config Server 可以直接从本地仓库获取信息。通过 Git 的 Hook 功能，可以实时监控配置信息的修改，实现配置信息的热更新。Config Server 与 Spring Security 相结合，实现简单用户密码、对称密钥或非对称密钥等访问机制，针对敏感配置信息还可以实现配置信息存储和访问的加密与解密。

为保证配置中心的高可用，可以将多个 Config Server 指向同一个 Git 仓库，配置信息通过共享的 Git 仓库实现统一存储管理，在多个 Config Server 前部署负载均衡设备，客户端访问负载均衡设备。另一种办法是将 Config Server 注册到 Eureka 注册中心，Config Server 作为一个微服务应用纳入到服务治理体系中，客户端通过服务发现机制，使用 Config Server 的服务名访问配置中心，获取配置信息。

Spring Config 提供基于 Spring Cloud Bus 的热更新机制，如图 6-5 所示。使用 Git 的客户端工具对 Git 进行配置信息修改后，Git 通过 Web Hook 机制通知 Config Server 配置有变化，Config Server 发送刷新命令到 Spring Cloud Bus，Spring Cloud Bus 将消息传递给需要通知的业务节点，业务节点按正常读取配置的流程，通过 Config Client 连接 Config Server 调用查询配置信息接口，Config Server 从 Git 中获取最新的配置信息返回。为保证 Config Server 不被瞬间流量冲垮，Config Server 作为微服务集群部署，客户端也可以适当采用随机延时读取策略。

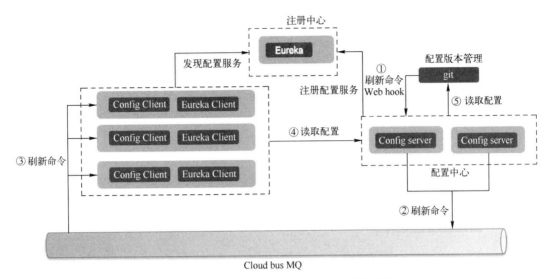

注册中心

发现配置服务

注册配置服务

①刷新命令 Web hook

配置版本管理

⑤读取配置

④读取配置

③刷新命令

配置中心

②刷新命令

Cloud bus MQ

图 6-5　基于 Spring Cloud Bus 的配置热更新

6.2　流量控制

做好流量控制是互联网系统应对高并发流量的关键。Spring Cloud 普及以来，其继承自 Netflix 的流量控制与保护中间件 Hystrix 也受到了广泛重视。Hystrix 以断路器为核心功能，实现了服务的熔断管理和舱壁隔离。目前 Hystrix 已经稳定，后续不再开发新功能，Hystrix 官方推荐后续使用 Resilience4j 替代 Hystrix。阿里也开源了其流量控制的中间件 sentinel。Resilience4j 和 sentinel 在流量熔断、隔离的基础上扩展了限流功能。

6.2.1　限流算法

限流主要分为限制并发资源和限制 QPS 两种。

1．并发限制

并发限制是指对处理不同业务请求的线程进行隔离管理，控制不同业务线程的数量，包括线程池隔离和信号量隔离两种办法。

线程池隔离是指为业务线程提供单独的线程池，控制线程池数量。

信号量隔离是指使用 Semaphore 计数信号量来限制业务线程的数量。可基于 Java 的 concurrent 并发包实现，使用 Semaphore 时，通过 acquire()方法获取线程许可，该方法会阻塞，直到获取许可为止，使用后可以通过 release()方法释放许可。

在本章 Hystrix 舱壁隔离机制中详细讲述了两种办法的适用场景。

2．QPS 限制

QPS 是指计算业务交易的 QPS，对超过临界值的业务进行限流。主要算法包括原子计数法、漏桶算法和令牌桶算法。

（1）原子计数法

原子计数法就是对单位时间段内可访问请求的次数进行计数，计数器具有原子性，同一时刻只能有一个线程对它进行操作。具体实现时，可以使用 java.util.concurrent.atomic 包维护一个单位时间内的 Counter，并将 Counter 与阈值进行比较，如果超过阈值则进行限流操作，如果判断单位时间已经过去，则将 Counter 重置为零。

原子计数法实现简单，但没有很好地处理单位时间的边界。如图 6-6 所示，在前一个标准周期的最后 2ms 和下一标准周期的前 3ms 都产生了较大的 QPS，虽然两个统计周期按照规则都有空闲的处理能力，但若移动时间窗口，可以看到在前后两个统计周期的边界处产生了超出规则的 QPS，从而造成后台处理请求过载的情况，导致系统运营能力不足，甚至导致系统崩溃。

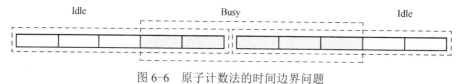

图 6-6　原子计数法的时间边界问题

（2）漏桶算法

在漏桶算法中，水（请求）以不确定的速率先进入漏桶里，然后漏桶以一定的速度出水（接口有响应速率），当水流入速度过大会直接溢出（访问频率超过接口响应速率），然后就拒绝请求。图 6-7 是漏桶算法的原理图。

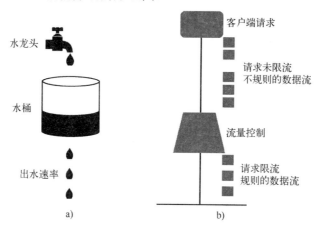

图 6-7　漏桶算法原理

漏桶算法需要设定两个参数，一个是桶的容量大小，用来决定最多可以存放多少水（请求），一个是水桶漏的大小，即出水速率，出水速率决定单位时间向服务器请求的平均次数。因为漏桶的漏出速率是固定的，漏桶算法强行限制了数据的传输速率，即使网络中不存在资源冲突（没有发生拥塞），漏桶算法也不能使流出端口的速率提高。

（3）令牌桶算法

在令牌桶算法中，大小固定的令牌桶可自行以恒定的速率源源不断地产生令牌，直到把桶填满。如果令牌桶中存在令牌，则允许发送流量；而如果令牌桶中不存在令牌，则不允许发送流量，阻塞或者直接拒绝服务。图 6-8 是令牌桶算法的原理图。

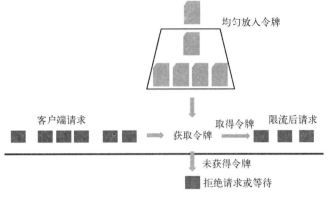

均匀放入令牌

客户端请求　　　　　　　　　　取得令牌　　限流后请求

获取令牌

未获得令牌

拒绝请求或等待

图 6-8　令牌桶算法

令牌桶算法可以累积令牌，应对突发流量。令牌桶算法中生成令牌的速度是恒定的，而请求去拿令牌是没有速度限制的，只要令牌桶中存在令牌，当发生瞬时大流量时可以在短时间内请求拿到大量令牌。

漏桶算法和令牌桶算法应用于网络流量整形和速率限制，主要的开源实现如下所示。

（1）Google 开源工具包 Guava 提供了限流工具类 RateLimiter，该工具类基于令牌桶算法。RateLimiter 除支持令牌桶平滑突发限流外，还支持带有预热期的平滑限流，它启动后会有一段预热期，逐步将令牌分发频率提升到配置的速率。RateLimiter 在没有足够令牌发放时，采用滞后处理的方式，允许某次请求拿走超出剩余令牌数的令牌，但是下一次请求将一直等到令牌亏空补上，也就是前一个请求获取令牌所需等待的时间由下一次请求来承受。RateLimiter 支持两种获取 permits（令牌）接口，一种是非阻塞（tryAcquire），即如果拿不到立刻返回，一种是会阻塞（Acquire），即等待一段时间看能不能拿到。

（2）Nginx 自身具有基于令牌桶算法的请求限制模块 ngx_http_limit_req_module 和流量限制模块 ngx_stream_limit_conn_module。脚本插件 OpenResty 由限流组件 resty.limit.count、resty.limit.conn、resty.limit.req 来实现限流功能，实现漏桶或令牌桶算法。

（3）Spring Cloud Gateway 目前提供了基于 Redis 的 Ratelimiter 实现，使用的算法是令牌桶算法。

6.2.2　Spring Cloud 流量控制中间件 Hystrix

Hystrix 是 Netflix 贡献的开源的服务熔断器，基于 RxJava 编写，Hystrix 目前已经停止新功能开发。Hystrix 的核心是服务熔断。Hystrix 在服务熔断的基础上实现了另一个重点功能：舱壁隔离。

1. 流量熔断

熔断的概念来自 Michael Nygard 在《Release It》中提到的 CircuitBreaker 应用模式，Martin

Fowler 在文章《CircuitBreaker》中对此设计进行了比较详细的说明（见 https://martinfowler.com/bliki/CircuitBreaker.html）。

在由多个微服务组成的系统中，微服务之间的数据交互通过远程过程调用完成。当调用链路上某个微服务的响应时间过长或者不可用，服务的消费者也会占用越来越多的系统资源，进而引起系统崩溃，产生"雪崩效应"。

熔断机制是应对雪崩效应的一种服务调用链路保护机制，当调用链路的某个微服务不可用或者响应时间太长时，会进行服务降级，进而熔断该节点微服务的调用，快速返回错误的响应信息。当检测到该节点微服务调用响应正常后，再恢复调用链路。进行熔断处理的组件叫作断路器。

（1）熔断状态机

熔断机制用状态机表示，如图 6-9 所示。

- 闭合（Closed）状态，服务提供者能正常响应的状态，此时服务消费者能够发送请求到服务提供者去执行。在闭合状态下，断路器对服务调用的健康情况进行检查，在断路器中维护最近调用失败的次数，如果最近失败次数超过了在给定时间内允许失败的阈值，则断路器切换到断开状态。
- 断开（Open）状态，在该状态下，对服务的请求会被阻断并回调服务消费者定义的降级措施。在此状态断路器会维护一个超时时钟，当该时钟超过一定时间后，系统切换到半开状态。
- 半开（Half-Open）状态，半开状态的设定是为了使系统修正导致调用失败的错误，在此状态，断路器会允许少量请求尝试连接服务提供者，若连接调用成功，系统将切换到闭合状态，若连接调用失败，系统会再次切换到断开状态。

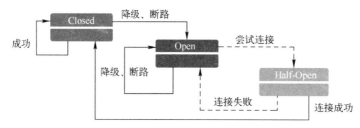

图 6-9　流量熔断状态机

（2）数据统计

在断路器中需要对服务调用的健康情况进行检查，计算单位时间内的服务调用次数，但使用原子计数法会产生时间边界问题，在 Hystrix 中使用滑动窗口计数算法来解决。

如图 6-10 所示，要统计 10s 内的服务调用次数。我们为每一个服务提供者定义一个叫作窗口（window）的数据结构，将窗口分成 10 个桶（bucket），每个桶表示 1s 时间，在桶内存放对应的 1s 时间内的各种状态的服务调用次数（为统计服务的健康状态，需要记录包括成功、失败、超时、拒绝等各种结果的服务调用次数），10 个桶组成一个窗口，即窗口的总时长是 10s。窗口每 1s 滑动一个桶长度，也就是每 1s 创建一个新的桶，其余的滑动，最旧的则丢弃。如图 6-10 中的两个 bucket，在窗口的头部新建，尾部移除。这样，随着时间的推移，窗口统计值就随着窗口的滑动，不断地变化。因为每次统计时只移动一个桶的距离，所以前后两个时间点的窗口数据差异等于新旧桶的数据差异，差异值最大不会大于一个桶的数据量。窗口内桶的数量越多，不同时间点的窗口数据变化就越小，数据曲线就越平滑，时间边界问题的影响也就越小。当然，窗口的数组会更大，会占用更多的内存。

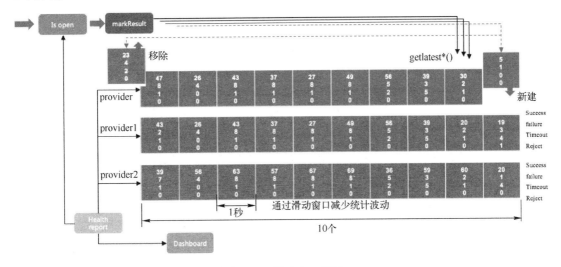

图 6-10　滑动窗口算法

滑动窗口的数据记录在内存中，具体实现中滑动窗口常采用环形数组的方式实现。滑动窗口通过一个单独的线程定时发送数据给仪表盘，通过仪表盘展示各种状态的服务调用次数，这些状态包括：业务异常、调用超时、人工降级、并发限流拒绝、TPS 限流拒绝、断路拒绝、调用成功等。

2. 舱壁隔离

流量熔断可以通过纵向分析找到调用链上状态不佳的服务，对服务调用链路提供保护机制。Hystrix 的舱壁隔离措施则是横向隔绝服务间相关影响的手段。

实现舱壁隔离有两种手段，分别是信号量隔离与线程隔离。

信号量（Semaphore）是一个并发工具类，相当于用信号灯来控制可同时并发的线程数，其内部维护了一组虚拟许可，通过构造器指定许可的数量，每次线程执行操作时要先 acquire（获得许可），执行完毕再 release（释放）。如果无可用许可，那么将一直阻塞，直到其他线程释放许可。

线程池（Thread Pool）是用来执行实际工作的线程，通过线程复用的方式减小开销。线程池有很多种，常见的是固定数量的线程池，即可同时工作的线程数量是一定的，超过该数量的线程需进入线程队列等待，直到有可用的工作线程来执行任务。

Hystrix 同时支持信号量和线程池两种隔离办法。Hystrix 的隔离机制如图 6-11 所示。图中左侧是线程池隔离，右侧是信号量隔离。与 UserRequest 连接的是 user request 用户请求线程，与 Dependency Thread 连接的是 hystrixCommand 线程。在图 6-11 中，可以看出线程池隔离与信号量隔离的区别。线程池隔离，用户请求线程和 hystrixCommand 线程不是同一个线程，并发请求数受到 hystrixCommand 线程池的限制。信号量隔离，用户请求线程和 hystrixCommand 线程是同一个线程，只是可同时执行的线程数量会受到限制。信号量隔离调用速度快，开销小，由于和用户请求线程处于同一个线程，所以必须确保调用的微服务可用性足够高并且返回快。

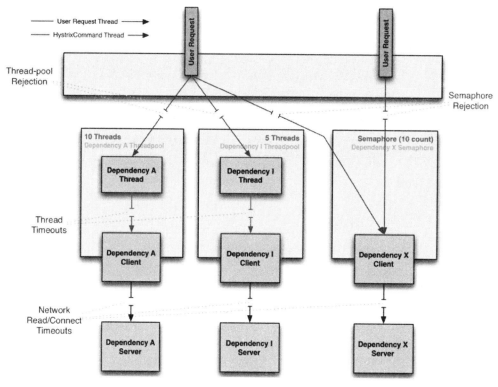

图 6-11　舱壁隔离机制

信号量和线程池两种隔离方案的主要区别见表 6-1。

表 6-1　线程池隔离与信号量隔离差异

	线程池隔离	信号量隔离
线程	请求线程和调用服务提供者的线程不是同一个线程	请求线程和调用服务提供者的线程是同一个线程，通过信号量的计算器隔离
开销	排队、调度、上下文切换等，开销大	无线程切换，只是信号量计算，开销小
熔断	支持，当线程池到达 maxSize 后，再请求会触发 fallback 接口进行熔断	支持，当信号量达到 maxConcurrentRequests 后，再请求会触发 fallback 接口进行熔断
异步	可以是异步，也可以是同步。看调用的方法	只支持同步调用
传递 ThreadLocal	不能传递 ThreadLocal	可以传递 ThreadLocal
超时	支持	不支持
使用场景	服务提供者耗时长的场景，通过线程隔离保证请求线程可用，不会因为后台服务堵塞	请求并发量大，耗时短的场景，使用信号量隔离，后台服务快速返回，不会堵塞请求线程，减少了线程切换开销

3．请求缓存

请求缓存是指对接口进行缓存，通过缓存降低服务提供者的压力。流量控制组件是实现请求缓存的良好插入点。流量控制组件的请求缓存适用于更新频率低，但是访问又比较频繁的数据。这里的缓存技术结构不能太复杂，主要办法是在组件的内存中开辟一段区域，使用线程安全的 MAP 保存缓存。为减轻流量控制中间件的复杂度，在生产实践中，常常在网关系统中单独实现接口缓存。

4．合并请求

在高并发场景中，服务调用消耗了大量的网络连接，且其中很多请求都是单个信息的请求，若能将单个信息的请求调用合并为一个批量接口的调用，将获得较大的性能提升。比如，用户信息查询，前端的一次查询是单个接口调用，在高频情况下，大量用户查询就会占用大量的网络连接和后台线程。为了优化这个接口，可以将相同的请求进行合并，然后调用批量查询接口。

图 6-12 是 Hystrix 的合并请求示意图，图中上半部分是未进行请求合并的情况，此时服务请求线程数和服务提供者线程数及网络连接数是相同的；在下半部分，合并后，服务请求线程数不变，服务提供者线程数和网络连接数变成了一个。

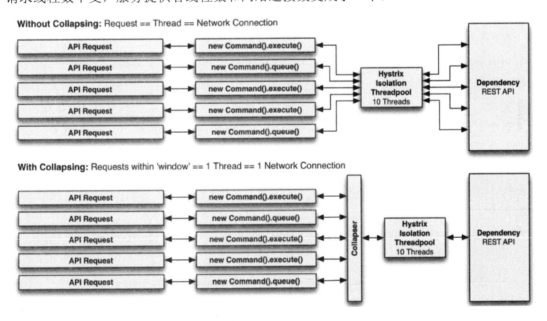

图 6-12　合并请求

合并请求的原理是，服务提供者有两个接口同时提供消费者使用，分别是单个接口和对应的批量接口。在服务消费者发送调用请求的代码前放置一个请求合并处理器，设置一个较短的计时窗口，将该时间窗口内对同一服务的多个单个请求整合成一个批量请求，时间窗口结束时发送这一批量请求，在获取批量请求的结果后，合并处理器再将批量结果拆分并分配给每个被合并的请求。

可以看到，合并请求大幅减少了网络流量，但是会增加一定的接口延迟，同时也会增加系统调试和问题定位的难度。

5．仪表盘

断路器通过检查服务调用的健康情况进行状态切换，将用于健康状态检查的滑动窗口和桶的信息以及断路器状态汇总，通过仪表盘（Dashboard）展现，可以快速发现系统问题，及时采取应对措施。

Hystrix Dashboard 默认展示单个 Hystrix 实例的实时监控信息。为展示整个集群的信息，需要引入 Turbine 组件，通过 Turbine 来汇聚监控信息，并将聚合的信息在 Hystrix Dashboard 中展示。Spring Cloud 在封装 Turbine 时，也封装了基于消息队列的信息收集办法，节点中产生的数据输出到消息队列中，Turbine 通过消息队列获取数据并输出到 Dashboard 中展示。

6．整体流程

hystrix 基于 RxJava 编写。Rxjava 是 Netflix 开源的异步链式程序库，RxJava 应用了观察者模式，在安卓上有很多应用。Hystrix 观察者模式主要用于将断路器（observable，被观察者）的各种处理结果（事件，event）发射给 fallback（观察者，observe）进行处理。

在 Hystrix 中除了应用观察者模式外还大量应用了命令模式。命令模式将客户端请求的具体处理办法封装（命令，command），使 tomcat servlet（命令调用者，invoker）与断路器（命令接收者，receiver）解耦。Hystrix 将对外部资源的调用 fallback 处理逻辑封装成命令对象（HystrixCommand/HystrixObservableCommand），其底层的执行基于 RxJava。

每个 Hystrix Command 创建时都要指定 commandKey 和 groupKey（用于区分资源）以及对应的隔离策略（线程池隔离或者信号量隔离）。线程池隔离模式下需要配置线程池对应的参数（线程池名称、容量、排队超时等），Command 会在指定的线程池按照容错策略执行；信号量隔离模式下需要配置最大并发数，执行 Command 时 Hystrix 会使用信号量限制并发。

Hystrix 围绕命令模式和观察者模式设计处理流程。图 6-13 是 Hystrix 的流程图。图中各步骤的含义如下。

（1）创建 HystrixComand 与 HystrixObservableComand 对象。

（2）命令执行，HystrixComand 包括 execute()同步执行和 queue()异步执行。HystrixObservableComand 包括 observe()和 toobservable()两种。

（3）判断结果是否缓存，如果缓存则从缓存中返回结果。

（4）判断断路器状态，如果是 open 则执行 fallback，如果是 closed 则继续。

（5）线程池或信号量是否拒绝，若拒绝则执行 fallback。

（6）执行远程调用，若失败或超时则执行 fallback。

（7）汇报执行情况，断路器进行健康检查，进而决定是否修改断路器状态。

（8）fallback 回退处理，执行定制的服务降级业务逻辑。

（9）以同步或异步等方式返回成功的结果到请求。

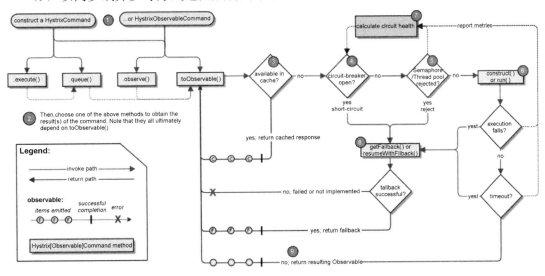

图 6-13　Hystrix 请求处理流程

6.2.3　阿里的流量控制中间件 sentinel

Sentinel 是阿里的流量治理中间件，Sentinel 以流量为切入点，从流量控制、熔断降级、系统负载保护等多个维度保护服务的稳定性。

如图 6-14 所示，Sentinel 提供了集群流量控制、实时熔断等完善的流量治理功能。使用 Sentinel 控制台可以进行规则配置、实时监控管理。可以在控制台中看到接入应用的单台机器秒级数据，甚至 500 台以下规模的集群的汇总运行情况。Sentinel 支持与其他主流服务框架 Spring Cloud、Dubbo、gRPC 的整合。Sentinel 提供 SPI 扩展接口，可以通过实现扩展接口来快速定制逻辑。

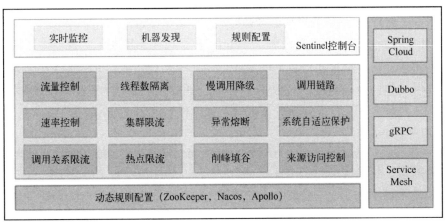

图 6-14　Sentinel 功能架构

1. 总体结构

Sentinel 分为核心库和控制台两部分。

核心库（Java 客户端），不依赖任何框架/库，能够运行于所有 Java 运行时环境，同时对 Dubbo / Spring Cloud 等框架也有较好的支持。

控制台（Dashboard），基于 Spring Boot 开发，打包后可以直接运行，不需要额外的 Tomcat 等应用容器。

（1）Sentinel 运行时核心库

Sentinel 是围绕资源进行的流量治理。所有的资源都对应一个资源名称（resourceName），每次资源调用都会创建一个 Entry 对象。Entry 可以通过对主流框架的适配自动创建，也可以通过注解的方式或调用 SphU API 显式创建。创建 Entry 时，也会创建一系列功能插槽（slot chain），这些插槽有不同的职责。

- NodeSelectorSlot 负责收集资源的路径，并将这些资源的调用路径，以树状结构存储起来，用于根据调用路径限流降级。
- ClusterBuilderSlot 用于存储资源的统计信息以及调用者信息，例如该资源的 RT，QPS，Thread count 等等，这些信息将用作多维度限流降级的依据。
- StatisticSlot 用于记录、统计不同维度的 runtime 指标监控信息。Sentinel 底层采用高性能的滑动窗口数据结构 LeapArray 来统计实时秒级指标数据，可以很好地支撑写多于读的高并发场景。
- FlowSlot 用于根据预设的限流规则以及前面 slot 统计的状态，来进行流量控制；一个资源可以有多条流控规则，依据次序检验规则，直到全部通过或者有一个规则生效为止。
- DegradeSlot 通过统计信息以及预设的规则来做熔断降级。根据资源的平均响应时间（RT）以及异常比率来决定资源是否在接下来的时间被自动熔断。
- AuthoritySlot 根据配置的黑白名单和调用来源信息做黑白名单控制。
- SystemSlot 通过系统的状态（例如 load1 等）控制总的入口流量，让入口的流量和当前系统的预计容量达到动态平衡。

图 6-15 是 Sentinel 的总体架构图。Sentinel 基于上述七种 Slot 形成一个链表，前三个 Slot 负责做统计，后面的 Slot 负责根据统计结果结合配置的规则进行具体控制，决定是阻塞该请求还是放行，每个 Slot 各司其职，自己做完分内的事之后，会把请求传递给下一个 Slot，在某一个 Slot 中命中规则抛出 BlockException 后终止链表的执行。

（2）Dashboard

Sentinel 提供一个轻量级的开源控制台 Dashboard，它提供鉴权管理、机器发现、健康管理、监控管理、规则管理和命令推送功能。Dashboard 控制台可视化地对每个连接过来的 Sentinel 客户端（通过发送 heartbeat 消息）进行控制，Dashboard 和客户端之间通过 HTTP 协议进行通信。

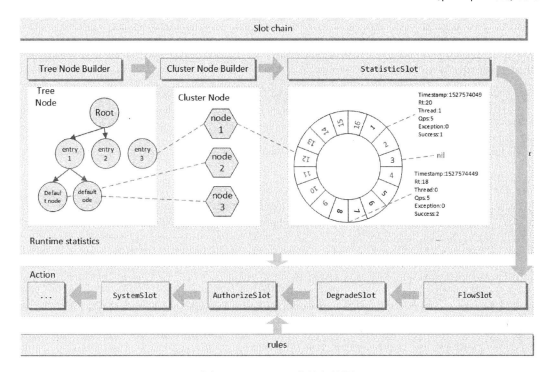

图 6-15　Sentinel 总体架构图

2. 应用步骤

在业务系统中使用 Sentinel 进行资源保护，主要分为以下几个步骤。

（1）定义资源，适配主流框架（包括 servlet、Dubbo、rRpc 等），使用显示的 API 或注解等办法定义需要保护的资源。资源是 Sentinel 的关键概念。它可以是 Java 应用程序中的任何内容，例如，由应用程序提供的服务，或由应用程序调用的其他应用提供的服务，甚至可以是一段代码。只要通过 Sentinel API 定义的代码，就是资源，能够被 Sentinel 保护起来。大部分情况下，可以使用方法签名，URL 或者服务名称作为资源名来标示资源。Sentinel 使用静态方法 SphU 或 SphO 定义资源，如 SphU.entry(String resourceName)。

（2）定义规则，设置规则含义，将多条规则组成数组并加载。规则是围绕资源的实时状态设定的，可以包括流量控制规则 FlowRule、熔断降级规则 DegradeRule、系统保护规则 SystemRule、访问控制规则 AuthorityRule 和热点参数规则 ParamFlowRule 等。所有规则可以动态实时调整。使用规则前需先创建规则，如 FlowRule rule = new FlowRule(resourceName)，然后定义规程参数，如 rule.setCount(20)，将规则加入数组，最后 Sentinel 加载规则数组，如 FlowRuleManager.loadRules()。可以通过编码形式定义规则，将规则配置保存在内存中。在实践中需要不停地进行规则调优，此时可以配合配置中心，实现规则的动态配置。如使用 ZooKeeper、Nacos、Apollo 等配置中心组件可以动态地实时刷新配置规则，结合 RDBMS、NoSQL、VCS 保存该规则，配合 Sentinel Dashboard 使用。

（3）归纳分析，运行时 Sentinel 对定义的资源进行实时统计和调用链路分析。

（4）检验规则是否生效，根据预设的规则，结合对资源的实时统计信息，对流量进行控制。Sentinel 提供实时监控系统，可以方便地了解目前系统的状态。检验规则是否生效就是处理 BlockException 异常的过程，在 Sentinel 中所有流控降级相关的异常都是异常类 BlockException 的子类。

3．动态规则

为了实现规则的动态配置，可以通过控制台设置规则后将规则推送到统一的规则中心，客户端实现 ReadableDataSource 接口，监听规则中心实时获取变更。客户端的实现模式包括：

pull 模式：客户端主动向某个规则管理中心定期轮询拉取规则，这个规则中心可以是 RDBMS、文件，甚至是 VCS 等。这样做的优点是简单，缺点是无法及时获取变更。

push 模式：规则中心统一推送，客户端通过注册监听器的方式时刻监听变化，比如使用 Nacos、ZooKeeper 等配置中心。这种方式有更好的实时性和一致性保证。

Sentinel 目前支持以下数据源扩展：

Pull-based：文件、Consul。

Push-based：ZooKeeper, Redis, Nacos, Apollo, etcd。

4．框架适配

Sentinel 支持常见的流量场景。

（1）Web 适配

提供与常见 Web 框架的整合，包括 Spring Boot/Spring Cloud、Web Servlet、Spring WebFlux。

（2）RPC 适配

提供与 RPC 框架的整合，包括 Apache Dubbo、gRPC、Feign、SOFARPC。

（3）Reactive 适配

Sentinel 提供 Reactor 的适配，可以方便地在 reactive 应用中接入 Sentinel。Sentinel Reactor Adapter 分别针对 Mono 和 Flux 实现对应的 Sentinel Operator，从而在各种事件触发时汇入 Sentinel 的相关逻辑。

（4）API Gateway 适配

Sentinel 支持对 Spring Cloud Gateway、Netflix Zuul 1.x、Netflix Zuul 2.x 等主流的 API Gateway 进行限流。

5．Flow control

流量控制（flow control）的作用是监控应用流量的 QPS 或并发线程数等指标，当达到指定阈值时对流量进行控制，以免被瞬时流量高峰冲垮，从而保障应用的高可用性。

FlowSlot 会根据 FlowRule 预设的规则，结合前面 NodeSelectorSlot、ClusterNodeBuilderSlot、StatisticSlot 统计出来的实时信息进行流量控制，限流的直接表现是抛出 FlowException 异常。FlowException 是 BlockException 的子类。

（1）基于 QPS/并发数的流量控制，监控应用流量的 QPS 或并发线程数等指标，当达到指定阈值时对流量进行控制，以免被瞬时流量高峰冲垮，从而保障应用的高可用性。线程数和 QPS 值都是由 StatisticSlot 实时统计获取的。

并发线程数控制：并发数控制用于保护业务线程池不被慢调用耗尽。在 Hystrix 中对并发的保护支持线程池隔离和信号量隔离两种模式。Sentinel 认为线程上下文切换的资源消耗较大，使用信号量隔离就可以处理大部分场景，所以没有提供线程池隔离的模式。Sentinel 并发控制不负责创建和管理线程池，而是简单统计当前请求上下文的线程数目（正在执行的调用数），如果超出阈值，新的请求会被立即拒绝。

QPS 流量控制：当 QPS 超过某个阈值的时候，则采取措施进行流量控制。流量控制的效果包括直接拒绝、Warm Up、匀速排队，其中 Warm Up、匀速排队是 QPS 流量控制的特有效果。

- 直接拒绝，当 QPS 超过任意规则的阈值后，新的请求就会被立即拒绝，拒绝方式为抛出 FlowException。这种方式适用于对系统处理能力确切已知的情况，比如通过压测确定了系统的准确水位时。

- Warm Up 即预热/冷启动方式，当系统长期处于低水位的情况时，若流量突然增加，直接把系统拉升到高水位可能瞬间把系统压垮。系统压垮的原因可能是因为系统缓存还没有准备好，流量穿透。通过预热/冷启动让通过的流量缓慢增加，在一定时间内逐渐增加到阈值上限，给系统一个预热时间，避免系统被压垮。

- 匀速排队，严格控制请求通过的间隔时间，即让请求以均匀的速度通过，避免请求在较大的范围内波动，消除毛刺，对应的是漏桶算法。

（2）基于调用关系的流量控制，Sentinel 通过 NodeSelectorSlot 建立不同资源间的调用关系，并且通过 ClusterNodeBuilderSlot 记录每个资源的实时统计信息。

根据调用方限流，Sentinel 使用上下文中标识资源的调用方身份，设置规则限流，规则包括：不区分调用者的规则，针对特定调用者的规则和针对特定调用者以外的其余调用者的规则。同一资源可以设置多条规则。

链路限流，根据调用链路入口限流，Sentinel 使用上下文标识资源的调用链入口，Sentinel 只对标识过的调用入口统计信息并对资源限流，未标识的资源调用链路不进入统计。

关联流量控制，对具有关联关系的资源流量进行控制，避免资源之间的过度争抢。当两个资源之间具有资源争抢或者依赖关系的时候，这两个资源便具有了关联。比如对数据库同一个字段的读操作和写操作存在争抢，读的速度过高会影响写的速度，写的速度过高会影响读的速度。如果放任读写操作争抢资源，则争抢本身带来的开销会降低整体吞吐量。可以定义两个资源 read_db 和 write_db，这两个资源分别代表数据库读写，在规则中定义这两个规则间有关联，然后给 read_db 设置限流规则来达到写优先的目的。

6. Param Flow Control

热点参数限流（Param Flow Control）会统计传入参数中的热点参数，并根据配置的限流阈值与模式，对包含热点参数的资源调用进行限流。热点参数限流用于统计某个热点数据中访问频次最高的 Top K 数据，并对其访问进行限制。如以商品 ID 为参数，统计一段时间内最常购买的商品 ID 并进行限流。Sentinel 利用 LRU 策略统计最近最常访问的热点参数，结合令牌桶算法进行参数级别的流控。热点参数限流支持集群模式，使用方法类似于流量控制规则（FlowRule）。热点参数限流如图 6-16 所示。

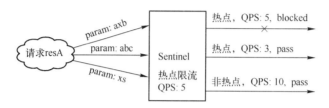

图 6-16　热点参数限流

7. Cluster Flow Control

集群流控（Cluster Flow Control），可以精确地控制整个集群的调用总量，结合单机限流兜底，可以更好地发挥流量控制的效果，解决流量不均匀导致总体限流效果不佳的问题。

集群流控中共有两种身份。

（1）Token Client：集群流控客户端，用于向所属 Token Server 通信请求 token。集群限流服务端会返回给客户端结果，决定是否限流。

（2）Token Server：集群流控服务端，处理来自 Token Client 的请求，根据配置的集群规则判断是否应该发放 token（是否允许通过）。

集群流控服务端有两种部署模式。

（1）独立模式（Alone），即作为独立的 token server 进程启动，独立部署，隔离性好。

（2）嵌入模式（Embedded），即作为内置的 token server 与服务在同一进程中启动。在此模式下，集群中各个实例都是对等的，token server 和 client 可以随时进行转变，因此无需单独部署，灵活性比较好。但是隔离性不佳，需要限制 token server 的总 QPS，防止影响应用本身。

8. Degrade Control

熔断降级会在调用链路中某个资源出现不稳定状态时（例如调用超时或异常比例升高），对这个资源的调用进行限制，让请求快速失败，避免影响到其他资源而导致级联错误。当资源被降级后，在接下来的降级时间窗口之内，对该资源的调用都自动熔断（默认行为是抛出 DegradeException）。

Sentinel 支持按照平均响应时间、异常比例、异常数三种策略衡量并判断资源是否处于稳定的状态。

9．Authority Control

来源访问控制可以根据资源的请求来源（origin）限制资源是否通过，若配置白名单则只有请求来源位于白名单内时才可通过；若配置黑名单则请求来源位于黑名单时不通过，其余的请求通过。

10．System Control

系统自适应保护限流是从应用级别的入口流量进行控制，从单台机器的 Load、CPU 使用率、平均 RT、入口 QPS 和并发线程数等几个维度监控应用指标，让系统尽可能工作在最大吞吐量的同时保证系统整体的稳定性。系统保护规则是应用整体维度的，而不是资源维度的，并且仅对入口流量生效。入口流量指的是进入应用的流量，比如 Web 服务或 Dubbo 服务端接收的请求，都属于入口流量。

系统规则支持以下模式。

（1）Load 自适应（仅对 Linux/Unix 类机器生效）：系统的 load1 作为启发指标，进行自适应系统保护。当系统 load1 超过设定的启发值，且系统当前的并发线程数超过估算的系统容量时才会触发系统保护。系统容量由系统的 maxQps×minRt 估算得出。设定参考值一般是 CPU cores×2.5。

（2）CPU usage（1.5.0+版本）：当系统 CPU 使用率超过阈值即触发系统保护（取值范围 0.0～1.0），比较灵敏。

（3）平均 RT：当单台机器上所有入口流量的平均 RT 达到阈值即触发系统保护，单位是毫秒。

（4）并发线程数：当单台机器上所有入口流量的并发线程数达到阈值即触发系统保护。

（5）入口 QPS：当单台机器上所有入口流量的 QPS 达到阈值即触发系统保护。

6.2.4　新一代流量控制中间件 Resilience4j

Resilience4j 是一个轻量级流量治理组件，其灵感来自 Hystrix，基于 Java 8 和函数式编程所设计。由于 Hystrix 官方已经停止更新，Spring 官网推荐使用 Resilience4j 作为服务的熔断保护中间件。

Resilience4j 提供了断路器 CircuitBreake、舱壁隔离 Bulkhead、限速器 RateLimiter、自动重试 Retry、超时处理 TimeLimiter 和结果缓存 Cache 等功能。Resilience4j 提供 API 和注解的调用方式。如果 Retry、CircuitBreake、Bulkhead、RateLimite 同时注解在一个方法上，从外到内默认的顺序是 Retry、CircuitBreaker、RateLimiter、Bulkhead，即先控制并发再限流，然后熔断，最后重试。

Sentinel 官网提供了几种流量治理组件的对比表，见表 6-2。

表 6-2　常见流量治理组件差异

	Sentinel	Hystrix	Resilience4j
隔离策略	信号量隔离（并发线程数限流）	线程池隔离/信号量隔离	信号量隔离
熔断降级策略	基于响应时间、异常比率、异常数	基于异常比率	基于异常比率、响应时间
实时统计实现	滑动窗口（LeapArray）	滑动窗口（基于 RxJava）	Ring Bit Buffer
动态规则配置	支持多种数据源	支持多种数据源	有限支持
扩展性	多个扩展点	插件的形式	接口的形式
基于注解的支持	支持	支持	支持
限流	基于 QPS，支持基于调用关系的限流	有限的支持	Rate Limiter
流量整形	支持预热模式、匀速器模式、预热排队模式	不支持	简单的 Rate Limiter 模式
系统自适应保护	支持	不支持	不支持
控制台	提供开箱即用的控制台，可配置规则、查看秒级监控、机器发现等	简单的监控查看	不提供控制台，可对接其他监控系统

1. 断路器（CircuitBreaker）

Resilience4j 实现熔断统计的核心是 Ring Bit Buffer（环形缓冲区）。结构图如图 6-17所示。

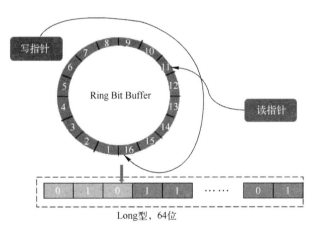

图 6-17　Resilience4j 环形缓冲区结构

Ring Bit Buffer 在内部使用 BitSet 进行存储，BitSet 是长度为 16 的 long 型数组，16个 long 型（64bit）的数组可以存储 16×64=1024 个调用状态。每一次请求的成功或失败状态只占用一个 bit 位，在读和写环形数组时，基于 CAS 无锁操作分别维护读指针和写指针，同时数据只覆盖不删除，从而避免垃圾回收。在 disruptor 高性能队列中也采用了环形数组作为核心数据结构。

如图 6-18 所示，Resilience4j 的断路器状态变化规则与 Hystrix 相同，Resilience4j 熔断器还有两种特殊状态：DISABLED（始终允许访问）和 FORCED_OPEN（始终拒绝访问）。

Resilience4j 断路器提供了丰富灵活的配置参数，见表 6-3。

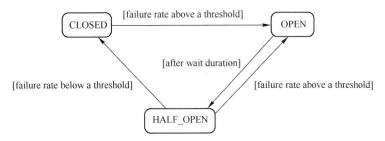

图 6-18　Resilience4j 断路器状态

表 6-3　Resilience4j 断路器参数

配置参数	默认值	描述
failureRateThreshold	50	当故障率百分比≥阈值时，断路器转换为断开
slowCallRateThreshold	100	当慢调用百分比≥阈值时，断路器转换为断开
slowCallDurationThreshold	60000 [ms]	配置持续时间阈值，高于该阈值的调用视为慢调用，并增加慢调用率
permittedNumberOfCalls InHalfOpenState	10	配置断路器半开时允许的调用次数
maxWaitDurationInHalfOpenState	0	断路器在切换到断开状态之前，可以保持半开状态的最长时间。值 0 表示断路器将在半开状态下无限等待，直到半开状态下的 minimumNumberOfCalls 导致成功/失败
slidingWindowType	COUNT_BASED	配置用于在断路器闭合时记录调用结果的滑动窗口的类型。滑动窗口可以是基于计数的 COUNT_BASED，也可以是基于时间的 TIME_BASED
slidingWindowSize	100	配置用于记录断路器闭合时调用结果的滑动窗口的大小
minimumNumberOfCalls	100	配置断路器计算故障率或慢调用率之前所需的最小调用数（每个滑动窗口周期）。例如，如果 minimumNumberOfCalls 为 10，则必须至少记录 10 个调用，然后才能计算失败率。如果只记录了 9 次调用，即使所有 9 次调用都失败，断路器也不会转换为断开
waitDurationInOpenState	60000 [ms]	断路器从断开过渡到半断开之前应等待的时间
automaticTransition FromOpenToHalfOpenEnabled	False	如果设置为真，则意味着断路器将自动从断开状态过渡到半断开状态，并且不需要调用来触发转换。将创建一个线程来监视断路器的所有实例，以便在 waitDurationInOpenState 通过后将它们转换为半开状态。如果设置为 false，则只有在发出调用时才会转换到半断开状态，即使 waitDurationInOpenState 通过之后也是如此。此时的一个好处是不需要有单独的线程监视所有断路器的状态
recordExceptions	empty	记录为失败并因此增加失败率的异常列表。除非通过 ignoreExceptions 显式忽略，否则与列表中匹配（包括继承）的异常都将被视为失败。如果指定异常列表，则所有其他异常均视为成功，除非它们被 ignoreExceptions 显式忽略
ignoreExceptions	empty	被忽略且既不算失败也不算成功的异常列表。任何与列表之一匹配或继承的异常都不会被视为失败或成功，即使异常是 recordExceptions 的一部分
recordException	throwable -> true	自定义谓词用于评估异常是否应记录为失败。如果异常应计为失败，则谓词必须返回 true。如果异常应算作成功，则谓词必须返回 false，除非 ignoreExceptions 显式忽略异常
ignoreException	throwable -> false	自定义谓词用于评估是否应忽略异常，且不将其视为失败或成功。如果应忽略异常，则谓词必须返回 true。如果异常应算作失败，则谓词必须返回 false

2. 舱壁隔离（Bulkhead）

Resilience4j Bulkhead（舱壁隔离）可以隔离不同种类的服务调用，实现并发控制。

Bulkhead 有两种实现方式，一种是基于信号量的（SemaphoreBulkhead），另一种是基于等待队列的固定大小的线程池（FixedThreadPoolBulkhead）。

Bulkhead 默认采用信号量隔离的方式。实现原理与限速器 Ratelimiter 类似，也是通过 java.util.concurrent.Semaphore 信号量的方式实现的，只是没有一个 Daemon 线程按固定周期去释放信号量，而是在业务方法执行后释放信号量。当有信号量存在时，请求会获取信号量并开始业务处理。当没有信号量时，请求将会进入阻塞状态，如果请求在阻塞计时（maxWaitDuration）内无法获取到信号量则系统会拒绝这些请求。Bulkhead 可以自定义最大并行数和进入饱和态时线程的最大阻塞时间，见表 6-4。

表 6-4　Resilience4j 信号量隔离参数

配置参数	默认值	描述
maxConcurrentCalls	25	可允许的最大并发线程数
maxWaitDuration	0	尝试进入饱和舱壁时应阻止线程的最大时间

FixedThreadPoolBulkhead 使用一个固定线程池和一个等待队列来实现舱壁隔离。当线程池中存在空闲时，则直接使用线程池中的线程处理请求。当线程池无空闲时请求将进入等待队列，若等待队列满则接下来的请求将直接被拒绝。线程池出现空闲时，在队列中的请求将进入线程池进行业务处理。

在舱壁饱和时，FixedThreadPoolBulkhead 通过队列缓存部分请求线程。FixedThread-PoolBulkhead 可以单独配置线程池相关参数，见表 6-5。

表 6-5　Resilience4j 线程池隔离参数

配置参数	默认值	描述
maxThreadPoolSize	Runtime.getRuntime().availableProcessors() 获得的可用处理器数目	配置最大线程池大小
coreThreadPoolSize	maxThreadPoolSize-1	配置核心线程池大小
queueCapacity	100	配置队列的容量
keepAliveDuration	20 [ms]	空闲线程在终止前等待新任务的最长时间

3. 限速器（RateLimiter）

限速器 RateLimiter 可以对服务调用频率进行纳秒级别的控制。

限速器可以设置刷新周期（limitRefreshPeriod）、刷新周期内可以调用的次数（limitForPeriod）以及线程等待权限的时间（timeoutDuration），见表 6-6。

表 6-6　Resilience4j 限速器参数

配置参数	默认值	描述
timeoutDuration	5[s]	线程等待 permission 的默认等待时间
limitRefreshPeriod	500[ns]	permission 刷新周期，每个周期结束后，RateLimiter 将会把权限计数设置回 limitForPeriod 的值
limitForPeriod	50	限制刷新期间的可用 permission 数

使用 RateLimiter，如果请求到达时，调用次数超过刷新周期的调用上限，则线程必须等待，如果等待时间超过超时时间，则请求被拒绝。如果在最大等待时间内新的刷新周期开启，则阻塞状态的请求将进入新的周期内获取 permission 进行处理。

图 6-19 是 Resilience4j 官网上 Ratelimiter 的原理图（见https://resilience4j.readme.io/docs/ratelimiter）。RateLimiter 以 limitRefreshPeriod 为周期按纳秒单位切割 JVM 时间，每个周期允许的 token（permission）数为 limitForPeriod，token 用完就 park thread，等待下一个周期刷新的 token。

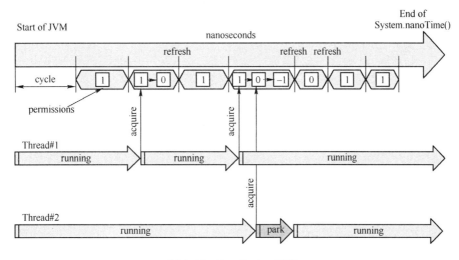

图 6-19　Ratelimiter 原理

Ratelimiter 支持 AtomicRateLimiter（令牌桶算法）和 SemaphoreBasedRateLimiter（信号量机制），SemaphoreBasedRateLimiter 使用 ScheduledExecutorService 周期性地释放已经被获取的信号量。Ratelimiter 默认使用 AtomicRateLimiter。

4．自动重试（Retry）

Retry 组件可以针对请求调用结果或请求异常触发请求重试，服务端每隔一段时间（waitDuration）重试业务请求，如果最大重试次数（maxAttempts）内成功处理业务，则停止重试，视为处理成功。否则将拒绝该请求。Retry 组件可以自定义结果重试规则和异常重试规则，可以配置重试次数、重试间隔时间以及需要重试或忽略重试的异常列表（白名单、黑名单）。重试也可以和熔断器配合，一种办法是先用重试组件装饰，再用熔断器装饰，这时熔断器的失败需要等重试结束才计算；另一种是先用熔断器装饰，再用重试组件装饰，这时每次调用服务都会记录进熔断器的缓冲环中。Retry 组件的配置参数见表 6-7。

表 6-7　Resilience4j 重试组件参数

配置参数	默认值	描述
maxAttempts	3	最大重试次数
waitDuration	500[ms]	固定重试间隔

（续）

配置参数	默认值	描述
intervalFunction	numberOfAttempts -> waitDuration	改变重试时间间隔的函数
retryOnResultPredicate	result -> false	自定义结果重试规则，需要重试的返回 true
retryOnExceptionPredicate	throwable -> true	自定义异常重试规则，需要重试的返回 true
retryExceptions	empty	需要重试的异常列表
ignoreExceptions	empty	需要忽略的异常列表

5. 超时处理（TimeLimiter）

Resilience4j 将超时控制器从熔断器中独立出来，成为一个单独的组件，主要的作用就是对方法调用进行超时控制，限制每单位时间的执行次数。TimeLimiter 要结合 Future 一起使用，通过 Future 的 get 方法来进行超时控制。TimeLimit 可以设置超时时间（timeoutDuration）和超时取消线程开关（cancelRunningFuture）。大部分情况下应该将 TimeLimiter 与 CircuitBreaker 联合使用，当调用超时次数过多，直接熔断。TimeLimiter 的配置参数见表 6-8。

表 6-8　Resilience4j 超时控制器参数

配置参数	默认值	描述
timeoutDuration	1(s)	超时时间限定
cancelRunningFuture	true	当超时时是否关闭取消线程

6. 结果缓存（Cache）

Resilience4J 使用 JCache 缓存调用结果。Resilience4J 结果放在缓存实例（JCache）中，在发生调用前先从缓存中检索结果。一般情况下很少用到 Resilience4J 的缓存功能。

6.3 服务追踪

在大型分布式系统中，每一个服务调用请求都会产生对缓存、消息队列、数据库等中间件的访问，微服务的引入又会产生服务间的调用。这些庞杂的足迹分散在系统的各个节点中。使用 ES 等工具可以解决日志的检索查看问题，但这些分散的数据不能按照调用链路串联，不利于问题排查或流程优化。如图 6-20 所示，服务追踪就是追踪每个请求的完整调用链路，收集调用链路上每个服务的性能数据，展示请求响应的足迹，将数据串成线，从而理解系统行为，计算性能数据，比对性能指标。

服务追踪的系统理论起源于 Google Dapper 论文，有很多比较成熟的产品，例如：Twitter 的 Zipkin、Naver 的 Pinpoint、Apache 的 HTrace、阿里的鹰眼 Tracing、京东的 Hydra、新浪的 Watchman、美团点评的 CAT，其他还有 Skywalking 等。

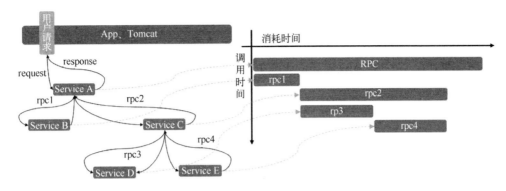

图 6-20　服务调用与追踪

服务追踪系统的设计目标如下。

- 低消耗：服务追踪系统对服务的影响应该做到足够小，不能因为引入服务追踪而影响系统的性能。
- 应用透明：应当尽可能少侵入或者无侵入其他业务系统，对使用方透明。
- 可扩展：跟踪分布式系统的各个节点，具有与分布式系统相同的扩展性。
- 高时效：从数据的收集和产生，到数据计算和处理，再到最终展现，都能提供足够快的信息反馈。

6.3.1　服务调用过程与追踪要素

进行服务追踪，需要对服务追踪的过程和相关要素进行分析。

图 6-21 是一个服务调用的过程示意图。从发起服务调用（Start）到返回结果（End）是一次完整的服务调用过程，在这个过程中包含了对其他分布式服务的调用，甚至出现了嵌套调用。

考虑到分布式调用中的网络传输损耗，一个服务调用过程应包括四个跟踪点，服务消费者发起点 Client Send，服务提供者接收点 Server Receive，服务提供者返回点 Server send，服务消费者接收结果点 Client Receive。把这四个点（CS，SR，SS，CR）合起来叫作一个 Span，同时使用三个字段的数据结构标识这个服务调用过程，SpanID 是指被调用的服务的 ID，ParentID 是当前服务的消费者的 ID，TraceID 代表调用链路的根 ID，与最开始发起调用的 SpanID 相同，全局唯一。在每个服务调用的入口需要识别出这三个 ID，并在发生调用时传递根 TraceID 与消费者 ID。

图 6-21 中，在服务的入口 start 处标识服务跟踪的 ID（TraceID=1，ParentID=0，SpanID=1），随后发生了第一次远程服务调用（被调用的服务 ID 是 TraceID=1，ParentID=1，SpanID=2），此次调用的四个跟踪点是（CltSnd1，S1-rcv，S1-snd，CltRcv1），之后又产生了第二次服务调用（TraceID=1，ParentID=1，SpanID=3），这次的服务调用比较复杂，嵌套发生了两次子调用，而且是并行执行的（SpanID =4，SpanID=5），最后调用链的主体执行了一个较重的线程内函数 Foo，可以将 Foo 在调用链中标识出来。

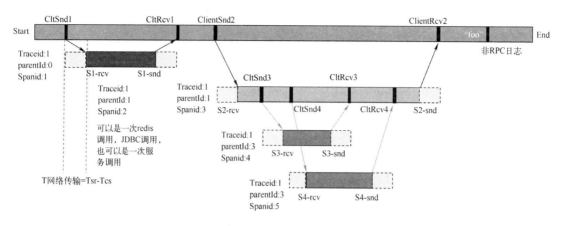

图 6-21 服务追踪要素

为了更深入理解上述数据结构的含义，看图 6-22。SrvA 对 SrvB 的四个跟踪点 Annotation（CS，SR，SS，CR）组成了 Span1，四个跟踪点由两个线程产生，服务消费者线程负责记录 CS 和 CR 的信息，服务提供者线程负责记录 SR 和 SS 的信息。同时此次调用还可能会产生异常，异常也是服务跟踪的重要信息。SrvB 对 SrvC 的调用的四个跟踪点组成了 Span2。主线程的起止节点和 Span1、Span2 共同组成了跟踪链路 Trace。

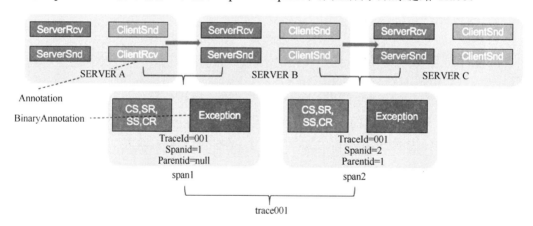

图 6-22 服务跟踪点结构

所以一个调用链的跟踪要素包括如下内容。

- Taceid：全局唯一，根 ID。
- Parentid：父 ID。
- Spanid：当前 ID。
- startTm：根 ID 的开始时间。
- EndTm：根 ID 的结束时间。
- cltSndTm：发起调用的时间。
- clitRcvTm：接收调用结果的时间。
- SrvRcvTm：服务接收时间。

- SrvSndTm：服务返回时间。
- SpanTxt：文本。
- SpanReq：服务请求参数。
- SpanRes：服务返回结果。
- SpanExcp：服务异常。

一个服务追踪过程包括要素数据产生、将数据传输到远端、数据落地存储三个阶段。大批服务器上部署的高吞吐量的线上服务会产生大量数据，这些数据的产生和传输容易引发性能问题。服务跟踪的目的是理解系统行为，分析性能指标，在大量的服务调用数据中，只需要采样一部分数据就可以了解到服务的性能情况，因此可以在服务生成时设置一个合理的采样率以减少数据产生。

6.3.2　服务追踪的系统组成

服务追踪的核心系统应该包括数据植入与采样、数据采集与传输、数据存储与展示三个部分。

（1）跟踪点植入与采样

数据植入与采样是服务追踪的客户端，集成在业务系统内，负责在业务系统中植入跟踪点，计算采样率，并生成 Span 对象。客户端代码会在服务调用入口边界处产生此线程栈的一个起始跟踪点信息，在服务调用结束边界处产生此线程栈的结束跟踪点信息，并将入口与结束的信息一起异步保存到本地文件或消息队列中。发送或保存的过程一般需要单独一个线程池，避免影响业务系统。

- GateWay 或 MVC Framework 是绝大多数服务的最初消费者，可以使用 AOP 的方式在发生服务调用前生成 Root Span。
- 针对类似 Dubbo 的 RPC 服务，通过扩展 Dubbo filter 或 AOP 的方式，使用上下文传递 Span 信息。
- 通过 AOP 的方式在 Redis、Jdbc 的客户端代码中植入埋点逻辑，实现对重点中间件的过程跟踪。
- 对于使用消息队列的异步交易，可以通过定制消息体或消息头交换 Span 信息，将消息信息串联进跟踪链。

（2）数据采集与传输

对于将采样数据暂存到本地文件的情况，需要实现一个本地数据文件采集器。在传输时，一般通过 Kafka 等消息队列传输数据到存储端。

（3）数据存储与展示

将传输过来的调用链路信息落地存储，并通过 Web 界面展示。一条调用链记录由 traceid 和其对应的不确定个数的多个 span 组成，适合使用稀疏表格形式存储，可以使用 HBASE 等 big table 保存数据。

6.3.3 服务追踪中间件 Zipkin

Zipkin 是 Twitter 贡献的一款开源的分布式实时数据追踪系统（Distributed Tracking System），其主要功能是聚集来自各个异构系统的实时监控数据，设计原理同样是基于 Google Dapper 的论文。

Zipkin 提供了多种语言的客户端装备库。Brave 是 Java 语言的客户端类库，用于捕捉和报告分布式操作的延迟信息给 Zipkin。Brave 提供了面向 Standard Servlet、Spring MVC、Http Client、JAX RS、Jersey、Resteasy 和 MySQL 等接口的装备能力，可以通过编写简单的配置和代码，让基于这些框架构建的应用向 Zipkin 报告数据。同时也提供了非常简单且标准化的接口，在以上封装无法满足要求时，使用 API 接口进行扩展与定制。

Brave 主要是利用拦截器在请求前和请求后分别埋点。例如，跟踪 Spring MVC 使用 Interceptors，跟踪 MySQL 使用 statementInterceptors。同理，跟踪 Dubbo 是利用 com.alibaba.dubbo.rpc.Filter 来过滤生产者和消费者的请求。

图 6-23 是官网的 Zipkin 架构图，Zipkin 由客户端和服务端核心组件两部分组成。

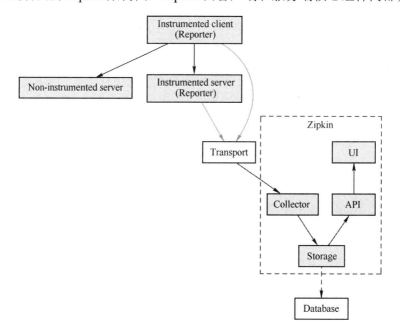

图 6-23　Zipkin 组成架构

（1）客户端部分，左上部分是客户端装备产生数据到传播的过程，客户端装备的过程消耗了较少的资源，是安全的。在调用过程中，产生的 ID 等简单跟踪信息通过带内传播（即随着调用链传播）。调用结束后，完整的 train 跟踪信息通过带外传播（即使用异步传输）。

（2）服务端核心组件部分，客户端产生的信息通过 HTTP、Kafka 等形式传输到 Zipkin

的核心组件，核心组件包括以下四个部分。

Collector：收集器组件，主要用于处理从外部系统发送来的跟踪信息，将这些信息转换为 Zipkin 内部处理的 Span 格式，以支持后续的存储、分析、展示等功能。

Storage：存储组件，主要处理收集器接收到的跟踪信息，默认将这些信息存储在内存中，也可以修改此存储策略，通过使用其他存储组件将跟踪信息存储到数据库中。Zipkin 支持的存储类型有 inMemory、MySQL、Cassandra 以及 ElasticsSearch 等几种方式。正式环境推荐使用 Cassandra 和 ElasticSearch。

REST API：接口 API 组件，主要用来提供外部访问接口，比如给客户端展示跟踪信息或是用于实现系统监控等功能。

Web UI：是用户 UI 组件，基于 API 组件实现的上层应用。通过 UI 组件用户可以方便、直观地查询和分析跟踪信息。

图 6-24 是 Zipkin 的一个 HTTP 调用跟踪的示例序列，用户代码调用 http resource：/foo。这将产生一个 Span，在用户代码接收到 HTTP 响应后异步发送 Span 信息到 Zipkin。客户端装备库（trace instrumentation）负责串联跟踪数据，TraceID 等简单标识符在带内传输，完整的 Span 详细信息在带外发送到 Zipkin。

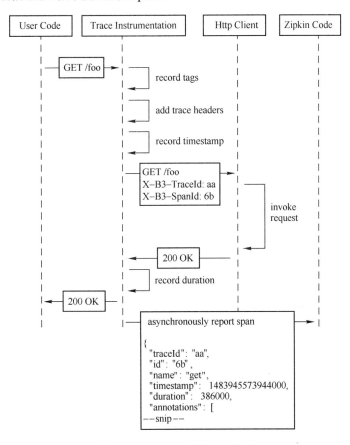

图 6-24　Zipkin 调用跟踪实例

第7章　分布式处理

7.1　分布式锁

为了保证服务的健壮性，一个业务请求由多个相同的服务实例构成的集群共同提供服务，因为网络等原因，会导致客户端重复发送业务请求，此时，可能会有多个服务实例分别接收了同一个请求，这就会形成不同的服务实例竞争相同的数据资源的情况。因此需要引入分布式锁，从事务角度看，分布式锁从服务上保证了事务的隔离性。

7.1.1　分布式锁的设计目标

分布式锁就是在分布式系统环境下，保证一段代码在同一时间只能被一个实例的一个线程执行，解决的是跨应用实例（跨 JVM）的竞争问题。

分布式锁的设计目标如下。

- 高性能与高可用，对于锁的操作，包括获取、释放等必须能适应互联网环境下的高性能要求，并且具备高可用的特点，没有单点问题。
- 防死锁，锁具备完善的失效机制，不会在客户端线程中断后失效，业务无限期等待。
- 阻塞锁，使用锁的线程是阻塞的，没有获取到锁将等待直到获取到锁或超时。对于重复发送请求这种情况应该采用非阻塞策略，立即返回，但对于两个不同业务竞争锁的情况，应该使用阻塞锁。
- 可重入，在锁失效或删除前，创建锁的线程在重置代表锁的变量后，还可以重新获得锁。部分分布式锁的实现方式可以保证在线程异常终止的情况下，重启后能够再次获得相同的锁，继续处理业务。

在 JVM 中使用 synchronized 关键字解决多线程并发的问题，一般情况下，线程间竞争开发框架已完成，开发人员较少需要关注。但实例间的竞争，需要开发人员自己添加处理逻辑，在设计系统处理流程时必须考虑添加分布式锁与释放分布式锁的节点。

7.1.2　分布式锁的技术架构

分布式锁的实现，包括基于 redis、基于 ZooKeeper、基于数据库（DB）等几种方法。

1．基于 DB

利用 DB 主键唯一规则，在争抢锁的时候向 DB 中写一条记录，这条记录主要包含锁的 id、当前占用锁的主机信息和线程 ID、重入的次数和创建时间等，如果插入成功表示当前线程获取到了锁，如果插入失败则证明锁被其他人占用，直接返回。想要释放锁的时候就删除这条记录。

为防止客户端宕机造成死锁，需要一个定时任务，根据锁的创建时间字段，定时清理数据库中的超时数据。

为实现可重入性，在获取锁的时候查询数据库，如果当前机器的主机信息、线程信息和业务信息在数据库可以查到的话，就分配锁。

为实现阻塞锁，可以在客户端实现 while 循环，直到 insert 成功或超时再返回。

分布式锁的高可用依赖数据库的机制，可以通过数据库集群或主备等形式保证。

2．基于 Redis

使用 Redis 的 setnx 命令实现分布式锁的功能。SETNX 命令（SET if Not eXists）是一个原子操作，当且仅当 key 不存在时，将 key 的值设为 value，并返回 1；若给定的 key 已经存在，则 SETNX 不做任何动作，并返回 0。

这个原子命令只有在键不存在的情况下为键设置值，某一实例线程获取锁之后，其他实例的线程再设置值就会失败，即获取不到锁。锁的名字需要能区分具体的业务，比如使用订单号码而不是交易名称作为锁的名字，引用 DB 的概念，这是一种避免表锁使用行锁的机制。锁使用完毕，需要即时删除，以保证关联业务使用相同的 key 重新设置锁，继续运行。

要防止死锁，即某个程序获取锁之后，如果程序出错，没有释放，其他程序无法获取锁，这时需要给 Redis 分布式锁键设置超时时间，锁超时后，其他程序就可以获取锁了。锁的超时时间一定要远远超过业务处理时间，如根据业务情况可以设置为 5～10min。

为实现阻塞锁，客户端在获取锁失败后，可以不断地尝试获取锁，直到成功获取锁，或者到设置的获取超时时间为止。

要实现可重入性，可以将创建锁的 IP、端口号和线程信息、业务信息存入缓存。再次获取锁时进行比较即可。

通过 Redis 的集群或主备模式可以保证分布式锁的高可用。

3．基于 ZooKeeper

基于 ZooKeeper 的分布式锁有两种实现方式。

（1）基于 ZooKeeper 不能重复创建同一个节点

分布式系统的所有服务节点可以竞争性地去创建同一个临时目录节点，由于 ZooKeeper 不能有路径相同的目录，必然只有一个服务节点能够创建成功，此时可以认为该节点获得了锁。其他没有获得锁的服务节点通过在该 ZNode 上注册监听，从而当锁释放时再去竞争获得锁。

锁的释放有以下两种情况:

1)当正常执行完业务逻辑后,客户端主动将临时 ZNode 删除,此时锁被释放。

2)当获得锁的客户端发生宕机时,临时 ZNode 会被自动删除,此时认为锁已经释放。

当锁被释放后,其他服务节点则再次去竞争性地进行创建,但每次都只有一个服务节点能够获取到锁,这就是排他锁。

这种方案的正确性和可靠性是 ZooKeeper 机制保证的。缺点是假如许多客户端在等待一把锁,当锁释放时所有客户端都被唤醒,再次竞争得到拥有目录的机会,最后仅有一个客户端得到锁,这种情况也叫作"惊群"现象。

(2)基于临时有序节点

客户端可以通过在 ZooKeeper 中创建临时顺序节点,如果创建的客户端发现自身创建节点序列号是目录下最小的节点,则获得锁。否则,客户端只在相邻的大的顺序节点上(比自己创建的节点大的最小节点)绑定监听,进入等待。

例如,在 ZooKeeper 有一个持久节点 PLock。当 Client1 想要获得锁时,需要在 PLock 这个节点下面创建一个临时顺序节点 Lock1,之后,Client1 查找 PLock 下面所有的临时顺序节点并排序,判断 Lock1 是不是顺序最靠前的一个,如果是则成功获得锁。另一个客户端 Client2 前来获取锁,则在 PLock 下再创建一个临时顺序节点 Lock2。Client2 判断 Lock2 不是顺序最靠前的一个,于是,Client2 向排序仅比它靠前的节点 Lock1 注册 Watcher,用于监听 Lock1 节点是否存在,这意味着 Client2 抢锁失败,进入了等待状态。如果又有一个客户端 Client3 前来获取锁,依然在 PLock 下再创建一个临时顺序节点 Lock3,在判断 Lock3 不是最小的后,Client3 向 Lock2 注册 Watcher,用于监听 Lock2 节点是否存在,进入等待状态。这样一来,Client1 得到了锁,Client2 监听了 Lock1,Client3 监听了 Lock2,形成了一个等待队列。

对于解锁操作,只需要将自身创建的节点删除即可。当被监听的节点删除时,ZooKeeper 会通知监听的客户端,客户端检查自己是不是最小的节点,若是则获得锁。

使用这种方法,当锁节点变化时,影响的是相邻的节点的监听线程,不会"惊动"全部有竞争关系的线程。

上面是 ZooKeeper 分布式锁的两种实现方法。ZooKeeper 建立的锁,不使用定时器,所以在极限情况下可能有并发问题。例如,由于网络抖动,客户端与 ZooKeeper 集群的 session 连接断了,ZooKeeper 此时会删除临时节点,其他客户端就可以获取到分布式锁,而实际上客户端业务还未执行完毕,并没有主动释放锁,此时就可能产生并发问题。ZooKeeper server 和客户端都有重试机制,多次重试之后还不行的话才会删除临时节点,因此这种情况比较少见。

ZooKeeper 的阻塞锁:在客户端监听时阻塞线程就形成了阻塞锁。如果客户端获得分布式锁失败后,不建立监听,不用等待,直接返回,就是非阻塞模式。

ZooKeeper 的可重入锁:客户端与 ZooKeeper 保持连接时,已经获取锁的客户端可以随时再次获取锁。但当连接中断时,ZooKeeper 会删除临时节点,客户端也就失去了锁,无法重入。

在 Netflix 提供的 ZooKeeper 客户端工具 Curator 中封装了与分布式锁相关的工具类。

- InterProcessMultiLock 将多个锁作为单个实体管理的容器。
- InterProcessMutex 分布式可重入排他锁。
- InterProcessReadWriteLock 分布式读写锁。
- InterProcessSemaphoreMutex 分布式排他锁。

4. 总结

总体看，Redis 作分布式锁实现起来比较简单，推荐使用。ZooKeeper 的主要优势是分布式协调，在大压力场景下可能会引发性能问题。数据库的方式实现简单，数据库是系统必备的，不需要引入其他中间件，作分布式锁适合压力比较小的情况。

7.2　分布式 ID

7.2.1　分布式 ID 的设计目标

在业务系统中涉及各种 ID，如订单 ID，商品 ID，支付 ID，这些 ID 由分布式系统中的不同系统、不同应用实例随时产生。理想情况的分布式系统生成 ID 的目标要求包括：

- 唯一性。多个生成器产生的 ID 在时间和空间上不重复。时间唯一，是指在使用 ID 的业务系统的生命周期内 ID 是不会重复的。空间唯一是指在不同的 DB 或其他存储容器内不会产生重复 ID，这样可以很容易地实现数据迁移。
- 扩展性。ID 生成器自己检测生成器的位置信息，不需要人工配置。当我们部署应用实例时不需要设置 ID 的机房、应用系统等位置信息。
- 高性能与高可用。ID 生成是轻量级的，具备极高的 TPS，ID 生成器不存在单点故障。
- 粗略有序。生成的 ID 具备先后顺序，允许一定的误差。在业务中对 ID 排序，一般是在对比关联性业务的场景使用，实际上关联性业务 ID 的产生在时间上分布较广，也就是说很少出现在几百毫秒以内产生两个有业务关联的 ID 的情况。因此，我们可以允许 ID 在一定的精度以下不保证顺序性，在顺序性与其他特性之间取得平衡。
- 离散性。ID 的增长具备一定的随机性，不易碰撞。ID 用途广泛，需具备一定的安全性，如保证人工模拟创建的订单 ID 与生产上的真实订单号发生的碰撞概率较小。
- 数目无限。ID 在有限的时间内可以无限生成。
- 可反解（可读）。生成的 ID 具备可读性，可以反解出时间和位置信息。

■ 在与用户交互比较强的场景，如使用 ID 作为与客服沟通的凭证，还要求 ID 易读、易录入。所有格式为纯数字，不能混字母（个别字母和数字不易区分），长度尽可能小。

7.2.2　分布式 ID 的技术架构

分布式 ID 的算法，包括基于 UUID、数据库自增、redis 原子交易、mongodb 的 objectid 以及 Twitter 的 SnowFlake 算法等。

1. UUID

UUID（Universally Unique Identifier）的标准型式包含 32 个 16 进制数字，以连字号分为五段，形式为 8-4-4-4-12 的 36 个字符，示例：550e8400-e29b-41d4-a716-446655440000。UUID 是基于当前时间、计数器（counter）和硬件标识（通常为网卡的 MAC 地址）等数据计算生成的。UUID 也有多种算法，如 hibernate 的 UUID 算法和普遍使用的微软的 GUID（Global Unique Identifiers）。使用 UUID 字符串作为唯一 ID，ID 是在本地生成的，所以相对性能较高、时延低、扩展性强。但 UUID 无法保证趋势递增；ID 用 32 位字符串表示，占用数据库空间较大，尤其不适合作为索引；UUID 字符串不具备可读性。

2. 数据库自增

使用数据库的自增序列机制，是最常用的方式之一。优点是实现简单，天然具有排序机制。缺点是，不同数据库语法和实现不同，数据库迁移的时候或多数据库版本支持的时候较为复杂；属于重量级方案，受 DB 性能的限制，难以扩展；数据一致性在特殊情况下难以保证，主从切换时的不一致可能会导致重复发号，但此种情况时间极短，只要做好唯一性约束，不会对业务系统造成较大影响。

美团的 Leaf-segment 方案对传统数据库自增方案做了改进。

Leaf-segment 改进办法是将访问 DB 取出单个 ID 改为取出 ID 号段，以缓解数据库压力。设置数据库序列的自增步长 Step，比如设置为 1000，则从数据库取出当前序列后，ID 生成器就取得了本机 1000 个号码的发放权利。

这种方式下取号段的时机是在号段消耗完的时候进行的，号段 ID 消耗完毕会进入线程阻塞，等待从 DB 取回下一号段。为避免在 DB 取号段的时候阻塞请求线程，可以在当号段消费到某个点时就提前把下一个号段加载到内存中。而不需要等到号段用尽的时候才去更新号段。

具体来说，Leaf-segment 采用双 buffer 的方式，ID 生成器内部有两个号段缓存区。当前号段 buffer 已下发 10% 时，如果下一个号段未更新，则另启一个线程去更新下一个号段。当前号段全部下发完后，如果下个号段准备好了就切换到下个号段 buffer 接着下发，循环往复。

在生产系统中，统筹好 buffer 的长度与消耗速度的关系，通过 buffer 可以为 DB 的故障排除争取时间。

Leaf-segment 方案解决了数据库自增方案的绝大多数问题，但依然无法保证数据库自增序列具有一定的离散性。

3．Redis 原子交易

Redis 是单线程的，所以也可以用于生成全局唯一的 ID。 Redis 提供了 TIME 命令，可以取得 Redis 服务器上的秒数和微秒数，同时可以用 Redis 的原子操作 INCR 和 INCRBY，利用 redis 的 Lua 脚本执行功能，通过 Lua 脚本可以生成唯一 ID。生成的 ID 可以含有时间信息、分区信息、自增长序列号。使用 Redis 生成 ID，优缺点和改进方案与使用 DB 相似，但性能优于数据库。不论是使用 DB 还是使用 Redis 都需要引用中间件，是一个重量级方案。

4．mongodb-objectid

mongodb 的 objectid 使用"时间+机器码+pid+inc"的格式，总共 12B，用 24 位的 16 进制字符来表示，包括：|时间戳（0～3B）|机器 ID（4～6B）|进程 ID（7～8B）|计数器 (9～11B)|。Objectid 的缺点是，采用字符串类型表示，不用基本类型表示，长度稍长。

5．Twitter-SnowFlake

Twitter 的 SnowFlake 算法，与 mongodb 算法相似，基本克服了 objectid 的缺点。Snowflake 采用 64bit 的二进制代码，对每一位都进行了精心设计，使长度恰好满足 long 类型的要求。

SnowFlake 算法 64bit 组成如下：

- 1 位符号位（sign）。由于 long 类型在 Java 中带符号，最高位为符号位，正数为 0，负数为 1，且实际系统中所使用的 ID 一般都是正数，所以最高位为 0。
- 41 位时间戳（毫秒级）。41 位时间戳存储时间戳的差值（当前时间戳 - 起始时间戳），起始时间戳一般是 ID 生成器开始使用的时间戳，由程序来指定，41 位毫秒时间戳最多可以使用$(1 << 41) / (1000 \times 60 \times 60 \times 24 \times 365) = 69$ 年。
- 10 位机器 ID（workerID）。包括 5 位数据标识位和 5 位机器标识位，这 10 位决定了分布式系统中最多可以部署 $2^{10} = 1024$ 个节点。
- 12 位毫秒内的顺序号（sequence）。这 12 位计数支持每个节点每毫秒（同一台机器，同一时刻）最多生成 $2^{12} = 4096$ 个 ID。

SnowFlake 算法的数据结构如图 7-1 所示。

SnowFlake 强依赖机器时钟，如果机器时钟回拨，会导致发号重复或者服务处于不可用状态。若回拨时间较短，不会影响粗略有序，若回拨时间较长就会造成明显排序问题；通过表的唯一索引，可以使重复 ID 不产生业务冲突，但会导致一部分业务无法插入数据库而影响业务运行，若是短时间的回拨，可以通过重试获取 ID 机制恢复业务。服务器上的 NTP 校时服务可能造成秒级别的回拨，若发生频率不高，基本不影响业务运行。在发号程序中可以在本地判断当前时间与上次生成 ID 的时间，若发生回拨，则报异常并停止生成，直到时间正常。

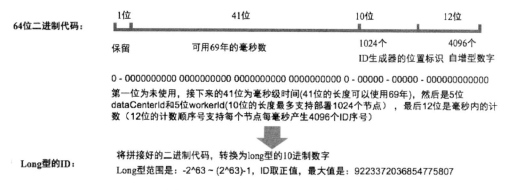

图 7-1 SnowFlake 算法数据结构

SnowFlake 算法有两种典型的实现方案。

（1）Leaf-snowflake

Leaf-snowflake 是美团基于 snowflake 的 ID 生成方案，重点对机器位生成和时钟依赖做了改进。

workerID（10 位服务器位置）的数据来源，简单的解决办法是，将发号服务器的 IP 和端口，以及对应的 workerID 等映射关系保存在 DB 中，发号服务器在启动时获得 workerID，但此种办法不利于扩展，不适合规模较大的情况。

Leaf-snowflake 使用 ZooKeeper 的持久化顺序节点作为 workerID，同时通过在 ZooKeeper 节点上周期性地记录服务器时间检测当前机器时间是否正确。

在 Leaf-snowflake 发号服务实例启动时，连接 ZooKeeper，在目录 SnowFlake 下检查自己是否已经注册过，如果注册过，直接取回自己的 workerID（ZooKeeper 顺序节点生成的 int 类型 ID 号），启动服务。如果没有注册过，就在该父节点下面创建一个持久顺序节点，创建成功后取回顺序号当作自己的 workerID 号，启动服务。在本机文件系统上需要缓存一个 workerID 文件，当 ZooKeeper 发生问题时，可以使用此文件的数据。

发号服务每隔 3～5 秒就在 ZooKeeper 自己的持久顺序节点 workerID 上，周期性地保存本机服务器时间，在启动时或其他情况下，可以通过计算 SnowFlake 目录下所有节点的平均系统时间，判断自身服务器时间是否正确。

（2）UidGenerator

UidGenerator 是百度开源的基于 SnowFlake 算法的 ID 生成方案，使用 Java 实现。支持自定义 workerId 位数和初始化策略，从而适用于 docker 等虚拟化环境下实例自动重启、漂移等场景。在实现上，UidGenerator 通过借用未来时间来解决 sequence 天然存在的并发限制，采用高性能 RingBuffer 来缓存已生成的 UID，并行化 UID 的生产和消费，单机 QPS 可达 600 万。

UidGenerator 的 ID 依然是 64bit 的 long 类型，但 UidGenerator 对 SnowFlake 的数据结构进行了微调，如图 7-2 所示，在 UidGenerator 中可以对图中 ID 组成区域的位数进行自

定义的配置修改。

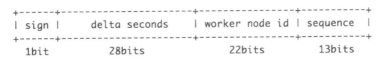

图 7-2　UidGenerator ID 的数据结构

UidGenerator 的具体实现有两种选择，即 DefaultUidGenerator 和 CachedUidGenerator。默认生成 ID 的算法是 DefaultUidGenerator。

1）DefaultUidGenerator 算法中，各部分的生成办法如下。

sign，符号标识，固定 1bit 符号标识，即生成的 UID 为正数。

delta seconds，时间戳为 28bit，单位是秒（SnowFlake 中为毫秒），最多可支持约 8.7 年，这个值是指当前时间与 epoch 时间的时间差，epoch 时间是指 UidGenerator 服务第一次上线的时间，可自行调整 epoch 时间配置，默认的 epoch 时间是 2016-09-20。

WorkerID 为 22bit，最多可支持约 420 万（即 2^{22}-1）次机器启动，内置实现为在启动时由数据库分配，DefaultUidGenerator 的默认分配策略为用后即弃。实现时，需要在 MySQL 中创建表 worker_node，其中包含字段'auto increment id'，'host name'，'port'，'node type: ACTUAL or CONTAINER'，'launch date'，modified time'，'created time'。DefaultUidGenerator 会在实例启动的时候，插入数据，再从表 worker_node 中获取自增 ID，赋值给 workerId。因为是自增型数据，可以保证 WorkerID 不重复，但只能一次性使用。

sequence 为 13bit，可支持每秒 8192 个并发。获取 sequence 的程序使用 synchronized 修饰，是线程安全的。为防止时间回拨，UidGenerator 也会在服务实例上判断当前时间 currentSecond 与上次生成 ID 的时间 lastSecond，如果有时间回拨，那么直接抛出异常。如果当前时间和上一次是同一秒时间，那么 sequence 自增，如果同一秒内自增值超过 2^{13}-1，那么就会自旋等待下一秒（getNextSecond）；如果是新的一秒，那么 sequence 重新从 0 开始。

2）CachedUidGenerator 是 DefaultUidGenerator 的重要改进。它的核心利用了 RingBuffer，RingBuffer 是一个高效的环状数据结构，在 Resilience4j、OpenStack Swift 等中间件中都使用了此种数据结构，其最早应用于 Disruptor 高性能队列，关于 RingBuffer 的优势在本书 Disruptor 章节中有较详细的介绍。

RingBuffer 环形数组的元素叫作 slot，数组容量默认为 SnowFlake 算法中 sequence 最大值 2^n。RingBuffer 数据结构都有两个指针：Tail 指针和 Cursor 指针。为防止"伪共享"（False Sharing）问题，Tail 和 Cursor 指针采用了 CacheLine 补齐方式，相关原理见本书 Disruptor 章节。

Tail 指针，表示 Producer 生产的最大序号（此序号从 0 开始，持续递增）。Tail 不能超过 Cursor，即生产者不能覆盖未消费的 slot，当 Tail 已赶上 curosr，表明 RingBuffer 已满，无法继续填充。此时可以指定 PutRejectPolicy 操作策略，因为生产 ID 的速度快，消费 ID 的速度慢，所以默认策略是丢弃 Put 操作，仅记录日志，如有特殊需求，可以实现 RejectedPutBufferHandler 接口。

Cursor 指针，表示 Consumer 消费到的最小序号（序号序列与 Producer 序列相同）。Cursor 不能超过 Tail，即不能消费未生产的 slot，当 Cursor 已赶上 Tail，表明 RingBuffer 环已空，无法继续获取。此时可以指定 TakeRejectPolicy 操作策略，因为是生产 ID 的速度慢，消费 ID 的速度快，所以默认策略将记录日志，并抛出 UidGenerateException 异常，如有特殊需求，可以实现 RejectedTakeBufferHandler 接口。

CachedUidGenerator 采用了双 RingBuffer，Uid-RingBuffer 用于存储 Uid，Flag-RingBuffer 用于存储 Uid 状态（"是否可填充"、"是否可消费"），如图 7-3 右图中 slots 值 "Y" 表示生产但还未消费——可读取。slots 值 "N" 表示已经读取但还未生产覆盖——可填充。RingBuffer 结构如图 7-3 所示。

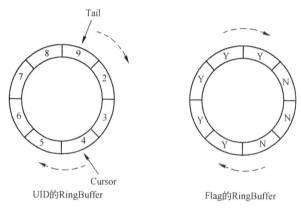

图 7-3　UidGenerator ID 的 RingBuffer 结构

RingBuffer 填充数据的策略如下。

■ 初始化预填充，RingBuffer 初始化时，预先填满整个 RingBuffer。

■ 即时填充，Take 消费时，即时检查剩余可用 slot 量(tail - cursor)，如小于设定阈值，则补全空闲 slots。阈值可通过 paddingFactor 来进行配置，默认值为 50%。

■ 周期填充，通过 Schedule 线程，定时补全空闲 slots。可通过 scheduleInterval 配置应用定时填充功能，并指定 Schedule 时间间隔。

CachedUidGenerator 不再在每次取 ID 时都实时计算分布式 ID，而是利用 RingBuffer 数据结构预先生成若干个分布式 ID 并保存。RingBuffer 初始化有值后，消费者获取 ID，RingBuffer 通过即时填充和周期填充策略异步填充 RingBuffer 数据。如果生产 ID 的速度慢，消费 ID 的速度快，导致无法获取新的 ID，RingBuffer 将抛出异常，线程可以进行等待等异常处理。

传统的 SnowFlake 算法实现都是通过 System.currentTimeMillis()来获取时间并与上一次时间进行比较，这样的实现严重依赖服务器的时间。而 CachedUidGenerator 的 delta seconds 的类型是 AtomicLong，通过 incrementAndGet()方法增长，从而脱离了对服务器时间的依赖，也就不会有时钟回拨的问题。相应的，反解之后的 delta seconds 可能并不是这个 ID 真正产生的时间点，尤其是访问量不大的情况下，提前生成的 delta seconds 的偏移更大。

对 UidGenerator ID 组成区域的位数可以根据业务情况调整，UidGenerator 官网上关于 UID 比特分配的建议如下。

对于并发数要求不高、期望长期使用的应用，可增加 timeBits 位数，减少 seqBits 位数。例如节点采取用完即弃的 WorkerIdAssigner 策略，重启频率为 12 次/天，那么配置成 {"workerBits":23,"timeBits":31,"seqBits":9}时，可支持 28 个节点以整体并发量 14400 UID/s 的速度持续运行 68 年。

对于节点重启频繁、期望长期使用的应用，可增加 workerBits 和 timeBits 位数，减少 seqBits 位数。例如节点采取用完即弃的 WorkerIdAssigner 策略，重启频率为 24×12 次/天，那么配置成{"workerBits":27,"timeBits":30,"seqBits":6}时，可支持 37 个节点以整体并发量 2400 UID/s 的速度持续运行 34 年。

7.3　高性能有界队列 Disruptor

Disruptor 是一个高性能线程间异步通信框架，适用于在同一个 JVM 进程中的多线程间消息传递。Disruptor 是英国外汇交易公司 LMAX 开发的高性能队列，研发初衷是解决内部的内存队列的延迟问题，而不是分布式队列，LMAX 基于 Disruptor 开发的全内存事件驱动金融交易平台能支撑每秒 600 万订单。Storm，Camel，Log4j2 等项目都应用了 disruptor。

7.3.1　Disruptor 的设计目标

Disruptor 的设计目标是实现稳定的高性能有界队列，在 JDK 内部对应的是 ArrayBlockingQueue。但是 ArrayBlockingQueue 采用的是链表的数据结构和通过加锁的方式保证线程安全，而且还存在伪共享问题。Disruptor 在设计时针对这几个问题进行了优化。

官方说明见https://github.com/LMAX-Exchange/disruptor/wiki/Blogs-And-Articles# why-the-disruptor-is-so-fast。

1．伪共享问题

CPU 与系统内存之间设置有一级缓存、二级缓存等多级缓存。一级和二级缓存是以缓存行（cache line）为单位存储。CPU core 只会更新 cache-line，而 cache-line 刷到内存是有一定延时的。当一个 core 发生更新后，其他所有 core 需要立刻知道并把相应的 cache-line 设为过期，否则在这些 core 上执行 CAS 读到的都是过期数据。在 Java 中，关键字 Volatile 可以将当前 core 中的 cache-line 数据回写到 memory，这个回写 memory 的操作会引起在其他 core 里相应的 cache-line 数据无效。

如图 7-4 所示，CPU 的缓存行（cache line）大小约为 64B，CPU 每次从主内存中获取数据的时候都会将相邻的数据存入到同一个缓存行中。现在有两个相邻的变量 X 和 Y，当 X 被加载到 CPU 级别的 Cache 时，相邻的 Y 也会被加载。现在变量 X 和 Y 被加载到了 core1 和 core2 各自的缓存行中。如果 core1 上面的线程更新了变量 X，那么变量 X 对应的所有缓存行都会失效，这个时候如果 core2 中的线程读取变量 Y，发现缓存行失效，就会按照缓存查找策略，到主内存中查找，严重影响性能。

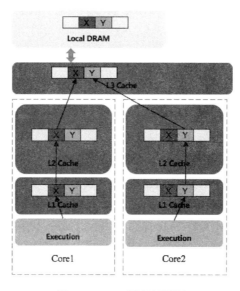

图 7-4　CPU 缓存行更新

当多线程修改互相独立的变量时，如果这些变量共享同一个缓存行，就会无意中影响彼此的性能，这就是伪共享，多线程环境下会导致缓存命中率很低。

ArrayBlockingQueue 有三个成员变量：takeIndex，出队元素下标；putIndex，入队元素下标；count，队列中元素的数量。这三个变量很容易放到一个缓存行中，产生伪共享问题。

让不同线程操作的对象处于不同的缓存行，就不会产生伪共享问题。Disruptor 只有一个变量 sequence，首先减少了竞争点，其次在 Disruptor 中采用缓存行填充（Padding）的办法，以空间换时间，使 sequence 占用的内存大小刚好为 64B 或它的整数倍，保证一个缓存行里不会有多个对象，从而避免伪共享问题。

2. 线程锁的问题

众所周知，多线程锁竞争导致的上下文切换时间成本是非常高的，在 JDK 的 java.util.concurrent 包中通过 volatile 和 CAS 来解决此问题。

CAS（Compare And Swap/Set）比较和交换，是 CPU 级别的指令，CPU 去更新一个值，但如果更新过程中值发生了变化，操作就失败，然后重试，直到更新成功。CAS 是一种乐观锁，比较适宜持有锁的时间较短的并发场景（自增、简单更新）。若持有锁时间较长的场景，线程反复更新变量，却一直更新不成功，自循环次数过多，会给 CPU 带来非常大的执行开销。另外，CAS 会产生著名的 ABA 问题，CAS 是通过比对内存值与预期值是否一样而判断内存值是否被改过，假如内存值原来是 A，后来被一条线程改为 B，最后又被改成了 A，则 CAS 认为此内存值并没有发生改变，但实际上是有被其他线程改过的，这时的现场已经和最初不同了。

Disruptor 的 sequence 的自增就是 CAS 的自旋自增，并且是 volatile 修饰的。对应的，ArrayBlockQueue 的数组索引 index 采用线程锁的方式，是互斥自增，多线程锁竞争导致的上下文切换产生了较大的性能损耗。

3．环形数组

在 ArrayBlockingQueue 中采用的是链表的结构，链表中的元素在内存中不是顺序存储，而是通过存在元素中的指针联系到一起。如果要访问链表中一个元素，必须从第一个元素开始，一直找到需要的元素位置。但是链表结构增加和删除一个元素非常简单，只要修改元素中的指针就可以。在消息队列场景中消费者需要插入和删除队列中的数据，所以使用了链表数据结构。

Disruptor 采用圆形数组结构，叫作 Ring Buffer，其实质只是一个普通的数组，大小是 2^n，可以通过位操作高效求余，方便生产或消费获取位置。当放置数据填充满队列之后，再填充数据，就会从 0 开始，覆盖之前的数据，于是就相当于一个环。数组元素只覆盖不会被回收，可以避免频繁的垃圾回收。圆形数组只维护一个指针，减少了竞争点。

7.3.2　Disruptor 的主体结构

在 Disruptor 2.0 以前生产者和消费者对 Disruptor 的访问分别需要通过 producer barrier 和 consumer barrier 来协调（类似于上一节 CachedUidGenerator 中的 Flag-Ring Buffer 用于存储 slots 是否可填充和是否可消费）。消费者通过 consumer barrier 返回 Ring Buffer 的最大可访问序号。Disruptor 的多个消费者通知 producer barier 处理到哪个序列号，生产者通过 producer barier 得到哪个位置可以写入。通过 barrier 的协调可以保证不覆盖没有被消费的数据。Disruptor 2.0 以前的架构如图 7-5 所示。

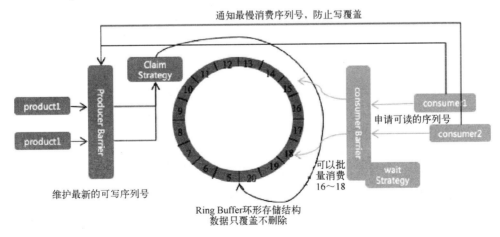

图 7-5　disruptor 1.x 架构

在 disruptor 2.0 以后，存在于 Ring Buffer 里的 entry 改为了 Event，由 EventProcessor 和 EventHandler 替代了 Consumer，producer barrier 整合进了 Ring Buffer。在 3.0 中 sequence barrier 发挥着 consumer barrier 的作用。Disruptor 的官方文档中的架构如图 7-6 所示。

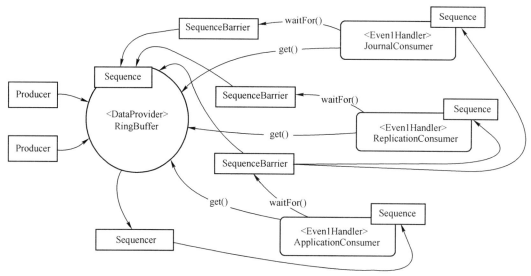

图 7-6　disruptor 3.0 架构

Disruptor 实现了"有界队列"的功能，典型应用在"生产者-消费者"模型。当需要在两个线程之间交换数据时，就可以使用 Disruptor。类似 BlockingQueue，生产者（Producer）往队列里发布（publish）一项事件时，消费者（Consumer）能获得通知；如果没有事件，消费者被堵塞，直到生产者发布了新的事件。

在 Disruptor 中同一个"事件"可以有多个消费者，消费者之间既可以并行处理，也可以相互依赖形成处理的先后次序（形成一个依赖图）。

Disruptor 是针对极高的性能目标而优化实现的事件驱动设计，当事件需要 I/O 时，要采用 nio 异步调用，不阻塞 disruptor 消费者线程，等到 I/O 异步调用回来后，在回调方法中将后续处理重新加到 disruptor 队列。若 producer 和 consumer 速度差异太大，会导致 Disruptor buffer 长度不够，可以使用多个 disruptor 处理。Disruptor 与 ArrayBlockingQueue 性能对比见表 7-1。

表 7-1　Disruptor 与 ArrayBlockingQueue 性能对比

（单位：ns）

	Array Blocking Queue	Disruptor
最小延迟	145	29
平均延迟	32 757	52
99% 的延迟小于	2 097 152	128
99.99% 的延迟小于	4 194 304	8 192
最大延迟	5 069 086	175 567

如上表所示，在一个注入 5000 万次事件，每个事件等待 1μs 的场景中，Disruptor 的平均延迟为 52ns，ArrayBlockingQueue 为 32757ns。

第8章 分布式事务

8.1 分布式事务的技术背景

在分布式架构中，原先在一个 JVM 内的单体应用，被拆分成不同的 JVM 实例，产生跨 JVM 的事务问题。例如，一个电商的订单结算业务，涉及库存系统、卡券系统、支付系统、用户系统等不同系统的服务，这些服务因为不在一个 JVM 中，无法用标准的 DB 事务保证数据的 ACID 特性。此时需要应用分布式事务相关技术。在分布式系统中的事务主要实现方式包括分阶段事务、补偿事务和最终一致性事务。

目前主流开源的分布式解决方案包括：实现 XA 两阶段协议 JTA + Atomikos 分阶段事务方案；tx-lcn 的 2pc 型无侵入事务；基于 Saga 的开源方案，如 Eventuate Tram Saga，ESB 中间件 Camel 在 2.21 版本新增加了 Saga EIP；基于 TCC 的开源方案，如 hmily、tcc-transaction、ByteTCC、spring-cloud-rest-tcc 等；实现事务型消息的 RocketMQ。本章重点介绍阿里开源的 Seata 解决方案与华为的 sevicecomb-saga pack。

8.2 基于分阶段提交的事务

提到分布式事务，首先想到的是在数据库层的解决方案，这就是各大数据库厂商都支持的 XA 协议。在 XA 协议中采用基于两阶段提交方式处理分布式事务。

X/Open DTP（X/Open Distributed Transaction Processing Reference Model）是 X/Open 组织定义的一套分布式事务标准。

如图 8-1 所示，X/Open DTP 定义了三个组件：AP，TM，RM。

（1）AP（Application Program）：也就是应用程序，可以理解为使用 DTP 的程序。

（2）RM（Resource Manager）：资源管理器，这里可以理解为一个 DBMS 系统，或者消息服务器管理系统，应用程序通过资源管理器对资源进行控制。资源必须实现 XA 定义的接口，例如 Oracle、DB2 这些商业数据库都实现了 XA 接口。

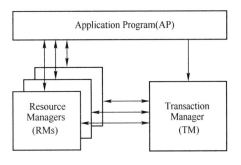

图 8-1 分布式事务 DTP 模型

（3）TM（Transaction Manager）：事务管理器，负责协调和管理事务，提供给 AP 应用程序编程接口（TX 协议）以及管理资源管理器。

其中，AP 可以和 TM 以及 RM 通信，TM 和 RM 互相之间可以通信，DTP 模型里面定义了 XA 接口，TM 和 RM 通过 XA 接口进行双向通信，例如：TM 通知 RM 提交事务或者回滚事务，RM 把提交结果通知给 TM。AP 和 RM 之间则通过 RM 提供的 Native API（JDBC 驱动）进行资源控制，各个厂商实现自己的资源控制接口，没有特定的 API 和规范，例如 Oracle 拥有自己的数据库驱动程序。

XA 就是 X/Open DTP 定义的 TM 与 RM 之间的接口规范（即接口函数），TM 使用 XA 通知数据库事务的开始、结束以及提交、回滚等，XA 接口函数由数据库厂商实现。

DTP 定了以下几个概念。

事务：一个事务是一个完整的工作单元，由多个独立的计算任务组成，这多个任务在逻辑上是原子的。

全局事务：一次性操作多个资源管理器的事务，是全局事务。

分支事务：在全局事务中，某一个资源管理器有自己独立的任务，这些任务的集合作为这个资源管理器的分支任务。

控制线程：用来表示一个工作线程，主要是关联 AP、TM、RM 三者的一个线程，也就是事务上下文环境。简单地说，就是需要标识一个全局事务以及分支事务的关系。

8.2.1　两阶段提交

两个阶段是指准备阶段（投票阶段）和提交阶段（执行阶段）。如图 8-2 所示。

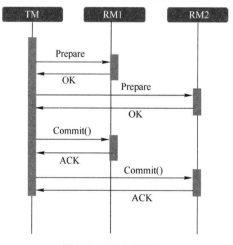

图 8-2　两阶段提交

1. 准备阶段

事务管理器给每个资源管理器发送 Prepare 消息，每个参与者在本地执行事务，写本地的 redo 和 undo 日志，但不提交，最后返回执行结果。

2. 提交阶段

如果事务管理器收到了资源管理器的失败消息或者超时，直接给每个参与者发送回滚

（Rollback）消息，否则，发送提交（Commit）消息。资源管理器根据事务管理器的指令执行提交或者回滚操作，释放所有事务处理过程中使用的锁资源。

两阶段提交的主要问题有：

（1）同步阻塞问题。执行过程中，所有参与节点都是事务阻塞型的。当参与者锁定资源时，所有对资源的访问都处于阻塞状态，直到每一指令有明确的结果。

（2）单点故障。由于事务管理器的重要性，一旦事务管理器发生故障，参与者会一直阻塞下去。尤其在第二阶段，如果事务管理器发生故障，那么所有的参与者还都处于锁定事务资源的状态中，无法继续完成事务操作。如果是协调者停止运行，可以重新选举一个协调者，但是无法解决因为协调者宕机导致的参与者处于阻塞状态的问题。

（3）数据不一致。在两阶段提交的提交阶段，当协调者向参与者发送 commit 请求之后，发生了局部网络异常或者在发送 commit 请求过程中协调者发生了故障，会导致只有一部分参与者接收到了 commit 请求，而这部分参与者接到 commit 请求之后就会执行 commit 操作，但是其他部分未接到 commit 请求的机器则无法执行事务提交。于是整个分布式系统便出现了数据不一致的现象，也叫"脑裂"现象。

8.2.2　三阶段提交

针对两阶段协议存在的问题，引入了三阶段协议，三阶段提交有两个改动点。

（1）引入超时机制。同时在协调者和参与者中都引入超时机制，解决堵塞问题。

（2）在第一阶段和第二阶段中插入一个询问阶段，保证了在最后提交阶段之前各参与节点的状态是一致的。

三阶段提交包括 CanCommit、PreCommit、DoCommit 三个阶段。如图 8-3 所示。

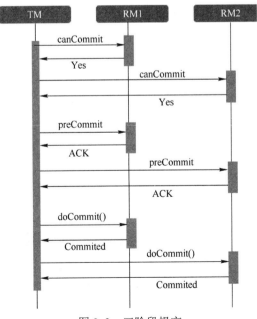

图 8-3　三阶段提交

（1）CanCommit 阶段

协调者向参与者发送 CanCommit 请求，询问是否可以执行事务提交操作，如果可以提交，参与者就返回肯定的响应，否则返回否定的响应。

（2）PreCommit 阶段

协调者根据 CanCommit 阶段的反馈情况判断是否继续执行。

协调者若收到了全部的肯定响应，则向参与者发送 PreCommit 请求。参与者接收到 PreCommit 请求后，会将 undo 和 redo 信息记录到事务日志中，但不提交，参与者返回 ACK 响应，同时开始等待最终指令。

若任何一个反馈者返回否定的响应或者超时没有收到响应，则中止任务。协调者向所有的参与者发送 abort 请求。参与者收到来自协调者的 abort 请求，或超时后仍未收到协调者请求，则中断事务。

（3）DoCommit 阶段

和上一阶段一样，协调者根据 PreCommit 阶段反馈情况判断是否继续执行。

若协调者从所有参与者获得的反馈都是肯定的响应，就向所有参与者发送 doCommit 请求。参与者接收到 doCommit 请求之后，执行正式的事务提交，在完成事务提交之后释放所有事务资源，并向协调者发送 haveCommitted 的 ACK 响应。协调者收到这个 ACK 响应之后，完成任务。

在 DoCommit 阶段，如果参与者无法及时接收到来自协调者的 doCommit 或者 abort 请求时，会在等待超时之后，继续进行事务的提交（因为成功的可能性更大）。

协调者收到任何一个反馈者返回的否定响应或者超时没有收到响应，则中止任务。

由于对协调者和参与者都设置了超时机制，相对于 2PC，3PC 解决了单点故障问题，并减少了阻塞。但由于网络原因，协调者发送的 abort 响应没有及时被参与者接收到，那么参与者在等待超时之后执行了 commit 操作。这样就和其他接到 abort 命令并执行回滚的参与者之间存在数据不一致的情况。

无论是二阶段提交还是三阶段提交都无法彻底解决分布式的一致性问题。Google Chubby 的作者 Mike Burrows 说过，"There is only one consensus protocol, and that's Paxos - all other approaches are just broken versions of Paxos."意即世上只有一种一致性算法，那就是 Paxos 算法。在前面介绍 ZooKeeper 时讲过，ZAB 协议就是 Paxos 选举算法的一种工业实现。

8.3 基于补偿的事务

补偿是一个独立的支持 ACID 特性的本地事务，用于在逻辑上取消服务提供者上一个 ACID 事务造成的影响，对一个长事务（long-running transaction）来说，与其实现一个巨大的分布式 ACID 事务，不如使用基于补偿性的方案，把每一次服务调用当做一个较短的本地 ACID 事务来处理，执行完就立即提交。Saga 模式和 Tcc 模式是两种补偿模式的方案。

8.3.1 Saga 模式

1. Saga 模式的定义

图 8-4 是一个嵌套服务调用过程中发生异常后的补偿过程。serviceA、serviceB 是主线程调用的其他 JVM 的服务实例，serviceC 是在 ServiceB 代码内部调用的嵌套服务，M 是主线程内部的方法，方法 M 与 serviceA、serviceB、serviceC 都涉及数据库事务。为保证事务完整性，在 M 异常时，可以回滚事务，也可以调用 M 的回滚代码 Cancel M。在 serviceA 异常时，调用 A 的回滚代码 Cancel A，同时调用 Cancel M。在 B 异常时，再调用 B 的回滚代码 Cancel B，需要注意的是 Cancel B 中需要含有 Cancel C 的逻辑。上述任一回滚环节未成功，都需要通过管理端对账解决。

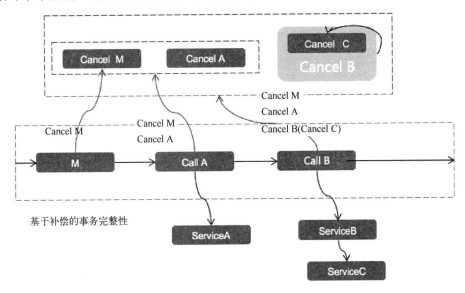

图 8-4 Saga 模式

在上面的流程中，服务提供者需提供补偿交易，当服务调用失败或超时，由服务消费者调用补偿交易发起回滚。若出现嵌套的服务，由嵌套服务的发起方发起补偿。这个处理逻辑就是 Saga 模式的一种处理办法。

Saga 来自 1987 年普林斯顿大学的论文，一个 Saga 事务（Saga，原意为长篇小说，在此处是指一个长事务）由多个本地事务组成，每个本地事务有相应的执行模块和补偿模块，当 Saga 事务中的任意一个本地事务出错了，可以通过调用相关事务对应的补偿方法恢复，达到事务的最终一致性。

论文地址为 https://www.cs.cornell.edu/andru/cs711/2002fa/reading/sagas.pdf。

每个 Saga 由一系列 sub-transaction T_i 组成，每个 T_i 都有对应的补偿动作 C_i，补偿动作用于撤销 T_i 造成的结果。

在 Saga 的论文中定义了两种数据恢复策略。

■ forward recovery，向前恢复，没有补偿，采用重试失败事务的办法，这种办法认为每个子事务最终都会成功。执行顺序是：T_1，T_2，…，T_j（失败），T_j（重试），…，T_n，其中 n 是所有事务全部成功后的最后一个事务，j 是发生错误的 sub-transaction id。适用于必须成功的场景。

■ backward recovery，向后恢复，补偿所有已完成的事务。执行顺序是 T_1，T_2，…，T_j，C_j，…，C_2，C_1，其中 $0 < j < n$，即执行到 Tj 时失败，此时依次将前面的各事务回滚，其中 n 是若所有事务全部成功后的总事务数，j 是发生错误的 sub-transaction id。这种做法的效果是撤销之前所有成功的 sub-transaction，使得整个 Saga 的执行结果撤销。

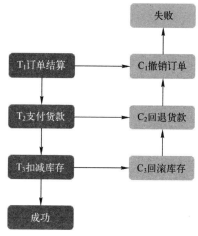

图 8-5　Saga 模式向后恢复实例

如图 8-5 所示，正常的业务顺序是订单结算，支付货款，扣减库存，若扣减库存失败，则依次回滚库存，回退货款，撤销订单。最坏的情况是，向后恢复补偿最终失败，或者向前恢复重试最终失败，此时只能人工干预处理。

2．Saga 对服务的要求

（1）T_i 和 C_i 是幂等的，当某一服务 T_i 超时，此时不知道执行结果，如果采用向前恢复策略就会再次发送 T_i，那么就有可能出现 T_i 被执行了两次的情形，所以要求 T_i 幂等。如果采用向后恢复策略就会发送 C_i，而如果 Ci 也超时了，就会尝试再次发送 C_i，那么就有可能出现 C_i 被执行两次，所以要求 C_i 幂等。

（2）理论上 C_i 必须能够成功，如果 C_i 不能执行成功就意味着整个 Saga 无法完全撤销，这是不允许的。当然总会出现一些特殊情况导致 C_i 始终无法成功，例如服务崩溃等，这时就需要人工介入了。其实人工介入的处理办法，也是通过各种手段执行 C_i 的语义。

（3）T_i 和 C_i 的执行顺序是可以交换的，即 T_i - C_i 和 C_i - T_i 的执行结果是一样的，结果与顺序无关，与事务未执行时是一致的。由于网络波动，在服务端接收到的请求是无法保证顺序的。若 T_i 在 C_i 之前执行，这是正常的顺序。若 C_i 在 T_i 之前执行，这个顺序是错乱的，但系统仍需保证结果与 sub-transaction 被撤销相同，这种情况也叫"空补偿"和"悬挂"。空补偿即原服务未执行，补偿服务执行了。悬挂即补偿服务比原服务先执行，造成原服务到达后悬挂。一般解决做法是，通过乐观锁的形式，更新时锁定记录状态，执行 T_i 时，发现已经执行过 C_i，就直接返回，不再继续执行。

3．ACID 分析

Saga 通过 sub-transaction 实现了持久性，通过补偿与对账等形式实现了最终一致性。Saga 不能完全保证原子性，但通过协调器、幂等补偿和可交换补偿等机制最大程度地保证了全部执行和全部撤销。另外 Saga 无法保证隔离性。缺乏隔离性的后果是可能会有两个相同的操作竞争同一资源，产生数据不一致、更新丢失、脏读取、模糊读取等问题。

- 更新丢失：比如创建了 Order 后，正在锁定库存，这时候用户将 Order 取消。
- 脏读：一个事务修改了数据，但是还未完成，另一个事务可以读取这个未完成的数据。
- 不可重复读：如果一个事务对数据进行了两次读取，结果不同。

解决 Saga 隔离性缺失的办法包括：

- 使用分布式锁的办法使操作串行。
- 数据操作时使用乐观锁的机制判断状态隔离操作。
- 使用 TCC 的方式，通过预先冻结的方式隔离资源。

4．Saga 的实现方式

（1）基于事件驱动的方式：相关的业务方需要订阅相关的领域事件，依赖事件驱动框架实现。事件驱动还分为并行补偿和串行补偿两种，如图 8-6 所示。

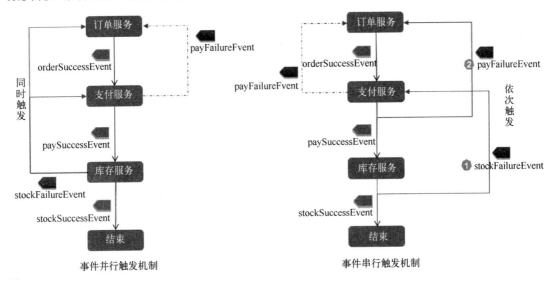

图 8-6　基于事件的 Saga 模式

并行补偿，是指产生要处理的事件后，一次性发送给所有的监听程序，监听服务接收后分别做异常处理，不再产生新的事件。

串行补偿，是指业务节点监听顺序执行的下一个服务的补偿事件，接收到事件后做异常处理，然后产生新的事件，通知前面的业务节点，事件依次产生，这是一种事件冒泡的实现机制。

各业务采用事件驱动的方式处理模块订阅事件，彼此间不需要了解，降低了系统的耦合度。但恰恰因为过于松散，维护人员很难全面了解处理流程。

（2）基于主协调器的方式：在调用方内部实现一个协调器，协调器追踪所有 Saga 子任务的调用情况，根据调用情况来决定是否需要调用对应的补偿。协调器往往要实现一个状态机，Saga 参与者本地事务的结果决定了状态转换以及执行的操作。协调器的方式比较直观并且容易控制，但业务耦合程度会比较高。基于状态机/协调器的 Saga 模式如图 8-7 所示。

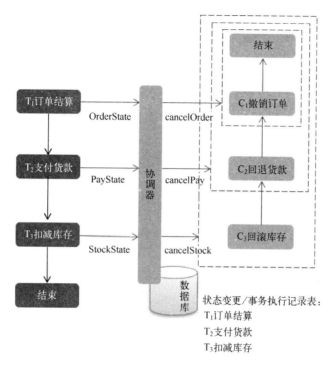

图 8-7　基于状态机/协调器的 Saga 模式

阿里实现的分布式事务框架 Seata 的事务补偿方案使用了基于工作流的状态机，业务流程通过工作流编排，工作流作为协调器，当出现异常时，使用工作流的回退机制回滚事务。华为的 Saga 方案，则通过拦截器记录事务状态日志，出现异常时，协调器根据事务日志依次补偿。比较而言，两家的补偿方案都依赖状态机，但 Seata 相对来说对业务的侵入更大。

5. Saga 的缺点

基于 Saga 补偿的办法适用于调用链中依赖的服务较少且每个依赖的服务和方法都能方便地提供补偿代码的简单场景。这种实现方式代码量大，耦合性高；在很多业务场景中不容易实现补偿的业务；如果串行的服务多，线程执行的成本会很高。

Saga 模式采用的是先执行再补偿的办法，在要求更加严格的场景并不适用，若执行成功而补偿失败，在等待异常处理的时间内，可能会造成资产损失。例如在转账业务中，A 账户转账给 B 账户 50 元，业务逻辑是先执行 A 账户扣除 50 元，再执行 B 账户增加 50 元。交易过程中，B 账户交易失败，对系统不存在资金风险，且大概率是不会失败的（除非 B 账户不存在等特殊情况），因此可以使用向前补偿的方式处理异常。但如果是执行借记业务，A 从 B 内借钱，此时就需要先在 B 账户锁定借款金额，再执行。这就是 TCC 模型，TCC 模型采用先锁定，再执行，异常时取消的流程。和 TCC 相比，Saga 没有"预留"动作，它的 Ti 就是直接提交到库，少了一次 Try 的调用。

8.3.2　最大努力通知模式

现在我们看一个 A 转账 50 元给 B 的交易过程。

（1）A 系统执行本地事务，在事务中含有两个逻辑，一个是 A 账户减去 50 元，另一个是在 A 系统交易日志表中记录交易类型与交易 id，这两个逻辑在一个事务中。

（2）A 系统采用同步调用的办法，调用 B 系统记账接口，收到返回后 A 系统更新交易日志表，标记这个交易完成。

（3）B 系统执行本地事务，B 账户增加 50 元，B 系统完成事务并返回。

假设步骤 2 失败或者超时，通过定时任务扫描 A 日志表，然后重新执行步骤 2，通过衰减调用的方式，逐渐拉大调用时间，反复调用，不成功的再通过人工处理。B 系统接口要支持幂等。假设账务以 B 系统为准，则 B 系统要提供查询接口，用于人工处理使用。

上面 A 系统与 B 系统间使用了同步调用的方式，也可以通过消息队列实现异步通知。

最大努力通知型就是最简化的 Saga 模式，采用的是主协调器的实现方式，定时任务就是主协调器，例子中使用了本地消息表存储调用信息，也可以使用消息队列等方式。这种模式，适用于调用关系简单的情况，一般都是向前补偿的业务模型。缺点是，交易日志与业务逻辑混在一个事务中，耦合度较高。因为支付宝等第三方支付采用此种办法，实现简单，较为常见，因此单独作为一种模式说明。

8.3.3　TCC 模式

1. TCC 的定义

TCC 即 Try、Commit、Cancel，Try 阶段完成业务检查并预留资源，Commit 阶段消费预留的资源或者 Cancel 释放预留的资源。每阶段的工作如下。

Try 阶段，尝试执行，完成所有业务检查（一致性），预留必需业务资源（准隔离性）。

Confirm 阶段，确认真正执行业务，不做任何业务检查，只使用 Try 阶段预留的业务资源，Confirm 操作需满足幂等性，要求具备幂等设计，Confirm 失败后需要进行重试。

Cancel 阶段，取消执行，释放 Try 阶段预留的业务资源，Cancel 操作需满足幂等性。Cancel 阶段的异常和 Confirm 阶段异常处理方案基本上一致。

事务管理器分两阶段协调 TCC 服务。TCC 的 Try 操作作为一阶段，负责资源的检查和预留；Confirm 操作作为二阶段提交操作，执行真正的业务；Cancel 是二阶段回滚操作，执行预留资源的取消，使资源回到初始状态。在第一阶段调用所有 TCC 服务的 Try 方法，在第二阶段执行所有 TCC 服务的 Confirm 或者 Cancel 方法；最终所有 TCC 服务要么全部都是提交的，要么全部都是回滚的。

2．TCC 的组成

一个完整的 TCC 事务参与方包括三个部分，如图 8-8 所示。

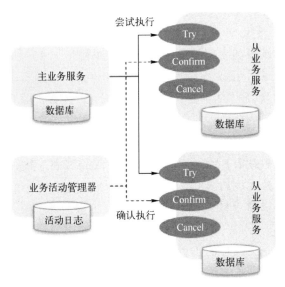

图 8-8　TCC 模式

（1）主业务服务：主业务服务是整个业务活动的发起方，如发起转账的业务方。

（2）从业务服务：从业务服务负责提供 TCC 业务操作，是整个业务活动的操作方。从业务服务必须实现 Try、Confirm 和 Cancel 三个接口，供主业务服务调用。

（3）业务活动管理器：业务活动管理器管理控制整个业务活动，包括记录维护 TCC 全局事务的事务状态和每个从业务服务的子事务状态，并在业务活动提交时调用所有的 TCC 型操作的 confirm 操作，在业务活动取消时调用所有 TCC 型操作的 cancel 操作。

3．TCC 对服务的要求

在 TCC 模式下对服务的要求与 Saga 基本是一致的。

Try-Confirm-Cancel 服务是两阶段模型，为避免对资源的长期锁定，服务应能够快速返回，并且需要将锁的粒度降到最低，以最大限度提高分布式事务的并发性。例如，对同一账号在业务上要考虑支持同时有多笔金额冻结，避免因为一笔金额冻结后，二阶段服务迟迟未收到，导致整个账号冻结。另外，系统要有对锁定资源超时解锁的办法，当 Try 锁定资源超出预期时间后，自动 Cancel，释放资源。需注意的是，超时解锁的逻辑应该在业务活动管理器中实现，保证系统未发出 Confirm，不会形成 Cancel 与 Confirm 的冲突情况，造成事务不一致。

Try-Confirm-Cancel 都是幂等的，描述 TCC 的大多数材料中只要求 Confirm 和 Cancel 是幂等的，其实在分布式系统中，所有服务都应该是幂等的，为避免网络抖动，当 Try 业务超时，也要提供基本的重试，重试失败后再 Cancel。

Corfirm 或 Cancel 排除不可抗力的情况是必然成功的，不可抗力包括宕机、网络故障，排除这些故障情况，从业务角度看 Corfirm 或 Cancel 是一定能成功的。为保证二阶段业务投递必达，避免对资源的长期锁定，二阶段服务可以参照最大努力通知的模型，采用衰减重复调用+监控预警的方式处理。

Confirm 与 Cancel 执行顺序是可交换的。和 Saga 模式一样，TCC 模式下也有"空回滚"和"悬挂"的情况。因为网络原因，TCC 服务可能会在未收到 Try 请求的情况下收到 Cancel 请求，这种场景被称为空回滚；用户在实现 TCC 服务时，应允许空回滚的执行，即收到空回滚时返回成功。同样原因，可能出现二阶段 Cancel 请求比一阶段 Try 请求先执行的情况，此 TCC 服务在执行晚到的 Try 之后，将永远不会再收到 Cancel，造成 TCC 服务悬挂。用户服务在收到 Cancel 请求后，要拒绝以后再到来的 Try 请求，防止悬挂。TCC 模式下，要求所有的 Try 操作成功才能 Confirm，因此"空回滚"和"悬挂"应该只在 Try 操作与 Cancel 操作之间发生。

4．TCC 与 XA 的对比

TCC（Try-Confirm-Cancel，尝试-确认-取消）模式与 XA 两阶段提交（Prepare-commit-rollback，准备-提交-回滚）的思路非常类似，但在执行层次有很大区别。

在第一阶段，XA 是写本地的 redo 和 undo 日志，还未提交事务，Try 是通过独立的事务在业务上预留资源。在第二阶段，XA 或者提交事务或者回滚事务，TCC 或者执行业务或者补偿业务。

可以看出，XA 始终持有资源锁，在两个阶段中保持同步阻塞。而 TCC 是业务层面的分布式事务，每一个阶段都是一个独立的事务，不持有资源锁。TCC 没有 XA 事务的同步阻塞和单点故障的问题。

5．TCC 与 Saga 的对比

TCC 与 Saga 相比多了一个 Try 阶段，显得更重，更加复杂。

普通业务要实现 TCC，需要修改原有的业务逻辑，而 Saga 添加一个补偿动作就可以了。

TCC 的补偿是释放锁定的资源，Saga 的补偿是回滚到原有的状态。

TCC 最少通信次数为 2n，而 Saga 为 n（n=sub-transaction 的数量）。

TCC 与 Saga 都实现了最终一致性，当 Confirm 或 Cancel 失败时，都需要人工处理，但 TCC 通过锁定资源相对实现了隔离性。

6．TCC 的缺点

TCC 的主要缺点是对应用的侵入性强，实现难度较大。业务逻辑的每个分支都需要实现 try、confirm、cancel 三个操作，应用侵入性较强，改造成本高。

8.4 基于可靠消息队列的事务

基于可靠消息队列模式，实质是基于消息中间件的两阶段提交，如图 8-9 所示。开源的 RocketMQ 支持这一特性，具体步骤如下。

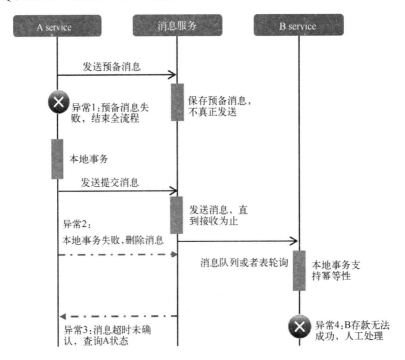

图 8-9 基于可靠消息的分布式事务

阶段一：

（1）A 系统向消息中间件发送一条"预备"消息。

（2）消息中间件保存"预备"消息并返回成功，但消息不投送给 B 系统。

（3）A 执行本地事务。

（4）A 发送"提交"消息给消息中间件。

阶段二：

（5）消息中间件发送消息给 B 系统。

（6）B 执行本地事务。

以上 6 个步骤，每个步骤都可能产生错误，下面一一分析。

步骤 1 和 2 出错，即异常 1，预备消息投送失败，则整个事务失败，不会执行 A 的本地操作。

步骤 3 出错，即异常 2，A 执行本地事务失败，这时候发送"回滚"消息，消息队列将"预备"消息删除。若消息队列未收到"回滚"，消息中间件会不断执行 A 的回调接口，检查 A 事务是否执行成功，如果失败则删除预备消息。

步骤 4 出错，即异常 3 ，"提交"消息未发送成功或者发送超时，消息中间件会不断执行 A 的回调接口，检查 A 事务是否执行成功， 如果消息中间件能够检查到 A 执行成功了，消息中间件自己对消息进行提交，从而完成整个消息事务。

步骤 5 超时，即消息中间件无法判断发送是否成功，此时消息中间件要不断地重试发送消息。

步骤 6 出错，即异常 4，B 执行本地消息失败，需要人工干预处理。

在上面步骤中，可以看到，A 系统要实现一个消息中间件的回调接口，用于返回 A 系统本地事务的执行状态。若步骤 5 的消息始终无法投递成功或者步骤 6 中 B 的本地事务失败，都依赖人工处理。

基于消息中间件的两阶段提交往往用在高并发场景下，将一个分布式事务拆成一个消息事务（A 系统的本地操作+发消息）+B 系统的本地操作，其中 B 系统的操作由消息驱动，只要消息事务成功，那么 A 操作一定成功，消息也一定发出来了，这时候 B 会收到消息去执行本地操作，如果本地操作失败，消息会重投，直到 B 操作成功。

但是 A 和 B 并不是严格一致的，而是最终一致的。通过可能出现的一段时间内的数据不一致，换来性能的大幅度提升。当然，如果 B 一直执行不成功，那么一致性会被破坏。

使用此种模式，消息数据独立存储，业务系统对异常的处理是实现查询接口，而不是业务回滚接口，较容易实现。缺点是，此种模式只支持向前补偿。

8.5　最终一致性对账处理

从前面可以看到，在分布式事务中无法做到强一致性的 ACID，分布式事务的实现参照的是 BASE 理论，BASE 强调的是可用性（CAP 中的 A），倾向于设计出更加有弹力的系统。无论是哪种分布式事务模式，都无法保证实时一致性，但在短时间内，即使存在数据不同步的风险，也应该允许新的交易发生。在分布式事务中系统通过最大努力通知等办法努力实现最终一致性，但通知等手段也无法保证一定对事务补偿成功。此时，人工干预下的对账处理就是实现最终一致性的兜底处理手段。

对账，是指核对账目，通过对账工作，检查账簿记录内容是否完整，有无错记或漏记，总分类账与明细分类账数字是否相等，内外账务是否相符，以做到账证相符、账账相符、账实相符。

（1）对账的参与人，根据参与交易的角色分工，应以更靠近资产归属地一方的账务作为核心参照方，另一方的业务向核心方靠拢。如第三方支付平台与银行间，应以银行账务为准，商户与第三方支付平台间应以第三方支付平台账务为准。核对出来的账务差错，应以核心方的账务为准进行调整。当有多个交易主体时，各方以核心方为准进行核对。

（2）对账要素，参与对账的交易主要包括：交易渠道、业务类型、订单号，对方账号，商品名称，现金、时间等。支付宝官方一个对账明细单的例子如图 8-10 所示。

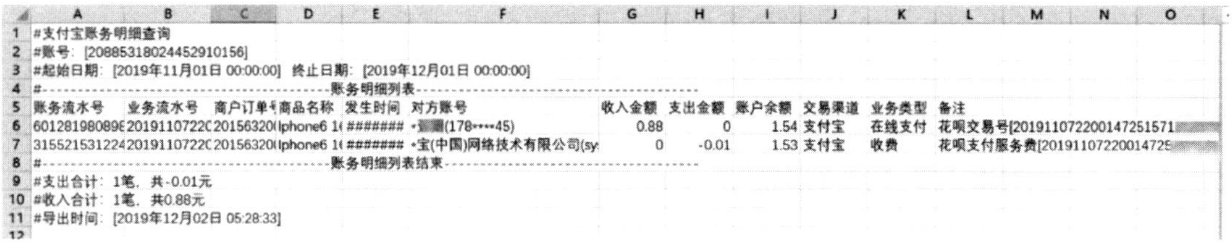

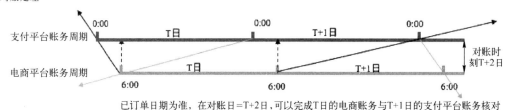

图 8-10　支付宝对账明细单

（3）账务周期，银行业务及第三方支付平台以自然日（即 0～24 点）为一个账务周期。业务周期一般情况与支付平台或银行的账务周期是一致的，此时双方都将第 T 日的交易流水拿出来做比较，这就是 T 日对账。但有时，业务周期与自然日并不是一致的，存在零点还在营业的情况，这时就需要使用 T+1 日对账。

在图 8-11 中，一个电商平台的业务系统是以早上 6 点为分隔点，24 小时为一个账务周期，这样就导致电商平台 1 个营业周期的业务流水分散在支付平台的 2 个账务周期内。对账时，已订单日期为准，使用电商平台 T 日的营业流水与支付平台 T 和 T+1 两个账务周期的流水对账，就可以将电商平台 T 日的每笔流水都比对完成，如下图两个深色箭头划定的范围。以此类推，进行对账，每笔交易的来龙去脉都能核对清楚。

T+1对账处理

图 8-11　T+1 日对账模式

（4）差错处理，通过流水比对，一方面可以比对出交易在双方系统中是否都正常完成，状态正常就是"有"交易，其他情况就是"无"交易，另一方面可以比对出交易信息是否一致。见表 8-1。

表 8-1　对账处理

业务平台/处理方式	对账结果			
支付平台	有	有	无	不一致
电商平台	有	无	有	不一致
处理方式	正常	退款或补货	异常	异常

针对表 8-1 所示的对账结果，每种情况需要做不同的业务处理。

■ 支付平台有，电商平台有，交易信息也一致的，是正常情况。

■ 支付平台有，电商平台无，说明已经收到钱，但未发货，此时可以退款或补货。

■ 支付平台无，电商平台有，说明没有收到钱，如果没有发货，此时可以不做处理。

如果已经发货，说明程序代码逻辑错误，电商平台应该在资金到位后，才能发货，不应该出现此种情况。

■ 交易信息不一致，一般情况是程序 bug，需要人工处理。

8.6　阿里的分布式事务中间件 Seata

Seata 是阿里的开源分布式事务解决方案，支持 AT、TCC、Saga 和 XA（暂未实现）事务模式。Seata 起源于阿里内部的分布式事务框架 fescar（Fast & EaSy Commit And Rollback），后改名为 Seata(Simpe Extensible Autonomous Transcaction Architecture)。

Seata 的 Saga 事务是基于事件驱动的状态机模式，在状态机中串联正向服务流程和每个正向服务相应的补偿服务，这种模式对业务的侵入较大，目前 Seata 也计划实现支持基于拦截器+注解模式的 Saga 事务。

Seata 的 TCC 模式和 AT 模式都是两阶段提交的模式。在 AT 模式中不需要编写 confirm 和 cancel 阶段的代码，框架通过数据映像的模式自动实现，对业务侵入小，实现简单，隔离性更高，但 Seata TCC 模式无 AT 模式的全局行锁，TCC 性能会比 AT 模式高很多。在本章，将介绍 Seata 的 AT 模式，这也是 Seata 目前主推的模式。

目前 Seata 已经支持 Apache Dubbo、Alibaba Dubbo、sofa-RPC、Motan、gRpc、httpClient，对于 Spring Cloud，可以使用 Spring-Cloud-Alibaba-Seata。在数据库层面，目前 AT 模式支持的数据库有 MySQL、Oracle、PostgreSQL 和 TiDB。

在开始了解 Seata 之前，先回忆一下 X/Open DTP 定义的几个概念。

全局事务：对于一次性操作多个资源管理器的事务，就是全局事务。

分支事务：在全局事务中，某一个资源管理器有自己独立的任务，这些任务的集合作为这个资源管理器的分支任务。

另外，我们将为某一个独立的微服务提供数据持久化的数据库叫作本地数据库，在一个微服务调用链上存在多个服务提供者，每个服务提供者可能关联着不同的本地数据库。

8.6.1　Seata AT 模式的组成架构

Seata 内部定义了 3 个模块来处理全局事务和分支事务的关系和处理过程，这三个模块采用服务端-客户端的通信模式。Seata 的组成结构如图 8-12 所示。

（1）Transaction Coordinator（TC）也叫 Seata server，是事务协调器，维护全局事务的运行状态，负责协调并驱动全局事务的提交或回滚。

Seata Server 独立于应用实例单独部署，在单机模式下使用文件存储全局事务会话信息，在高可用模式下，使用 DB 共享会话信息。DB 中包括全局事务表、分支事务表和全局锁表。server 存储的信息包括，客户端 TM 创造的全局事务操作数据，RM 创造的分支事务操作数据，以及用来实现隔离级别的锁的相关信息。一个全局事务操作数据拥有多个分支事务操作数据。

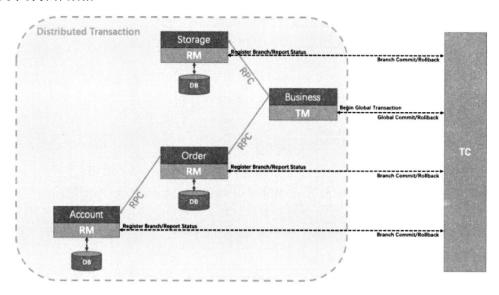

图 8-12　Seata 组成结构

Seata server 将自己注册到注册中心，注册中心支持 redis、ZooKeeper、nacos、eruka、consul、etcd 等主流中间件。server 上可以配置事务分组，即 server 服务实例的集群名称。

在 Seata server 上有两个重要的配置文件 registry.conf 和 file.conf，registry.conf 配置了 server 的地址信息。file.conf 中包含了 Seata 的全局配置信息，如客户端与 Server 间的通信配置，DB 相关配置、指标报表配置等，文件内容也可以保存在 nacos 等配置中心。

（2）客户端内嵌于微服务应用实例中，通过注释或 API 等方式，接管对数据库的访问。客户端通过服务名或集群名发现 server 服务地址，客户端与 server 之间采用 netty 会话。客户端也使用 registry.conf 和 file.conf 文件配置客户端信息。Seata 的客户端包括 TM 和 RM 两种。

Transaction Manager（TM）：内嵌在起始服务中，控制全局事务的边界，负责开启一个全局事务，并最终发起全局提交或全局回滚的决议。

Resource Manager（RM）：内嵌在其他服务提供者中，通过 JDBC 数据源代理，接管对数据源的访问。RM 控制分支事务，负责分支注册、状态汇报，并接收事务协调器的指令，驱动分支（本地）事务的提交和回滚。

8.6.2　Seata AT 模式的运行原理

Seata 结合了 XA 和 TCC 的优点，通过拦截对数据库的访问，将一个分布式事务分解为若干在数据库本地节点执行的两阶段提交的分支事务。第一个阶段开启全局事务，使用本地事务执行并提交业务 SQL，保留执行前和执行后的数据镜像。在第二个阶段，若业务执行成功，删除镜像，全局事务结束。若业务执行失败，使用镜像数据回滚，全局事务结束。在每个服务提供者关联的数据库中需要建立 UNDO_LOG 表，用于存储回滚的镜像数据，若与分库分表组件联用，UNDO_LOG 分库不分表。

具体执行步骤如下。

（1）服务起始方开始执行分布式任务，TM 方发起全局事务并注册到 TC。TM 生成全局事务 xid，并将其传递给各分支事务。原理与分布式追踪的 TraceID 类似。

（2）服务提供者执行 DB 相关逻辑，RM 接管对数据源的访问，执行分布式事务的第一阶段逻辑。如图 8-13 所示。

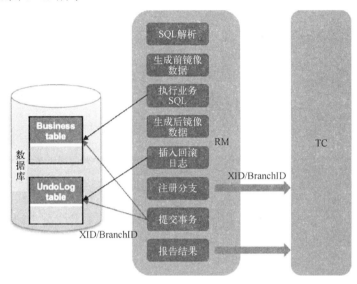

图 8-13　Seata 第一阶段事务

- 使用 SQL 语法解析，得到 SQL 的类型（select/update/delete），表（table_name），条件（where）等相关信息。（注意，业务表中必须包含单列主键，seata 不支持复合主键。）
- 查询前镜像：根据解析得到的条件信息，生成查询语句，得到前镜像数据。
- 执行业务逻辑 SQL，但不提交。
- 查询后镜像：再次执行查询语句，得到后镜像数据。
- 插入回滚日志：把前后镜像数据以及业务 SQL 相关的信息组成一条回滚日志记录，插入到 UNDO_LOG 表中，但不提交。
- commit 前，创建 Branch ID，向 TC server 注册分支，申请与当前分支事务关联的全局锁。
- 本地事务提交：在一个事务中一并提交业务逻辑更新和 UNDO LOG 更新。
- 将本地事务提交的结果上报给 TC。

（3）第二阶段，分为回滚和提交两个过程。

TM 发现调用链上某一服务的第一阶段提交不成功，TM 通知 TC，TC 协调 RM 发起回滚。服务异常、SQL 执行异常、调用超时等情况，TC 无法知晓，但 TM 可以捕捉到上述情况。所以使用注解开启分布式事务时，若要求事务回滚，必须将异常抛出到事务的发起方，被事务发起方的@GlobalTransactional 注解感知到。

第二阶段回滚的过程如图 8-14 所示。

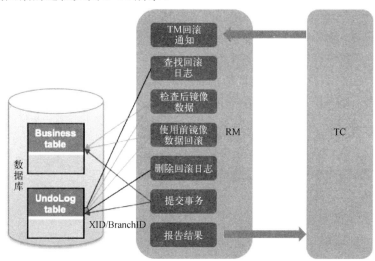

图 8-14　Seata 第二阶段——回滚事务

- RM 收到 TC 的分支回滚请求，开启一个本地事务。
- 通过 XID 和 Branch ID 在本地数据库中查找到相应的 UNDO LOG 记录。
- 数据校验：将 UNDO LOG 中的后镜像数据与当前数据进行比较，如果有不同，说明数据被当前全局事务之外的动作做了修改。这种情况需手动处理，根据日志提示修正数据或者将对应 undo 删除（可自定义实现 FailureHandler）。
- 根据 UNDO LOG 中的前镜像数据和业务 SQL 的相关信息生成回滚的语句并执行。
- 提交本地事务，并把本地事务的执行结果（即分支事务回滚的结果）上报给 TC。

调用链上全部第一阶段分支事务提交成功，TM 决议 commit 事务，通知 TC 协调释放 UNDO LOG 资源，TC 会异步调度各个 RM 分支事务删除对应的 undo log 日志。

第二阶段提交的过程如图 8-15 所示。

- RM 收到 TC 的分支提交请求，把请求放入一个异步任务队列中，马上返回提交成功的结果给 TC。因为后续步骤不影响整体事务进度，所以使用异步提交。
- 异步任务阶段的分支提交请求将异步和批量地删除相应 UNDO LOG 记录。

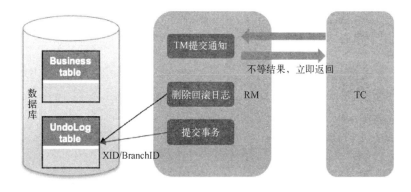

图 8-15　Seata 第二阶段——提交事务

（4）最后，全部分支任务完成回滚或者完成提交，TM 提交全局事务，释放全局事务锁。

8.6.3　Seata AT 模式的隔离机制

（1）关系数据库的隔离级别

第一隔离级别，Read uncommitted 读未提交，也是脏读级别，第一个事务修改了某个数据，但是还没有提交，第二个事务可以读取到这个未提交的数据。

第二隔离级别，Read Committed 读已提交，第一个事务修改某个数据，只有在已经提交的情况下，第二个事务才可以读取到。可以避免脏读的发生。

第三隔离级别，Repeatable read 可重复读，可避免脏读、不可重复读的发生。在一个事务中，要进行两次同一数据的读取，如果第一次和第二次一样，那么就是可重复读。在 Read Committed 下，可能第二次读之前已经有另外的事务更新了该数据，Repeatable read 可以避免这种情况。

第四隔离级别，Serializable 串行读，避免脏读、不可重复读、幻读的发生。第一个事务修改了全部的行，第二个事务插入了新的行，第一个事务再读的时候，发现怎么还有一行没有修改，好像是幻觉，这就是幻读。Serializable 下，事务每次读都拿着表的锁，其他人不可更新表，可以避免幻读的发生。

四种隔离级别，Seralizable 级别最高，Read uncommitted 级别最低。级别越高，执行效率就越低。隔离级别的设置只对当前数据库连接有效，MySQL 的默认隔离级别是可重复读（Repeatable read）。Oracle 等大多数数据库的默认级别是 Read committed。

（2）Seata 写隔离

Seata 通过全局锁实现写隔离。Seata 使用两阶段提交的方式，全局锁能保证在第二阶段的事务完成前，同一数据不会被其他线程修改。需要注意的是，由于 Seata 的全局锁是通过 TM 生成的，所以 Seata 只能隔离应用了 Seata 框架的微服务的竞争，不能隔离其他数据持有者的操作，这是与 DB 本身的隔离不同的地方。

在 Seata 官网有对隔离的详细介绍。图 8-16 来自 Seata 官网，见http://seata.io/zh-cn/docs/dev/mode/at-mode.html。

两个全局事务 tx1 和 tx2，分别对 a 表的 m 字段进行更新操作，m 的初始值为 1000。

tx1 先开始，开启本地事务，拿到本地锁，更新操作 m = 1000 - 100 = 900。本地事务提交前，先拿到该记录的全局锁，本地提交释放本地锁。

tx2 后开始，开启本地事务，因为 tx1 已经释放本地锁，所以 tx2 可以拿到本地锁，更新操作 m = 900 - 100 = 800。本地事务提交前，尝试拿该记录的全局锁，tx1 全局提交前，该记录的全局锁被 tx1 持有，tx2 需要重试等待全局锁。

可以看到，tx1 在一阶段本地事务提交前，先拿到了全局锁，因此可以提交。tx2 线程因为拿不到全局锁，不能提交本地事务。tx2 拿全局锁的尝试被阻塞一段时间后，将放弃，并回滚本地事务，释放本地锁。若 tx1 完成两个阶段的事务，全局提交，释放全局锁。tx2 线程就可以拿到全局锁 提交本地事务。

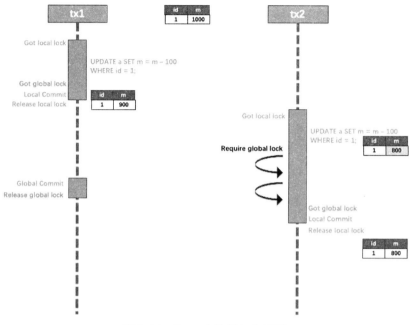

图 8-16　Seata 本地锁与全局锁

　　tx1 的二阶段正向 commit 事务只是异步释放 UNDO LOG 资源，不再需要一阶段业务表的本地锁。tx2 在 tx1 的一阶段结束后就可以获得本地锁，全局锁在设计时，并未将 tx2 排斥在 tx1 的全部生命周期之外，tx2 的一阶段在提交前与 tx1 的二阶段是可以并行的。通过这种办法最大限度地提升了并发能力。

　　如图 8-17 所示，如果 tx1 的二阶段全局回滚，则 tx1 需要重新获取该数据的本地锁，进行反向补偿的更新操作，实现分支的回滚。

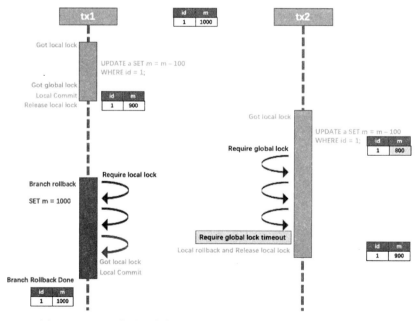

图 8-17　Seata 本地锁竞争（tx1 分支回滚时，tx2 未释放本地锁）

此时，如果 tx2 仍在等待该数据的全局锁，同时持有本地锁，则 tx1 的分支回滚会失败。分支的回滚会一直重试，直到 tx2 的全局锁等锁超时，放弃全局锁并回滚本地事务，释放本地锁，tx1 的分支回滚最终成功。

因为整个过程全局锁在 tx1 结束前一直是被 tx1 持有的，所以不会发生脏写的问题。可以看到当 tx1 回滚时，tx1 与 tx2 会互相影响，但有异常毕竟是少数情况。

（3）Seata 读隔离

在数据库本地事务隔离级别是读已提交（Read Committed）或以上的基础上，Seata（AT 模式）的默认全局隔离级别是读未提交（Read Uncommitted）。

图 8-18 是 Seata 产生脏读情况的示意图。tx1 的第一阶段事务未提交时，因为数据库的隔离级别是 Read Committed，此时 tx2 无法看到 tx1 修改的数据。当 tx1 的第一阶段已经提交完成后，tx2 获得本地锁，在读取数据后释放本地锁。此时若 tx1 的第二阶段回滚，tx2 获得的数据就是不合理的，也就是产生了脏读的情况。

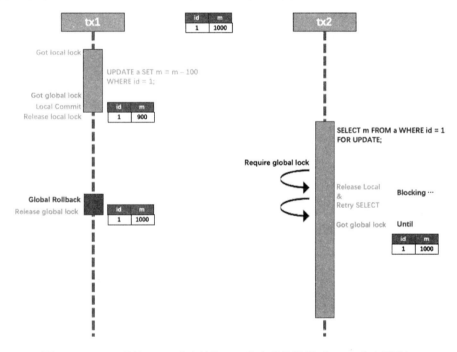

图 8-18　Seata 脏读（tx2 分支读取 tx1 分支事务数据后，tx1 分支回滚）

如果应用在特定场景下，必须要求全局的读已提交，目前 Seata 的方式是通过 SELECT FOR UPDATE 语句的代理。SELECT FOR UPDATE 语句的执行会申请全局锁，如果全局锁被其他事务持有，则释放本地锁（回滚 SELECT FOR UPDATE 语句的本地执行）并重试。这个过程中，查询是被阻塞的，直到拿到全局锁，即读取的相关数据是已提交的，才返回。

另外，在使用 Seata 时要尽量使用乐观锁的机制，在业务上避免使用脏读的数据。

当需要查询分布式事务读已提交的数据，但业务本身不需要分布式事务时，在查询的业务接口上不要使用@GlobalTransactional 包裹，改为使用@GlobalLock 注解，并且在查询语句上加 for update。若使用 GlobalTransactional 注解就会增加一些额外的 RPC 开销，例如 begin 返回 xid，提交事务等。GlobalLock 简化了 RPC 过程，使其具有更高的性能。

8.6.4　Seata AT 模式的特点

Seata AT 模式与分布式事务的 XA 和 TCC 都是两阶段提交的模式。Seata 也不能保证数据实时一致，Seata 与其他模式一样都是最终一致性的解决方案。

与 XA 相比，Seata 吸收了 TCC 的优势，将事务协调工作交由应用层处理，Seata 通过 RM 在应用系统中接管数据库事务，每一阶段事务都会真正提交并释放资源，避免了 XA 协议资源锁定时间过长的问题，而应用系统集群和 Seata server 集群也避免了 XA 单点故障问题。

与 TCC 相比，Seata RM 自动生成了前后数据镜像，用于回滚，不必再手工编写不同的补偿代码，也不用协调补偿代码的执行流程。Seata 做到了对业务的零侵入，业务对分布式事务的两阶段的流程是无感知的，业务完全不关心全局事务的具体提交和回滚。数据库层的事务协调机制由 Seata 处理，对应用是透明的。

在 Seata AT 模式中同样会产生空补偿或悬挂的问题。在分布式环境下，Seata 的第二阶段事务和第一阶段事务的执行顺序是无法保证的，有可能全局事务已进入二阶段回滚阶段，还有异步分支来注册。

主要情况包括：

（1）服务 A 通过 RPC 调用服务 B 超时（Dubbo、feign 等默认 1s 超时），A 抛出异常给 tm，tm 通知 tc 回滚，但 B 还是收到了请求（网络延迟或 RPC 框架重试），然后去 TC 注册时发现全局事务已在回滚。

（2）tc 感知全局事务超时——@GlobalTransactional（默认 timeoutMills=60s），主动变更状态并通知各分支事务回滚，此时有新的分支事务来注册。

8.7　华为的分布式事务中间件 Servicecomb-Saga

Apache ServiceComb Saga Pack 是华为贡献的微服务解决方案 ServiceComb 中关于分布式事务的解决方案，支持向前或向后补偿的 Saga 模式，也支持 TCC 模式。

8.7.1　组成架构

Saga Pack 架构由 Alpha 和 Omega 组成。

Alpha 充当协调者的角色，主要负责对事务进行管理和协调，协调子事务的状态，使其最终与全局事务的状态保持一致。Alpha 可以集群模式部署，也支持容器化部署。

Omega 是微服务中内嵌的一个 agent，负责对网络请求进行拦截并向 Alpha 上报事务事件，并在异常情况下根据 Alpha 下发的指令执行相应的补偿操作。支持前向恢复（重试）及后向恢复（补偿）。

Omega 与 Alpha 构成了 CS 架构。

（1）Alpha 接收 Omega 上报的事务事件，并进行持久化存储。当出现异常时，Alpha 就根据 DB 中事务事件的执行顺序，采用串行补偿的方式，依次下发指令到 Omega，执行补偿流程。

（2）Alpha 与 Omega 之间的事务事件是通过 gRPC 来上报的，且事务的请求信息是通过 Kyro 进行序列化和反序列化的。

Saga Pack 架构如图 8-19 所示。图片来自 Servicecomb-Saga 官网，见https://github.com/apache/servicecomb-pack/blob/master/docs/design_zh.md。

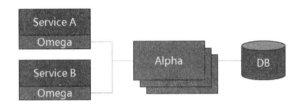

图 8-19　Servicecomb-Saga 组成结构

8.7.2　运行原理

我们从 Omega 在微服务端的入口开始。Omega 对微服务是低侵入的，仅需 2～3 个注解和编写对应的补偿方法即可进行分布式事务。

（1）在应用入口添加@EnableOmega 注解来初始化 Omega 的配置并与 Alpha 建立连接。

（2）在全局事务的起点添加@SagaStart 注解，如：@SagaStart(timeout=10)。

（3）在子事务方法处添加@Compensable 注解并指明其对应的补偿方法。如：@Compensable(timeout=5, compensationMethod="cancel")，compensationMethod 即补偿方法的名称，在这个例子中方法名叫"cancel"。

当业务线程执行被注解的方法时，Omega 会将其拦截，在执行方法前，执行预处理逻辑，上报事件给 alpha，记录事务开始的事件；在方法执行后，会执行后处理阶段，alpha 会记录事务结束的事件。这样在 Alpha 中就有了全部流程的开始和结束事件。如图 8-20 所示。

Saga pack 采用与服务追踪体系中类似的 traceID 办法，通过全局事务 ID（即 Saga 事件 ID）、父事务 ID 和本地事务 ID 构成上下文，omega 会在通信中注入事务相关的 id 来传递事务的上下文，从而将子事务连接起来形成一个完整的全局事务。如图 8-21 所示。

全局事务开始前 Omega 会先向 Alpha 发送全局事务开始的事件，并在所有子事务完成时向 Alpha 发送全局事务结束的事件。而每个子事务在执行前也会向 Alpha 发送事务开始的事件，在成功执行后，会向 Alpha 发送事务结束的事件。子事务间通过全局事务 ID 和父事务 ID 连接在一起，成功场景下，每个事务都会有开始和对应的结束事件。

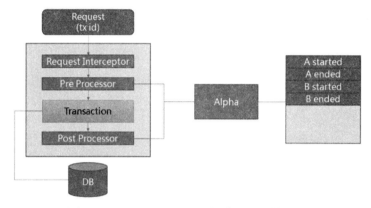

图 8-20　Servicecomb-Saga 拦截器与事件日志

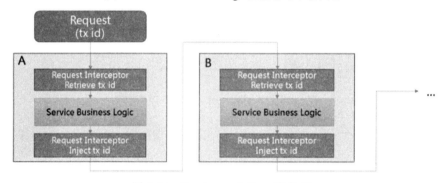

图 8-21　Servicecomb-Saga 事务 ID

异常场景下，omega 会向 alpha 上报中断事件，然后 alpha 会向该全局事务的其他已完成的子事务发送补偿指令，确保最终所有的子事务要么都成功，要么都回滚。如图 8-22 所示。

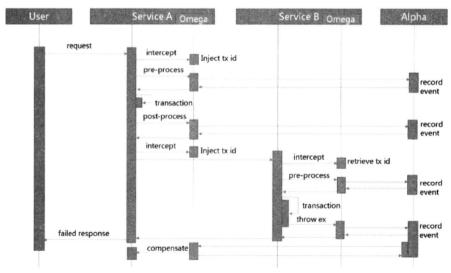

图 8-22　Servicecomb-Saga 异常补偿流程

超时场景下，已超时的事件会被 Alpha 的定期扫描器检测出来，然后 Alpha 会向该全局事务的其他已完成的子事务发送补偿指令。如图 8-23 所示。

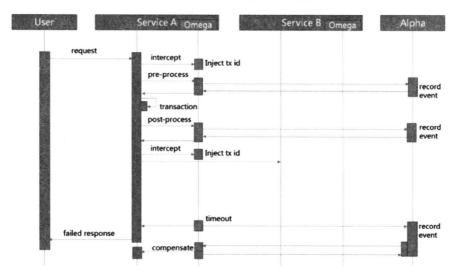

图 8-23　Servicecomb-Saga 超时补偿流程

TCC(try-confirm-cancel)与 Saga 事务处理方式相比多了一个 Try 方法。事务调用的发起方根据事务的执行情况协调相关各方进行提交事务或者回滚事务，原理是一致的。这里不再赘述。

总体来看，Servicecomb-Saga 采用了拦截器+Java 注解的模式。程序与注解是在一起的，开发简单，学习成本低。框架基于动态代理拦截器，框架实现成本低。缺点是框架未提供并行补偿等异步处理模式来提高系统吞吐量。

第9章 分布式消息队列

9.1 消息队列的应用场景

图 9-1 是一个零售电商的创建订单交易。客户端 App 发起交易请求，经网关系统，传递给订单系统，订单系统创建订单，调用库存系统的锁定库存交易，交易成功后，订单系统设置订单状态，返回结果到前端。整个过程采用同步调用的方式。整个交易的响应时间如下。

```
T1=t1+t2+t3+t3'+t2'+t1'        //全部响应时间（包括网络传输）
T2=t2+t2'+t3+t3'               //订单系统响应时间（包括网络传输）
T3=t3+t3'                      //库存系统响应时间（包括网络传输）
```

可以看到 T3 会影响 T2，T2 会影响 T1。当调用链中的某一个交易出现问题时，需要使用前面介绍的分布式事务的处理办法进行补偿。当调用链的一个部分响应慢时，会导致调用者资源不能及时释放，负面效果会向前端方向累积，当有更多的交易发生这种情况时，可能产生雪崩效应。

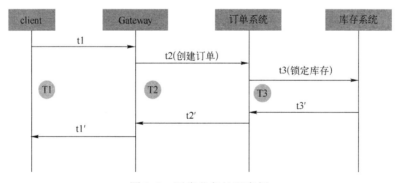

图 9-1 同步业务处理实例

微服务框架中采用以断路器为主要手段的流量控制解决方案，通过断路器淘汰落后产能，熔断降级，避免相互影响。但流量控制整体上是一个限制流量的方案，还有没有其他解决方式呢？基于消息队列的异步交易就是一个不限流的解决方案。

图 9-2 是一个基于消息队列的异步交易过程，客户端 App 依然采用同步方式发起交易请求。网关系统以异步的方式发起请求给订单系统。订单系统创建订单并持久化落地，然后异步调用库存系统的锁定库存交易。库存系统异步返回应答，订单系统更改订单状态，返回结果到网关系统，网关系统唤醒等待线程，响应客户端请求。

上面的流程中，当某一环节出现异常时，采用两种办法进行处理，一种是异步交易发起方发起冲正交易，进行事务补偿。另一种是前端客户超时后，再次在 App 上提起查询请求，根据查询结果回写状态。

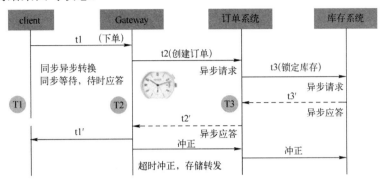

图 9-2　异步处理实例

图 9-2 采用异步处理的方式，订单交易在创建订单并持久化落地后，不再等待库存系统的响应，立刻释放资源。当库存系统处理完毕，订单系统收到应答交易后，再次查找订单，更改状态，返回结果。在业务系统容量富余的情况下，采用这种方式，会增加响应时间。但当系统出现异常时，如库存系统出现异常时不会影响订单系统。订单系统的资源释放不依赖库存系统的返回，在系统异常的情况下也不会长时间占用资源（包括线程、DB 事务、JDBC连接、文件等）。系统间独立，避免相互影响，避免了雪崩效应。

在面对大流量浪涌来临时，队列的消费者始终保持一个高流量处理水平，通过消息队列强大的消息堆积能力，将超出能力范围部分在消息队列中保存，待有能力后，消费方再取出处理。

基于消息队列的异步交易处理并不能减少响应时间，但可以大幅提升系统吞吐能力。消息队列是分布式系统中重要的组件，主要解决应用耦合，异步消息，流量削峰等问题。实现高性能、高可用、可伸缩和最终一致性架构。

图 9-3 涵盖了消息队列的常见使用场景，消息队列分别应用于联机交易和联机分析的场景下，起到异步处理、应用解耦、消息通信和流量削峰的作用。

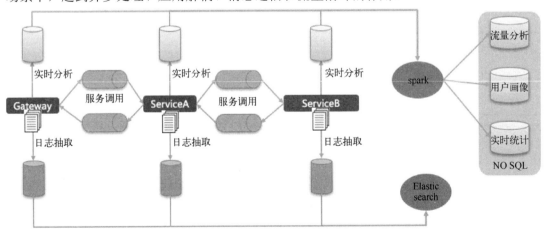

作用：异步处理，应用解耦，消息或日志通信，流量削峰

图 9-3　消息队列应用场景

9.2 消息传递技术

在系统间进行信息传递，使系统相互协作的过程叫作基于消息的企业应用集成。基于共享数据库和文件传输也是企业应用集成的另外两种常用方法，这两种方法的缺点是不够灵活，扩展性较差。在《Enterprise Integration Patterns》这本经典著作中，对使用消息传递技术进行集成的模式进行了归纳总结。在企业集成领域得到广泛应用的开源系统，如Camel和Spring integration等都是企业集成模式的典型实现。本节结合企业集成模式与最新的消息中间件和分布式服务架构的特点，介绍消息传递技术的整体思路和模式。

9.2.1 管道和过滤器模式

基于消息队列的消息传递技术采用管道和过滤器模式。管道/过滤器模式由过滤器和管道组成，每个过滤器有一组输入端和输出端。一个过滤器从输入端读取数据流，通过本地转换和渐增计算，向输出端输出数据流。管道充当数据流的通道，将一个过滤器的输出端连接到另一个过滤器的输入端。管道/过滤器模式如图9-4所示。

图9-4 管道/过滤器模式

使用管道/过滤器模式，将系统的输入和输出行为变成过滤器的叠加和组合，只要输入和输出的规则不变，过滤器可以任意增加、修改和组合，使系统更加容易维护升级。同时每个过滤器作为一个单独的执行任务，可以与其他过滤器并发执行，提高了系统的并发执行能力。

如图9-5所示，在企业集成模式中，将使用管道过滤器模式的消息传递技术进一步分解为五个组成部分，包括通道、消息、路由器、转换器和终端。

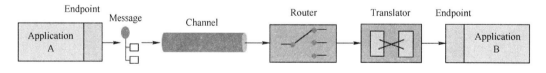

图9-5 消息传递技术的组成

（1）通道是消息生产者连接到消息消费者的通信链路，过滤器通过消息通道来传送数据。

（2）消息是在通道内传送的原子数据包，应用将业务数据包装为消息，然后通过通道传递。

（3）路由器是一种为消息导航的过滤器，可以为消息在连接众多应用的通道拓扑结构中"导航"，把消息发送给下一个消费者。

（4）转换器是一种实现消息转换的过滤器，可以把消息从一种格式转换为另一种格式，从而让消息的消费者识别。

（5）端点是应用和消息系统之间沟通的桥梁，可以屏蔽消息传递系统的实现机制和内部功能，为应用发送和接收消息。

9.2.2 消息通道

消息通道，由消息中间件实现，如本书介绍的 RocketMQ，不同的消息中间件在实现原理和功能上有所差异。常用的通道类型如下。

（1）一对一通道，也叫点对点通道，这种通道可以有多个消费者，但任何数据都只能被多个消费者中的一个应用接收。

（2）一对多通道，也叫发布订阅通道，这种通道可以把一份数据发送给所有相关的消费者。

（3）异常消息通道，消费者在无法处理消息时，把这些不正确的消息发送给异常消息通道。这个通道类似于异常处理日志，异常消息包括消费者无法解析的数据、投递错误的消息等。

（4）死信通道，消息无法被正常投递，此时不会立刻将消息丢弃，而是将其发送到死信队列中。如果消费者接收到的消息无法处理，应该把这类非法的消息转发给异常消息通道。但是如果一开始消息传递系统就无法把消息传送给消费者，此时应投递到死信通道。

（5）重试通道，无法消费的消息被投递进入死信通道前，先进入重试通道。在下游应用重启、网络不稳定等情况下，重试通道可以尽量使消息抵达消费者，在重试仍无法正常消费的情况下再进入死信通道。

（6）顺序通道，与消息的生产者和消费者配合共同保证消息按顺序消费的通道。消息由多个生产者产生，再进入通道传输，最后由多个消费者消费，这个过程中无论是通道的传输和持久化，还是生产者之间的竞争、消费者之间的竞争，都使维持消息的顺序性面临很大困难。顺序通道通过控制消息产生、传输和消费的过程，使消费者接收到按顺序排列的消息。

（7）回溯通道：基于消息的持久化策略，可以使消费者像放快照一样重新消费历史消息。常用于系统异常处理或者系统测试。

（8）延迟通道：消息不会立即被消费，而是在特定的时间间隔进行投递。常用于分布式事务中保证事务的最终一致性。

9.2.3 消息

消息是在通道内传输的信息。不同的消息中间件对消息内容有特定的格式要求。消息一般由 head 和 body 组成，body 中包含消息的业务信息，head 是消息的元数据。

1. 消息元数据

消息元数据一般应包含下列信息。

（1）消息 ID 与关联 ID

在消息的使用过程中根据业务流向常将消息分为请求消息和应答消息（或关联消息），应答消息应该包含一个唯一的关联标识符，它指示了该应答对应哪一个请求消息。当生产者创建请求消息时，需要为请求分配一个全局唯一的 msgID，当应答者处理请求时，将保存请求 msgID，并将请求 msgID 作为关联 ID 添加到应答中。这样，当请求者处理应答时通过关联 ID 就能知道应答所对应的是哪个请求。消息的关联结构如图 9-6 所示。

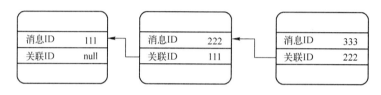

图 9-6　消息关联

通过消息 ID 和关联 ID 属性，可以将请求/应答消息链接起来，构成请求/应答链。使用消息的过程中，应该将请求/应答链与分布式追踪组合，建立消息链路的完整追踪体系，如果应用想要从最近的应答反向追踪到最初的请求消息，可以使用起始根消息 ID 而无需沿着请求/应答链反向追踪。

（2）消息分块信息

发送消息时，若数据无法放在一个消息中传输，需要把一大块数据分解为标准消息大小的数据块，通过分解组装的方式形成消息续传机制。拆解后的一系列消息块集合叫作消息簇，每个消息块要通过消息 ID、位置 ID、大小或结束符来标记。

消息 ID（消息簇 ID），一个消息簇内的不同分块使用同一个消息 ID，是消息的唯一标识符，可以把本消息簇与其他消息簇区分开来。

位置 ID，与消息 ID 构成主从关系，可以唯一地标识消息簇中的单个消息块，同时，使用它可以对各个消息块完成顺序排序。

大小或结束符，指定消息簇中消息块的数量或者标记簇中的最后一个消息块。

如果接收者只接收到序列中的一部分消息，而不是全部消息，它应该把已经接收到的消息转发给异常消息通道。在大型文件传输、长列表信息传输时会用到消息分块。有的消息中间件会内嵌消息分块功能，使相关工作简单透明。

（3）消息时间戳

消息时间戳用来标识消息的发送时间。一方面使用时间戳可以对消息传输使用情况进行分析统计，另一方面通过时间戳可以判断消息是否到期。一般情况下，消息的内容只是在一定时间期限内有效，一旦过了消息的有效时间，消息还没有被消费，这个消息就会到期。消费者将忽略到期的消息，有的消息中间件会把到期的消息发送给死信通道，避免过期消息占用存储。

（4）消息格式符

生产者通过格式符向接收者告知消息的格式（类型）和版本。消费者会接收到多种可能的数据格式，通过消息格式符就能知道消息使用的是哪一种格式，了解如何解释消息的内容。

（5）返回地址

返回地址用于解决应答消息的路由问题。把返回地址或者业务类型相关的元数据放在消息头部，通过这些信息能够明确应答消息要发送到哪里，从而避免在应答者中硬编码写入。关联 ID 可以使请求消息和应答消息建立关联，返回地址则将消息与应用建立关联，并使消息路由和消息处理解耦。当然，也可以不在消息头中标识返回地址，将消息格式与业务处理地址建立映射关系，不同的消息格式对应着相应的业务处理地址，通过这种方式可以使应答消息获得正确的处理。

（6）应用地址

在消息中标识生产者应用的系统名称、地址和端口以及目标消费者应用的系统名称，这些信息有利于消息路由、系统调试、异常处理和安全审计。在调试分布式系统时，还可以提前指定消费者应用的地址和端口号，在多个消费者集群的情况下，可以快速定位到消费者。

（7）安全信息

消息的生产者无法控制消息的消费过程，为防止敏感消息泄露，可以与消费者提前约定好加密密钥，在消息中传送密文以及加密的方法，消费者使用对应的密钥解密处理。

2．消息规范

在大型系统中，消息应该拥有公共的数据结构，使各个系统能按标准识别消息元数据，使消息成为系统间的通用语言，因此需要定义一套系统间通用的消息规范。消息规范由消息头和消息体组成，消息头含有消息的唯一 ID、消息类型，发起者、接收者、请求者以及安全相关的信息，消息体则由业务信息组成。

在分布式系统中，消息应与调用链路追踪系统串联，交易追踪链路包含消息处理过程构成完整闭环的处理流程。因此消息规范不仅适用于消息队列，也应适用于微服务接口，为服务治理、数据分析提供元数据。根链路信息由最初的服务调用者组装，若仅应用在 MQ 上，应由消息生产者组装。

一个不包括分块场景的典型的消息头内容实例见表 9-1。

表 9-1　消息规范

域	名　称	必　填	备　注
verID	版本号	M	V1.0
msgType	消息类型	M	如退单交易 refundOrder
channelID	渠道号	M	如淘宝 taobao
ClientType	客户端类型	M	如 Web，iOS，Android，Wap 等

（续）

域	名　称	必　填	备　注
IMEI	设备号	O	App 场景使用
traceID	起始消息标识号		交易过程中的追踪标识
spanID	发起系统消息标识号	M	消息唯一标识，全系统唯一
sndDatetime	发起时间	M	yyyymmddhhmmssFFF
sndSysID	发起系统编号	M	
sndAddress	发起系统 IP	M	
sndPort	发起系统端口号	M	
rcvSysID	接收系统编号	M	目的路由地址
rcvAddress	接收系统 IP	O	可以用于测试时指定地址，异步交易中指定异步交易的服务处理地址，类似于 Dubbo 的直连提供者
rcvPort	接收系统端口号	O	
parentSpanID	关联父消息标识号	O	当前消息的上一个调用者的报文信息
parentDatetime	关联父消息发送时间	O	
parentSysID	关联父系统编号	O	
parentAddress	关联父系统 IP	O	
parentPort	关联父系统端口号	O	
signType	签名类型	M	Simple，VerifyCode，AES，RSA
sign	签名	M	
token	令牌	O	

表 9-1 中，消息标识号由消息生产者产生，并保证本系统唯一。关联消息标识号由消息转发者填充，记录上一消息请求者的标识号。起始消息标识号由发起系统填充，记录业务链第一个发起者的消息标识号，贯穿服务间调用过程的始终。

在各种消息中间件内部都会提供一个 Message 数据结构，同样会使用 MQ head 和 MQ body 的结构，MQ head 中保存消息中间件需要使用的存储地址、长度、MsgID 等字段。但因为实现原理不同，消息中间件的 Message 可能会不符合业务要求。例如，一般情况下，业务会要求相同的消息都具有唯一相同的一个消息 ID。而在 RocketMQ 中，其由中间件管理生成的 msgID，由于消费者主动重发、中间件客户端重投机制等原因，会出现相同的消息有两个不同 msgID 的情况。为此需要将消息中间件的 Message 数据结构与自定义数据结构结合。一个完整的消息的内部数据结构是 MQ head+MQ body{ Business head+Business body}。对各个应用系统暴露的最终消息规范应该屏蔽消息中间件的差异，使消息中间件能够容易地插拔更换。

9.2.4　消息路由

消息路由也是一种过滤器，用于使消息在正确的通道中传递。常见的消息路由模式包括如下内容。

（1）基于内容的路由

基于内容的路由需要检查消息的内容并根据内容中的数据把消息路由到不同的通道上。

基于内容的路由是最常用的路由方法之一，比如根据内容是否存在某些字段、是否有指定的字段值来路由地址。内容路由功能应当易于维护，可以集成规则引擎，使用一组可配置的规则来计算目标通道。

（2）消息过滤器

消息过滤器只有一个输出通道，如果输入消息的内容与消息过滤器指定的规则匹配，该消息将路由到输出通道，否则该消息将被丢弃。消息过滤器可以是有状态的，比如使用消息过滤器消除重复的消息，就需要使用消息存储库。

使用消息广播+消息过滤器模式可以实现内容路由功能。把消息广播到发布-订购通道，每个接收者都使用一个消息过滤器来消除它不需要的消息，这样就实现了内容路由的功能。广播+消息过滤器模式与基于内容的路由有很大的区别。基于内容的路由属于集中控制型，路由逻辑在通道的前面，是预测型路由，可以有效管理消息权限，但流量是瓶颈。如果需要广播消息或者需要避免集中控制产生的流量瓶颈，可以使用广播+消息过滤器模式。广播+消息过滤器模式的路由器在广播通道的后面，每个通道的过滤器逻辑由接收者设计，是反应型路由。缺点是不能保证敏感信息的安全性，另外使用先广播消息再过滤无用消息的办法效率较低。

（3）动态路由器

动态路由器除了使用输入和输出通道，还使用了一个附加的反向控制通道，系统启动时，每个接收者都利用该控制通道向动态路由器发送一条特殊消息，通知这个接收者的存在，并给出此接收者所处理消息的路由条件。动态路由器存储每个接收者的路由规则，并据此路由。

可以看出，动态路由器的原理类似于微服务中的服务发现，通过反向控制通道，注册了接收者和接收者路由规则，不但实现了高效的预测型路由，而且不必固化接收者。

由于接收者彼此之间相互独立，动态路由器必须应对可能出现的规则冲突，如多个接收者都宣布对相同类型的消息感兴趣。动态路由器可以采用多种不同的策略解决这样的冲突。

- 忽略与已有消息存在冲突的控制消息。
- 把消息发送给与规则匹配的第一个接收者。
- 把消息发送给与规则匹配的所有接收者。

（4）接收人列表

为每个接收者定义一个通道，根据消息的内容以及路由器中的规则来确定消息的接收人列表，并把消息转发给与列表中接收人关联的所有通道。接收人列表组件须确保接收一条消息和发送多条消息在一个完整的原子操作中。接收人列表与基于内容的路由非常相似，区别在于路由的队列是一个还是多个。基于内容的路由器通常把每条输入消息路由到一条输出通道，而接收人列表则把输入消息路由给列表中指定的多个接收者通道。与动态路由器相似，动态接收人列表由接收者通过控制通道进行配置。

（5）拆分器

拆分器可以把一条消息拆分为多个单独的消息，拆分后的消息在传递上是无序的，每个消息包含不同的内容，采用不同的方式处理。

拆分器要按照分块消息的相关做法，使用消息 ID、位置 ID、大小或结束符来标记各个分解后的消息和指向原始（组合）消息的引用。同时要注意在每个子消息中保留公共元素。公共元素与原始消息引用可以保证分解后的消息是自包含的，支持各个子消息的无状态处理，还有利于把各个子消息的处理结果与原始消息关联起来，提高消息的可跟踪性，简化聚合器的工作。

（6）聚合器

聚合器，用于将多条消息组合成一条消息。聚合器是一种有状态的组件，它需要收集单独的消息并识别消息间的关联性，将相互关联的消息组成消息集合。一旦消息集合完整，聚合器就从关联消息中抽取需要的信息，通过替换或合并等方式把它们组合成一个聚合消息发布到输出通道上。可以根据集合的大小或消息时间等条件判断消息集合的完整性。当聚合器接收到一条新消息时，要检查该消息是否属于已有消息集合的一部分，如果它与现有的消息集合无关，聚合器就创建一个新的消息集合，如果它与现有的消息集合相关，聚合器就把它添加到相关的集合中。

（7）排序器

排序器可以接收未按顺序到达的消息流，使用比较器重新组织消息，然后按正确的顺序把消息发布到输出通道上。

排序器对接的下一个通道必须是顺序消息通道，只有这样才能保证消息按顺序到达下一组件。排序器不会修改消息的内容，排序器内部的比较器可以比较消息头、消息体等信息。排序器一般使用批量计算的方法，将一定数量的消息收集到一个批次中，批次信息完整后，对本批次完整的消息队列进行排序，在本批次内容比较排序后，才能输出。

（8）组合消息处理器

组合消息处理器处理消息是一个分解、路由、再聚合的过程，消息处理器把一个消息分解开，并把子消息路由给相应的目标，最后把响应结果重新聚合为一个消息。

当一个消息包含多个元素，而每个元素有不同的处理过程时，可以使用组合消息处理器。组合消息处理器只有一个输入通道和一个输出通道，相当于拆分器+路由器+聚合器，是将一个消息分解后处理再聚合的过程。

（9）分散聚合器

使用分散聚合器可以把消息路由给多个接收者，然后使用聚合器再把响应的消息收集起来，重新组合为一个消息。分散聚合器相当于接收人列表+聚合器的组合，是将一个消息广播后处理再聚合的过程。

（10）路由表

在处理过程的起始处计算每条消息所需的处理路径列表，然后把这个列表作为路由表附加到消息中。路由器根据路由表启动第一个处理步骤，处理成功后，把消息传递给路由表中指定的下一个处理步骤，每个处理步骤都依赖路由表路由。

路由表的作用类似于消息元数据中的返回地址。路由表要求一开始就确定处理步骤序列，制定完整的路由方案，并把它附加到消息中，路由表上的处理序列必须是串行顺序执行的。

如果消息丢失，将不仅损失消息数据，还会丢失处理的状态数据，失去下一个处理的目标。可以在一个集中的位置维护所有消息的状态，以实现错误报告或错误恢复。

（11）过程管理器

过程管理器是一个集中处理单元，通过过程管理器维护处理过程的状态，并根据中间处理结果确定下一处理步骤。过程管理器更像是一个工作流，需要保存消息状态，根据状态和流程逻辑确认消息路径。因为所有的消息流都要流经过程管理器，集中处理很容易成为性能瓶颈。

9.2.5　消息转换

消息转换是对消息进行处理的过滤器，实现从一种消息到另一种消息的转换。常见的消息转换类型如下。

（1）信封包装器

大多数消息中间件都要求实现自己的消息格式，使用信封包装器，把应用数据包装在符合消息中间件要求的信封中，当信封到达目标时再解开消息。通过抽象出信封包装器，使消息模型适用不同的消息中间件。

（2）内容扩充器

如果消息源系统的信息不够，内容扩充器可以通过访问外部数据源，在消息中补充增加缺少的信息。

（3）内容过滤器

内容过滤器从消息中删除不重要的数据项。比如因为内容权限限制，需要去掉敏感信息，或者为了优化网络传输，减少部分不必要的内容。

（4）数据标签

为避免消息传输过程中携带大量信息，可以将信息存储起来备用。先把消息中的数据存储在一个持久存储库中，并把识别数据的标签传递给后续组件，后续组件可以使用数据标签重新获得所存储的信息。数据标签和内容过滤器都是减少消息内容，而内容扩充器是增加消息内容。

（5）消息规范器

消息规范器由消息规范、消息路由器和各种格式的消息转换器组成。制定消息规范，首先需要抽象出统一的与应用和编程语言无关的数据类型，再依赖统一的数据类型制定规范的消息格式。为每种消息格式分别提供一个定制的消息转换器，可以把各种消息类型转换为规范的消息。消息规范器可以把各种类型的输入消息通过消息路由器导航给正确的消息转换器，从而把不同格式的输入消息转换为规范的格式。

9.2.6　消息端点

消息端点封装了消息传递技术，解决了消息的发送和接收问题，使消息传递技术对消息的生产者和消费者透明。消息端点需要关注的主要功能如下。

（1）推送与拉取

拉取是指消费者不停地轮询消息通道，当它获得一条返回消息后，应用会再次轮询消息。

推送是指当有消息时，消息通道会回调消费者线程传输消息。

采用轮询拉取方式由消费者控制流量，可以有效保护消费者，如果消费者服务器忙，将不再进行拉取，但在消费者空闲时，会产生无效的拉取行为。对推送方式的消费者来说，只要消息一到达就会处理，但因此也可能会使服务器超负荷运行。

（2）多应用竞争消费

在分布式环境下，多个应用要接收同一个通道的信息，消息只能发给其中的一个应用，这些应用就构成了竞争者关系。每个竞争消费者都是一个多线程的应用，它们共用一个通道，消费者之间通过竞争接收消息，这样多个消费者就可以并发处理消息。竞争消费者只适用于点对点通道，对发布-订购通道来说，多个应用不需要竞争性消费，只需增加几个订阅通道给不同的应用。

（3）多线程分派

竞争消费者解决了不同进程的应用间的并发问题，而多线程并发的问题通过消息分配器处理。消息分派器运行在一个竞争者应用中，它从通道中消费消息，并把消息分配给执行者，每个执行者在自己的线程中运行，多个线程可以并发地处理消息。消息分派器采用与 NIO 相同的 Reactor 模式，一组执行者通常与分派器在相同的进程中一起运行，是应用内多线程的处理逻辑。消息分派器既适用于点对点通道，也适用于发布订购通道。

（4）消息过滤

消息过滤是指过滤在通道上传送的消息，从而使消费者只能接收到符合其要求的消息。消费者可以依赖于消息中间件上的消息标签选择需要的消息。对于不支持消息标签的中间件，可以在消息分派器中过滤消息。分派器根据过滤要求确定每个消息的执行者，对于无法分配的消息，分派器把它重新路由给异常消息通道。

（5）事务性生产和消费

消息的发送过程和接收过程都可以是事务性的。对发送者来说，只有在发送者提交事务后消息才会真正投递到通道中。对接收者来说，只有在接收者提交事务后，才能真正从通道中删除消息。

（6）消息映射

消息映射是指在消息中间件要求的消息与领域对象之间建立映射逻辑。在消息生产和消费过程中通过消息映射可以完成领域内容与消息内容的传递。

（7）幂等与顺序

消息接收者应该是幂等接收者，能安全地多次接收相同消息。同时除非使用了顺序通道，消息接收者应该不依赖消息的接收顺序。

（8）消息网关

消息网关位于消息生产者与消息中间件之间。使用消息网关可以把与消息中间件相关的方法调用包装起来，向应用提供消息传递相关的接口，抛出相关的异常。消息网关屏蔽了消息传递相关的知识，使消息传递与业务逻辑松耦合。

一个应用发送请求后要等待应答，消息网关可以使用同步或异步的方式，传递请求和应答。

同步方式的消息网关发送一个消息后，会阻塞线程等待应答消息返回后，再把控制交还给应用。同步消息网关把消息传递交互的异步特性封装起来，为应用逻辑提供一个常规的同步方法，使编写应用代码变得简单，但因为采用了阻塞模式等待应答，也会导致性能低下。

异步方式的消息网关发送一个消息后，会为应答提供一个回调函数，控制会立即返回给应用，当应答消息到达时，消息网关会调用回调函数。异步消息网关把消息的异步特性暴露给应用，应用必须把应答与它早前发出的请求关联起来，才能继续处理。

（9）服务激活器

服务激活器位于消息中间件与远程服务之间。远程服务是消息的消费者，服务激活器将消息传输给远程服务。服务激活器既可以是单向的（只有请求）也可以是双向的（请求/应答）。服务激活器接收请求消息，并根据消息内容，确定要调用的服务以及要传递的参数。服务激活器像服务的其他客户端一样调用服务，在服务完成并返回值时，服务激活器使用返回值创建应答消息，然后把应答消息返回给请求者。服务激活器使服务调用变成一种请求/应答消息传递，激活器接收异步的消息，确定要调用的服务以及要传递的数据，然后以同步方式调用服务。如果服务激活器不能成功地处理一个消息，它应该把消息发送给异常消息通道。

9.2.7　消息管理

消息系统实现了应用的解耦，但松耦合和异步特性也导致系统的监控管理、统计分析以及调试测试过程都较为复杂。通过集中式的消息管理功能可以解决这些问题。常见的消息管理模式如下。

（1）控制总线

在系统中应有两套消息传递总线：应用总线和控制总线。应用总线负责传输所有与应用相关的消息，同时也与控制总线交互，接收控制消息或发送指标数据。控制总线应具备一个实时控制台，通过控制台可以管理应用总线，实现配置消息、发送心跳消息、测试消息传递、处理异常消息、统计消息数据等功能。

控制总线为管理和监视分布式解决方案提供了单一的控制点。通过集中的管理控制台，显示每个组件的运行状态，并监视组件的吞吐情况、消息延迟情况、通道堆积情况等动态数据。

（2）旁路器

旁路器组件可以在不影响消息流的情况下，使消息经过中间处理步骤，完成验证、测试或调试功能。旁路组件使用一个基于内容的路由器。它有两个输出通道。正常情况下，一个输出通道会把不做任何修改的消息传递给原目标。当控制总线发出指令时，旁路组件把消息路由到另一个通道，该通道把消息发送给附加的组件，这些组件可以检查和修改消息。最终，这些组件再把消息路由到同一个目标。

（3）线路分接器

线路分接器是一个 T 型结构，由一个输入通道、一个接收人列表路由器和两个输出通道组成。它从输入通道中消费消息，通过接收人列表路由器把消息不加修改地发布到两个输出通道中，一个输出通道对接原有消息流，另一个输出通道用于观察测试。

在消息流中插入线路分接器，可以在不影响正常消息流的情况下，方便地增加消息的目标接收者，用于测试、统计或调试故障。

（4）智能代理

如果一个服务组件采用请求者指定的返回地址作为应答消息的返回通道，使用线路分接器模式无法监视跟踪这种消息，此时可以使用智能代理。智能代理拦截请求通道中的消息，把原发送者指定的返回地址存储起来，然后用自己的监听地址代替消息中的返回地址。当应答消息返回到智能代理时，智能代理会转发一路消息用于完成分析和调试等功能，同时取出存储的正确返回地址，把应答消息不加任何修改地转发到原来的应答通道。

（5）消息历史

为方便调试，需要了解消息传递的路径。在调试等情况下，可以将消息历史附加到消息头中，消息历史中保存着消息所经过的全部组件的列表，每个处理消息的组件都要在这个列表中添加一项。

（6）消息存储

为了得到有意义的统计数据，需要把消息数据持久化存储在一个集中的位置，使用消息存储库可以将消息传输到一个集中的地方保存。可以使用线路分接器等办法，把消息的副本发送到一个特殊的通道，这种办法不会影响消息的正常处理速度，但会增加网络吞吐，可以只存储用于事后分析的少量关键字段。

（7）测试消息

通过在消息流中插入测试消息，以证实消息处理组件是正常的。首先，测试消息的消息头中需要有特殊的标记或者某个字段有特殊的值，以区分应用消息和测试消息。然后，把测试数据插入到发送给组件的正常消息流中。最后，使用基于内容的路由器，从输出流中提取出测试消息结果，判断测试结果的正确性。

（8）通道清洁者

为防止通道中的消息干扰，可以使用通道清洁者删除某个消息或一组消息。删除的消息一般需要保存起来，以便事后检查或消息重放。

9.3 消息总线

在大型网站的分布式系统中，散乱的消息队列使消息传递无序，治理困难。为整合应用系统间的消息传递拓扑结构，需要使用消息总线架构。在消息总线架构中使用请求应答模式与分布式应用集成。

9.3.1　请求应答模式

请求应答模式是指在消息传递时，业务调用者和业务提供者使用不同的通道分别发送请求消息和应答消息。请求应答模式包括请求和应答两个阶段，在请求阶段，请求者使用请求通道发送请求消息并在应答通道等待接收应答；在应答阶段，业务提供者接收请求消息并在应答通道发送应答消息做出响应。根据业务系统的结构，请求应答模式可以采用多种方式与业务系统结合使用。

1. 请求应答与服务调用

消息传递为应用间提供了单向异步通信的手段，消息从生产者单向转移到消费者，反复传送直至成功。而大多数应用采用的是同步调用，当调用某一个服务时，被调用的过程在其他进程中执行，调用者会被阻塞直到被调用者把结果返回。消息传递时使用请求应答模式可以实现消息传递与同步调用的业务系统集成。

图 9-7 是一个请求应答模式与服务调用结合的实例。网关系统传来前端的一个创建订单交易的调用请求，在消息系统中转换为创建订单的消息，消息经请求队列发送给订单系统，订单系统进行业务处理后，将应答信息投递到应答队列，网关系统将应答消息返回给前端。

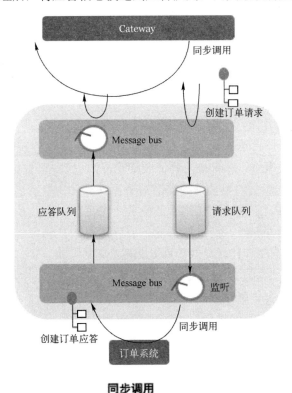

图 9-7　请求应答与服务调用

采用请求应答模式，业务服务系统与消息传递系统在请求阶段和应答阶段采用不同的集成方式。

（1）业务请求者与消息中间件之间使用消息端点中的消息网关模式集成。消息网关模式中使用了两种接收应答消息的方法。

一种是同步阻塞，调用者中的一个线程发送请求消息后，在调用线程中阻塞，直到收到应答消息，然后处理应答。

另一种是异步回调，类似 Servlet3 的异步办法。

在 Servlet3 中，容器接收到请求后，从请求中获得异步上下文对象 AsyncContext 对象。容器将上下文对象转发到业务线程，然后容器释放请求线程。业务线程完成业务逻辑的处理，生成 response 返回给客户端。

在请求应答模式的异步回调中，调用者中的一个线程发送请求消息，并为应答建立一个回调函数。另一线程负责监听应答消息。当应答消息到达时，应答线程会调用相应的回调函数，回调函数将重新建立调用者的上下文并处理应答。

（2）业务应答者，也就是服务提供方，与消息中间件之间使用消息端点中的服务激活模式集成。服务激活器将请求消息和应答消息转换成服务调用，与正常的服务客户端一样调用服务。服务激活器从请求通道接收到请求消息，将消息封装成同步的服务调用，当收到服务应答后，再转换成应答消息投递到应答通道。

在大型网站应用中，系统普遍以远程服务的形式暴露能力。请求应答模式与远程服务调用的集成模式，使消息中间件对于服务提供者是透明的，对于服务请求者的影响也是有限的。

2. 请求应答与事件驱动

事件驱动也叫观察者模式，事件驱动模型中包括事件源、事件处理器、事件管理器三个角色。在处理具体事件前，首先需要定义事件，目的是使事件驱动模型的相关方能够识别事件。然后，事件处理器要监听事件，并实现处理事件的方法。事件监听的实质是使事件管理器能够找到事件对应的处理器。当事件源发布一个具体的事件后，事件管理器会将事件转交给事件处理器处理。

如图 9-8 所示，事件驱动本身也是一个异步处理的过程。请求应答模式其实与事件驱动模型更加切合，请求消息和应答消息在事件驱动模型中变成了请求事件和应答事件。业务请求方产生请求事件，本地事件管理器和消息传递系统将请求事件转换为请求消息并发送给业务实现方。业务实现方的消息传递系统和本地事件管理器监听消息队列并将获取的消息转换成事件，然后发送给事件处理器。事件处理器处理完事件后，若是需要应答，就作为事件源产生应答事

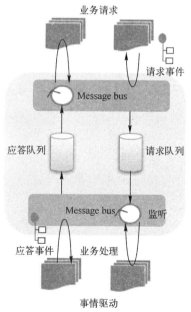

图 9-8　请求应答与事件驱动

件。本地事件管理器和消息传递系统将应答事件投递到消息队列。

可以看出，事件驱动模型原本处理的本地事件此时变成了远程事件，传递的是本地事件和远程消息。相应的，事件驱动模型中的事件管理器角色变成了远程事件管理器，由本地事件管理器和消息传递系统组成。事件管理器与消息传递系统之间在请求侧依然使用消息网关模式集成，在应答侧使用服务激活模式集成。

有时，为了保证远程事件能够可靠发送，在接收方收到远程事件后，会返回一个与业务无关的确认收到事件通知，事件源未收到此通知会重复发送远程事件。因为与业务无关，可以将此逻辑封装在事件管理器或消息传递系统中。

3. 混合使用服务调用与事件驱动

在一个复杂的消息传递集成应用中，业务系统可能是事件驱动模型，也可能是服务调用模型，这两种模型可以混合，共同提供业务服务。

下面是一个零售业务中创建订单时锁定库存的例子，涉及四个系统，包括网关系统、订单系统、库存系统和消息传递系统。用户操作没有及时反馈结果对用户来说是无法接受的，作为面向前端应用的网关系统应该采用服务调用模型。订单系统要应对大并发，所以采用事件驱动模型。库存系统在业务调用链的后方，由专业的库存行业软件提供，使用服务调用模型。

在图 9-9 中，订单系统从消息队列中接到创建订单请求消息（事件），进行本地业务处理。在订单业务中需要与库存系统交互，锁定库存，因此订单系统作为请求方再产生库存锁定请求消息，提交到消息队列。库存系统中的一个线程监听消息，进行业务处理后，将返回的库存锁定应答消息推送进应答队列。订单系统监听应答队列，根据消息中的订单 ID 数据找到订单更新状态，然后回复创建订单应答消息，推送应答消息到应答队列。

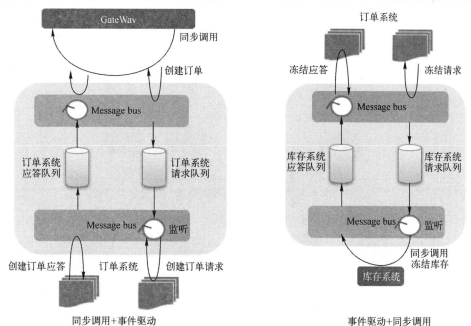

图 9-9　同步调用与事件驱动

从上面的交易过程可知:

- 网关系统发起后台调用,同步阻塞或异步回调接收应答。库存系统在一个线程内接收请求并返回应答。网关系统与库存系统都使用了服务调用模型。
- 订单系统,将业务处理分为两个部分,下单请求处理过程和库存锁定应答处理过程两个部分,在两个线程异步处理。订单系统使用了事件驱动模型,处理下单请求和库存锁定两个事件。

4.单向通知

单向通知是请求应答模型的一个特例,是指生产者产生消息并发送后,不需要接收方回复消息,也就是只有请求阶段的消息传递,而不需要应答消息。消息传递系统与业务系统在接收侧使用单向(无应答)的服务激活模式集成。

在图 9-10 中,可以看到有两种单向通知模式,一种是一对一通知模式,例如,订单系统将订单信息发送到消息队列,物流系统从消息队列获取数据后,进行物流配送。另一种是广播通知模式,例如订单系统将订单信息发送给积分系统和短信系统,分别用于增减用户积分和发送短信提醒。

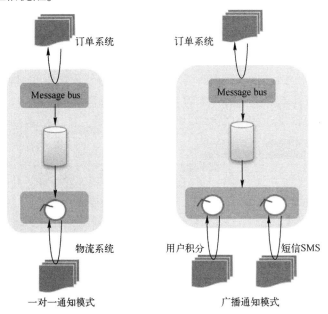

图 9-10 一对一通知与广播通知模式

单向通知可以分为可靠通知和非可靠通知两类,如图 9-11 所示。

图 9-11 可靠通知与非可靠通知

（1）可靠通知，正常的消息生产过程，队列保证通道成功发送。

（2）非可靠通知，消息队列不能保证成功发送，消息队列以最低的代价发送消息，具有很高的性能，主要应用于日志传输等对可靠性要求不高的场景。

5．请求应答模型的异常处理

在请求应答交易模型中，会因为各种原因导致请求或应答消息未收到，此时可以按照分布式事务的 Saga 模式做补偿处理，如图 9-12 所示。

图 9-12　请求应答模型的异常处理

在生产者发送消息后，对应答进行计时，若超时未收到应答，则进行正向补偿或反向冲正处理。

（1）正向补偿，包括异步查询和异步通知两种正向补偿方式。异步查询型，业务以接收方为准进行补偿，生产者发起查询交易，根据查询结果，生产者更新业务状态。异步通知型，业务以生产方为准，生产方衰减重复发送请求消息，直到收到应答，可以通过延迟队列实现。

（2）反向冲正，业务以发起方为准，发送冲正请求，即使再次收到应答，状态也是冲正的。

9.3.2　消息总线架构

消息中间件涉及存储、集群、路由、负载均衡等方面的知识体系。当系统规模变大时，散落在系统各处的消息传递模块拓扑结构复杂，开发人员对接消息队列，开发难度大、维护成本高、容易出错。因此有必要通过一套系统屏蔽消息队列的细节，提供整套的消息队列解决方案，这就是消息总线架构。消息总线的目的是集成业务处理系统与消息传递系统，梳理消息拓扑结构，使开发者对消息队列无感知。开发人员只需要关注业务逻辑，不用了解消息领域相关的知识，也不用关心消息中间件的技术细节。

消息总线是由应用总线、控制总线、端点适配器和消息规范组成的，能让不同的系统通过共享消息通道通信。消息总线的总体架构如图 9-13 所示。

（1）应用总线

应用总线是应用系统之间采用消息传递技术实现的跨平台、跨语言的通信设施。应用总线与应用系统间使用请求应答模式集成，每个应用系统在应用总线上都有一个请求通道和一个应答通道。应用总线内部通过消息通道连接各个应用系统，根据业务要求可能使用点对点通道、发布订阅通道、顺序通道、异常消息通道等不同类型的通道。应用总线通过消息路由器的功能实现系统到系统的消息路由。

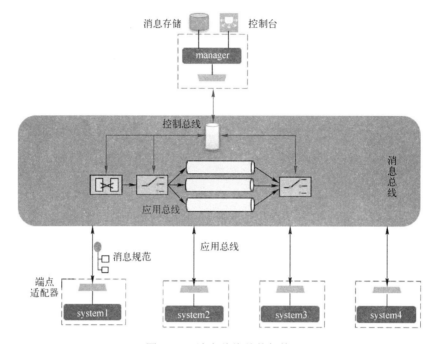

图 9-13　消息总线总体架构

（2）控制总线

控制总线是观察和管理应用总线的集中控制点。控制总线从应用总线接收动态数据，向应用总线发送控制信息。控制总线使用旁路器、线路分接器等模式与应用总线联通。控制总线存储应用总线的消息数据，进行统计分析。控制总线通过控制台进行 UI 交互，实现配置应用总线、查询和重放消息信息、测试消息传递、发送心跳消息、处理异常消息、展示统计数据等功能。

（3）端点适配器

端点适配器用于消息总线与应用系统之间的集成交互。个别应用本身就具备与总线直接连接的能力，自主实现了消息的格式规范，能够将消息放入总线，从总线中接收消息。但是大多数应用需要通过端点适配器连接到消息传递系统，常用的适配器包括消息网关及服务激励器，有一些系统还需要使用数据库适配器（数据表作为消息源）、文件适配器（数据文件作为消息源）等集成手段。

（4）消息规范

消息规范是消息总线内部各参与者都理解的公共消息格式。规范的消息中描述了消息适用的通道类型、格式规范、安全策略、目的地址等信息，消息总线使用规范的消息数据进行路由。消息总线使用规范消息转换器将外部应用系统不同的信息格式转换为规范的消息。

消息总线搭建了一个面向消息的体系结构，这个体系结构与分布式服务系统可以方便、透明地对接。每个服务有一个能发送请求的请求通道和一个可选的接收应答信息的应答通道。消息总线的消息遵循统一的消息规范，应用系统也有必要实现公共的接口规范，消息总线也提供相应的规范消息转换器。应用系统与消息总线间通过消息网关和服务激活器集成，实现发送请求和等待应答的功能。应用系统通过消息总线具备了异步通信、流量削峰等特性。

9.4　阿里的消息中间件 RocketMQ

常见的用于系统间通信的消息队列有 ActiveMQ、RabbitMQ、Kafka、RocketMQ 等。在介绍分布式事务时，我们介绍了使用 RocketMQ 的可靠消息队列模式。事务消息是 RocketMQ 的一大亮点，RocketMQ 同时提供延迟队列、回溯队列、重试队列等互联网业务功能，因此，在本章选取 RocketMQ 作为典型，介绍消息中间件的特点。

9.4.1　整体结构

RocketMQ 是阿里巴巴开源的分布式消息中间件，于 2017 年 9 月成为 Apache 的顶级项目，以其高性能、低延时和高可靠等特性近年来被越来越多的国内企业使用。10B 的消息，RocketMQ 单机单实例写入约 7 万条/s，单机 3 个 Broker 可以达到 12 万条/s。

1. 组成结构

RocketMQ 底层采用 Netty 作为通信框架，架构上主要分为四部分。

（1）NameServer 是一个非常简单的 Topic 路由注册中心，支持 Broker 的动态注册与发现。主要包括两个功能。一是 Broker 管理，NameServer 接受 Broker 集群的注册信息并且保存下来作为路由信息的基本数据。然后提供心跳检测机制，检查 Broker 是否还存活。二是路由信息管理，每个 NameServer 将保存关于 Broker 集群的整个路由信息和用于客户端查询的队列信息。然后 Producer 和 Conumser 通过 NameServer 就可以知道整个 Broker 集群的路由信息，从而进行消息的投递和消费。

NameServer 通常也以集群的方式部署，各实例间相互不进行信息通信。Broker 向每一台 NameServer 注册自己的路由信息，所以每一个 NameServer 实例上面都保存一份完整的路由信息。当某个 NameServer 因某种原因下线了，Broker 仍然可以向其他 NameServer 同步其路由信息，Producer，Consumer 仍然可以动态感知 Broker 的路由信息。

（2）Broker，主要负责消息的存储、投递和查询以及服务高可用保证。Broker 分为 Master 与 Slave，消息写入 Master，再复制写入 Slave。一个 Master 可以对应多个 Slave，但是一个 Slave 只能对应一个 Master，Master 与 Slave 的对应关系通过指定相同的 BrokerName、不同的 BrokerId 来定义，BrokerId 为 0 表示 Master，非 0 表示 Slave。Master 也可以部署多个。每个 Broker 与 NameServer 集群中的所有节点建立长连接，定时注册 Topic 信息到所有 NameServer。注意：当前 RocketMQ 版本在部署架构上支持单 Master 多 Slave，但只有 BrokerId=1 的从服务器才会参与消息的读负载。

（3）Producer 消息发布的角色，支持分布式集群方式部署。Producer 通过 MQ 的负载均衡模块选择相应的 Broker 集群队列进行消息投递，投递的过程支持快速失败并且低延迟。Producer 与 NameServer 集群中的一个节点（随机选择）建立长连接，定期从 NameServer 获取 Topic 路由信息，并向提供 Topic 服务的 Master 建立长连接，且定时向 Master 发送心跳。Producer 完全无状态，可集群部署。

（4）Consumer：消息消费的角色，支持分布式集群方式部署。有 push（推）、pull（拉）两种模式对消息进行消费。同时也支持集群方式和广播方式的消费，它提供实时消息订阅机制，可以满足大多数用户的需求。Consumer 与 NameServer 集群中的一个节点（随机选择）建立长连接，定期从 NameServer 获取 Topic 路由信息，并向提供 Topic 服务的 Master、Slave 建立长连接，且定时向 Master、Slave 发送心跳。

Consumer 既可以从 Master 订阅消息，也可以从 Slave 订阅消息，是一种读写分离的实现方案。消费者在向 Master 拉取消息时，Master 服务器会根据拉取偏移量与最大偏移量的距离（判断是否读老消息，产生读 I/O），以及从服务器是否可读等因素建议下一次是从 Master 还是 Slave 拉取。

图 9-14 是 RocketMQ 的架构图，见https://github.com/apache/rocketmq/blob/master/docs/cn/architecture.md。

2．工作流程

启动 NameServer 监听端口，等待 Broker、Producer、Consumer 连上来，相当于一个路由控制中心。

Broker 启动，与所有的 NameServer 保持长连接，定时发送心跳包。心跳包中包含当前 Broker 信息（IP 和端口等）以及 Topic 信息。注册成功后，NameServer 集群中会有 Topic 与 Broker 的映射关系。

收发消息前，先创建 Topic，创建 Topic 时要指定该 Topic 需要存储在哪些 Broker 上，也可以在发送消息时自动创建 Topic。

Producer 启动时先与 NameServer 集群中的一台建立长连接，并从 NameServer 中获取当前发送的 Topic 存在哪些 Broker 上，轮询从队列列表中选择一个队列，然后与队列所在的 Broker 建立长连接从而向 Broker 发消息。

Consumer 与 Producer 类似，与其中一台 NameServer 建立长连接，获取当前订阅 Topic 存在哪些 Broker 上，然后直接与 Broker 建立连接通道，开始消费消息。

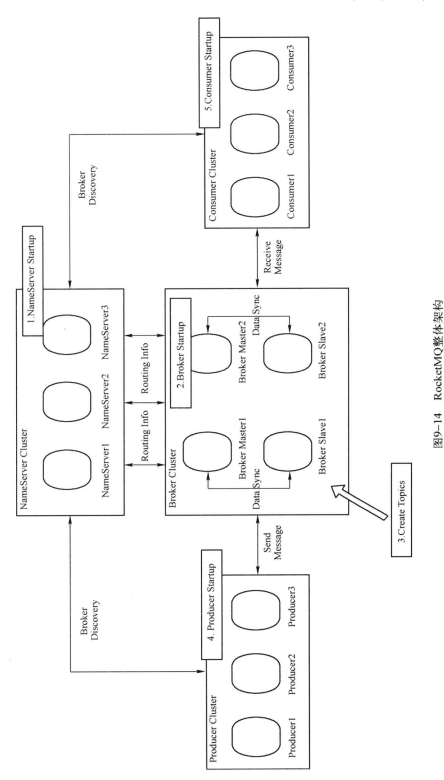

图9-14 RocketMQ整体架构

9.4.2 消息存储

1. 存储结构

RocketMQ 有三个主要的存储文件。

（1）CommitLog：消息主体以及元数据的存储主体，存储 Producer 端写入的消息主体内容,消息内容不是定长的。

（2）ConsumeQueue：逻辑消费队列，作为消费消息的索引，保存了指定 Topic 下的队列消息在 CommitLog 中的起始物理偏移量 offset，消息大小 size 和消息 Tag 的 HashCode值。consumequeue 文件可以看成是基于 Topic 的 commitlog 索引文件

（3）indexFile：索引文件，提供了一种可以通过 key 或时间区间来查询消息的方法。根据 key 读取消息时，需要在 IndexFile 索引文件中找到记录，然后根据其中的 commitLog offset 从 CommitLog 文件中读取消息。

图 9-15 是 RocketMQ 的存储结构图,见https://github.com/apache/rocketmq/blob/master/docs/cn/design.md。

2. 落地刷盘

RocketMQ 消息落地刷盘的主要方法包括两种。

（1）同步刷盘：只有在消息真正持久化至磁盘后 RocketMQ 的 Broker 端才会真正返回给 Producer 端一个成功的 ACK 响应。同步刷盘对 MQ 消息可靠性来说是一种不错的保障，但是性能上会有较大影响。

（2）异步刷盘：只要消息写入操作系统的页缓存即可将成功的 ACK 返回给 Producer端。消息刷盘采用后台异步线程提交的方式进行，降低了读写延迟，提高了 MQ 的性能和吞吐量。

同步或异步刷盘通过 Broker 属性的 flushDiskType 来设置，默认异步刷盘配置为ASYNC_FLUSH，同步刷盘配置为 SYNC_FLUSH。

图 9-16 为 RocketMQ 的刷盘机制,见https://github.com/apache/rocketmq/blob/master/docs/cn/design.md。

3. 数据清理

在 RoketMQ 中，消息消费后，消息其实并没有物理地被清除。CommitLog 的设计是高性能顺序写，且每个消息大小不定长，CommitLog 若支持以消息为单位删除，性能会急剧下降，逻辑也非常复杂。

消息被消费后，只有满足以下条件后才会批量删除消息文件（CommitLog）。

（1）消息文件过期（默认 72h），且到达清理时点（默认是凌晨 4 时），删除过期文件。

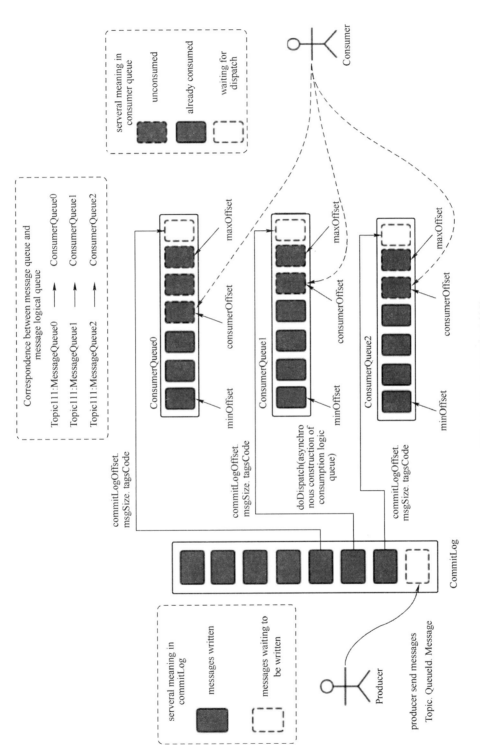

图9-15 RocketMQ存储结构

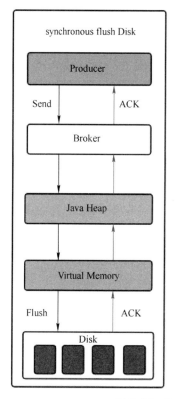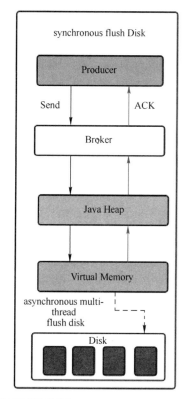

图 9-16　RocketMQ 的存储刷盘机制

（2）消息文件过期（默认 72h），且磁盘空间达到了水位线（默认 75%），删除过期文件。

（3）磁盘已经达到必须释放的上限（85%水位线），则开始批量清理文件（无论是否过期），直到空间充足。

若磁盘空间达到危险水位线（默认 90%），出于保护自身的目的，broker 会拒绝写入服务。

在清理消息的时候，消息文件默认是 1GB，在清理的时候对 I/O 的压力是非常大的，这时候如果有消息写入，写入的耗时会明显变高。这个现象可以在刚过凌晨 4 点（默认消息清理时间点）以后观察到。RocketMQ 官方建议 Linux 下文件系统改为 Ext4，对于文件删除操作，性能相比 Ext3 有非常明显的提升。

由于消费记录不删除，RocketMQ 可以支持回溯消费。即可以通过设置消费进度回溯，让消费者重新像放快照一样消费历史消息，前提是消息文件还存在。RocketMQ 支持按照时间回溯消费，时间精确到毫秒。

9.4.3　集群结构

1．Master/Slave 模式

（1）主从复制

RocketMQ 在 4.5 版本之前，只有 Master/Slave 一种部署方式，一组 broker 由 Master

与 Slave 组成，Slave 通过同步复制或异步复制的方式同步 Master 数据。Master/Slave 部署模式提供了一定的高可用性。RocketMQ 支持下面几种 Master/Slave 组合。

单 master 模式，Broker 容易发生单点故障，不具备可靠性。

多 Master 模式，一个集群无 Slave，全是 Master，将磁盘配置为 RAID10，可以保证消息不丢失，性能最高。缺点是单台机器宕机期间，这台机器上未被消费的消息在机器恢复之前不可订阅，消息实时性会受到影响。

多 Master 多 Slave 模式-异步复制，每个 Master 配置一个 Slave，有多对 Master-Slave，采用异步复制方式，主备有短暂消息延迟（毫秒级），这种模式的优点如下：即使磁盘损坏，丢失的消息也非常少，且消息实时性不会受影响，同时 Master 宕机后，消费者仍然可以从 Slave 消费，而且此过程对应用透明，不需要人工干预，性能同多 Master 模式几乎一样。缺点是：Master 宕机，磁盘损坏情况下会丢失少量消息。

多 Master 多 Slave 模式-同步双写，每个 Master 配置一个 Slave，有多对 Master-Slave，采用同步双写方式，即只有主备都写成功，才向应用返回成功，这种模式的优点是数据与服务都无单点故障，Master 宕机情况下，消息无延迟，服务可用性与数据可用性都非常高；缺点是性能比异步复制模式略低（大约低 10%），发送单个消息的 RT 会略高，且目前版本在主节点宕机后，备机不能自动切换为主机。

实际上，RocketMQ 4.5 版本之前 broker 的四种部署模式，都无法实现自动切换，如果主节点挂了，还需要人为手动进行重启或者切换，无法自动将一个从节点转换为主节点。RocketMQ 4.5 通过新的集群方案解决了自动故障转移的问题。

图 9-17 中，TopicA 是多主多从架构，当一个主节点停止运行后，对应的从节点可以继续消费，另一个主节点可以继续接收消息（见本章生产侧负载均衡）。Topic B、C、D 都是单主单从架构，主节点停止运行以后需要人工进行主从切换。

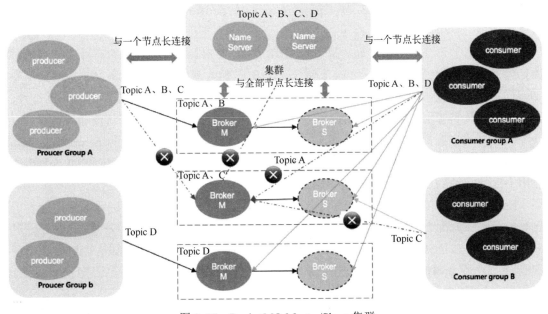

图 9-17 RocketMQ Master/Slave 集群

同步复制和异步复制是通过 Broker 配置文件里的 brokerRole 参数进行设置的，这个参数可以被设置成 ASYNC_MASTER、SYNC_MASTER 或 SLAVE。实际应用中要结合业务场景，合理设置刷盘方式和主从复制方式，尤其是 SYNC_FLUSH 方式，由于频繁地触发写磁盘动作，会明显降低性能。通常情况下，应该把 Master 和 Slave 设置成 ASYNC_FLUSH 的刷盘方式，主从之间配置成 SYNC_MASTER 的复制方式，这样即使有一台机器出故障，仍然可以保证数据不丢失。

（2）动态调整

Broker 可以动态调整，业务增长时，可以增加 Broker 机器，Broker 的增长不影响已有数据，原来的读写仍在原有 Broker 上进行。可以使用 updatetopic 命令将新的 Broker 机器增加到 Topic 上。新加的 Broker 会注册到 nameserver 上，生产者和消费者从 nameserver 感知新的 Broker。

若要减少 Broker，在多 master 模式下，在机器下架时，如果是同步发送，不会丢失数据，因为生产者有重试机制，未收到应答会故障转移到其他 master 上。在异步和 oneway 模式下，因为不会重试，没有故障转移机制，nameserver 感知下架前大约 30s 的数据会丢失。可以先停掉生产者，再处理 master，因为消费者可以访问 Broker slave，对消费者无影响。

若 Broker 负载有富余，但 Topic 压力较大，可以增加消息队列。消息队列增加可以提高消费速度。反之也可以减少消费队列数目。Topic 的消息队列的数目可以动态伸缩。

2. DLedger 集群

RocketMQ 提供了新的多副本架构解决自动故障转移的问题，本质上来说是自动选主的问题。

如同 NameServer 不使用 ZooKeeper 一样，利用 ZooKeeper 等第三方协调服务集群完成集群选举，会引入重量级外部组件，加重部署、运维和故障诊断成本。

在前面章节说过，ZooKeeper 基于的 ZAB 协议是 paxos 选举算法的一种工业实现。Paxos 算法太复杂，所以出现了 Raft 协议。Raft 是相对简单的一致性协议，是用来保障 servers 上副本一致性的一种算法。Raft 协议相比其他协议的优点是不需要引入外部组件，自动选主逻辑集成到各个节点的进程中，节点之间通过通信就可以完成选主。

Raft 协议也有多种实现方法，其中 DLedger 是一个基于 Raft 协议的 commitlog Java Library，依靠 DLedger 的 Raft 选举功能，DLedger 实现了 commitlog 高可用复制。RocketMQ 应用 DLedger 达到主备自动切换的目标。

RocketMQ 4.5 版本发布后，可以采用 RocketMQ on DLedger 方式进行部署，拥有了自动故障转移的能力。Raft 角色对应 broker，leader 对应 master，follower 和 candidate 对应原来的 slave。DLedger commitlog 代替原来的 commitlog，使得 commitlog 拥有了选举复制能力。在一组 broker 中，Master 挂了以后，依靠 DLedger 自动选主能力，会重新选出 leader，即 master。RocketMQ 4.5 版本采用 DLedger 集群的结构如图 9-18 所示。

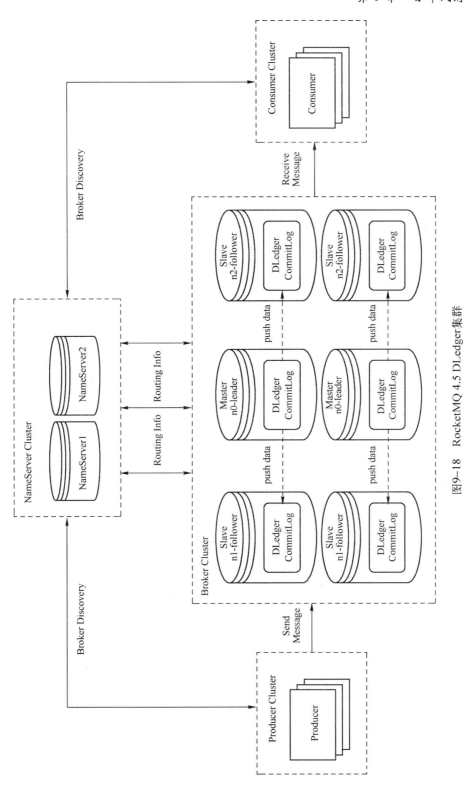

图9-18　RocketMQ 4.5 DLedger集群

9.4.4　负载均衡

图 9-19 是 RocketMQ 的生产和消费负载均衡逻辑结构图。

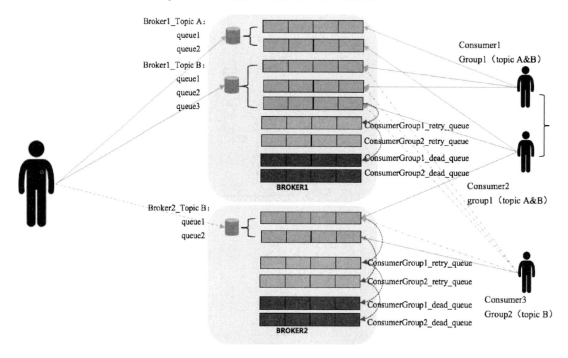

图 9-19　RocketMQ 的生产和消费负载均衡

1．Topic 与 MessageQueue

在 RocketMQ 中，一个 Topic 可以分布在各个 Broker 上，Topic 分布在一个 Broker 上的子集叫作一个 Topic 分片，将 Topic 分片再切分为若干等分，其中的一份就是一个 MessageQueue。MessageQueue 是 Topic 在一个 Broker 上的分片等分为指定份数后的其中一份，是负载均衡过程中资源分配的基本单元。每个 Topic 分片等分的 MessageQueue 的数量可以不同，由用户在创建 Topic 时指定，默认情况下会为一个 Topic 创建多个 MessageQueue。

2．生产侧负载均衡

（1）负载均衡策略

生产者发送消息，若是顺序消息，需要实现队列选择器，发送者将需要排序的消息路由到一个队列中。若不是顺序消息，会使用轮询和故障容错机制发送消息。

在轮询机制下，生产者发送消息时会轮询 MessageQueue，默认至多重试 2 次（同步发送为 2 次，异步发送为 0 次）。如果发送失败，则轮转到下一个 Broker。这个方法的总耗时时间默认不超过 10s。如果产生超时异常，就不会再重试。

默认是不开启故障容错机制的，在开启容错机制后，消息队列选择时，会在一段时间内过滤掉 RocketMQ 认为不可用的 broker，以此来避免不断向宕机的 broker 发送消息。容错时间是衰减的，若最终不可用，会被 nameserver 检测到并剔除。

（2）发送成功的状态

消息发送时，send 方法只要不抛出异常，就代表发送成功。发送成功会有多个状态，在 sendResult 里定义，下面对每个状态进行说明。

SEND_OK，消息发送成功。要注意的是消息发送成功并不意味着它是可靠的。要确保不会丢失任何消息，还应启用同步 Master 服务器或同步刷盘，即 SYNC_MASTER 或 SYNC_FLUSH。

FLUSH_DISK_TIMEOUT，消息发送成功但是服务器刷盘超时。此时消息已经进入服务器队列（内存），只有服务器宕机，消息才会丢失。消息存储配置参数中可以设置刷盘方式和同步刷盘时间长度，如果 Broker 服务器设置了刷盘方式为同步刷盘，即 FlushDiskType=SYNC_FLUSH（默认为异步刷盘方式），若 Broker 服务器未在同步刷盘时间内（默认为 5s）完成刷盘，则将返回该状态——刷盘超时。

FLUSH_SLAVE_TIMEOUT，消息发送成功，但是服务器同步到 Slave 时超时。此时消息已经进入服务器队列，只有服务器宕机，消息才会丢失。如果 Broker 服务器的角色是同步 Master，即 SYNC_MASTER（默认是异步 Master，即 ASYNC_MASTER），并且从 Broker 服务器未在同步刷盘时间（默认为 5s）内完成与主服务器的同步，则将返回该状态——数据同步到 Slave 服务器超时。

SLAVE_NOT_AVAILABLE，消息发送成功，但是此时 Slave 不可用。如果 Broker 服务器的角色是同步 Master，即 SYNC_MASTER（默认是异步 Master 服务器，即 ASYNC_MASTER），但没有配置 slave Broker 服务器，则将返回该状态——无 Slave 服务器可用。

（3）消息重试策略

生产者在发送消息时，可按如下方法设置消息重试策略，同步消息失败会重投（重新投递到其他 Broker），异步消息有重试（原 Broker 重试），oneway 没有任何保证。消息重投保证消息尽可能发送成功、不丢失，但可能会造成消息重复。

retryTimesWhenSendFailed：同步发送失败重投次数，默认为 2，加上程序本身的 1 次发送，因此生产者会最多尝试发送 retryTimesWhenSendFailed + 1 次。不会选择上次失败的 broker，尝试向其他 broker 发送，最大程度保证消息不丢失。超过重投次数，抛出异常，由客户端保证消息不丢失。当出现 RemotingException、MQClientException 和部分 MQBrokerException 时会重投。

retryTimesWhenSendAsyncFailed：异步发送失败重试次数，异步重试不会选择其他 broker，仅在同一个 broker 上做重试，不保证消息不丢失。

retryAnotherBrokerWhenNotStoreOK：消息刷盘（主或备）超时或 slave 不可用（返回状态非 SEND_OK）时尝试发送到其他 broker，默认 false。若消息十分重要可以开启此配置。

3. 消费侧负载均衡

在消费侧，RocketMQ 要求 MQConsumer 数量应该小于或等于 MessageQueue 数量，如果 Consumer 超过 MessageQueue 数量，那么多余的 Consumer 将不能消费消息。在一个 Consumer Group 内，MessageQueue 和 Consumer 是多对一的关系，一个 MessageQueue 最多只能分配一个 Consumer，一个 Consumer 可以访问多个 MessageQueue。每个 MessageQueue 只有一个消费者，可以更好地管控消费进度，实现顺序消费，提高各 Consumer 消费的并行度和处理效率。需注意每个消费者本身是多线程的。

Consumer 启动后，会通过定时任务不断地向 RocketMQ 集群中的所有 Broker 实例发送心跳包，因此在 Broker 中会保存全部客户端的列表。Consumer 从 Broker 获取 Topic 的消息消费队列集合（mqSet）以及客户端列表，使用消息队列的平均分配算法，将消息队列平均分配给 Consumer。

在消费侧，还有一个 ProcessQueue，是 MessageQueue 在消费侧的快照，在拉取消息后处理消息时，会在 ProcessQueue 内部的红黑树 msgTreeMap 中存储已经提取还未处理的数据，以及相关的锁和偏移量。ProcessQueue 从负载均衡、消息拉取、消费状态处理、offset 提交、流量控制、顺序消息等方面控制着整个消费的脉搏，是实现高级功能的着手点。

Consumer 根据平均分配算法获得的队列集合再与 ProcessQueue 中的锁对比，若未锁定，则返回最终的消费队列集合。

4. 重试队列

重试队列是针对消费者的，Consumer 消费消息失败后，需要提供一种重试机制，使消息再消费一次。Consumer 消费消息失败通常可以认为有以下几种情况。

由于消息本身的原因，例如反序列化失败，消息数据本身无法处理（例如话费充值，当前消息的手机号被注销，无法充值）等。这种错误通常需要跳过这条消息，再消费其他消息，而这条失败的消息即使立刻重试消费，99%也不成功，所以最好提供一种定时重试机制，即过 10s 后再重试。

由于依赖的下游应用服务不可用，例如数据库连接不可用，外系统网络不可达等。遇到这种错误，即使跳过当前失败的消息，消费其他消息同样也会报错。这种情况建议应用休眠 30s，再消费下一条消息，这样可以减轻 Broker 重试消息的压力。

RocketMQ 会为每个消费组设置一个 Topic 名称为"%RETRY%+consumerGroup"的重试队列（这里需要注意的是，这个 Topic 的重试队列是针对消费组，而不是针对每个 Topic 设置的），用于暂时保存因为各种异常而导致 Consumer 端无法消费的消息。RocketMQ 会为重试队列设置多个重试级别，每个重试级别都有与之对应的重新投递延时，重试次数越多投递延时就越大。RocketMQ 对于重试消息的处理是先保存至 Topic 名称为"SCHEDULE_TOPIC_XXXX"的延迟队列中，后台定时任务按照对应的时间进行 Delay 后重新保存至"%RETRY%+consumerGroup"的重试队列中。

5. 死信队列

死信队列用于处理无法被正常消费的消息。当一条消息初次消费失败，消息队列会自动进行消息重试；达到最大重试次数后，若消费依然失败，则表明消费者在正常情况下无法正确地消费该消息，此时，消息队列不会立刻将消息丢弃，而是将其发送到该消费者对应的死信队列中。可以通过使用 console 控制台对死信队列中的消息进行重发来使得消费者实例再次进行消费。

6. 延迟队列

RocketMQ 还支持定时消息（延迟队列）。即，消息发送到 broker 后，不会立即被消费，等待特定时间投递给真正的 Topic。Broker 有配置项 messageDelayLevel，默认值为 "1s 5s 10s 30s 1m 2m 3m 4m 5m 6m 7m 8m 9m 10m 20m 30m 1h 2h"，共 18 级。定时消息会暂存在名为 SCHEDULE_TOPIC_XXXX 的 Topic 中，并根据 delayTimeLevel 存入特定的 queue，queueId=delayTimeLevel－1，即一个 queue 只存储相同延迟的消息，保证具有相同发送延迟的消息能够顺序消费。broker 会按约定的时间消费 SCHEDULE_TOPIC_XXXX，将消息写入真实的 Topic。

9.4.5　顺序消息

RocketMQ 支持普通消费、事务消费和顺序消费。事务消费在分布式事务章节中介绍，在此不再赘述。普通消费是指不支持顺序消费，即乱序消费的情况。

默认情况下，消息发送会采取轮询方式把消息发送到不同的 queue（分区队列）；而消费消息时从多个 queue 上拉取消息，这种情况发送和消费是不能保证顺序的。为保证消息的顺序性，需要保证生产者、MQServer、消费者是一对一对一的关系。即需要排序的消息，由一个生产者按照顺序发送到同一个 queue 中，消费的时候只从这个 queue 上依次拉取。

RocketMQ 支持两种顺序消息模式。

（1）全局顺序

对于指定的一个 Topic，所有消息按照严格的先入先出（FIFO）顺序进行发布和消费。适用于性能要求不高，所有消息严格按照 FIFO 原则进行消息发布和消费的场景。

要保证全局顺序消息，需要先把 Topic 的读写队列数设置为 1，然后把 Producer 和 Consumer 的并发设置为 1。也就是要消除所有的并发处理，各部分都设置成单线程处理。当然，这时高并发、高吞吐量的功能就完全用不上了。

（2）分区顺序

对于指定的一个 Topic，所有消息根据 sharding key 进行区块分区。同一个分区内的消息按照严格的 FIFO 顺序进行发布和消费。Sharding key 是顺序消息中用来区分不同分区的关键字段，和普通消息的 Key 是完全不同的概念。适用于性能要求高，以 sharding key 作为分区字段，在同一个区块中严格按照 FIFO 原则进行消息发布和消费的场景。

在生产者侧，为了把消息发送到同一个队列（queue）中，需要实现发送消息的对列选择器方法，实现部分顺序消息。RocketMQ 默认提供两种 MessageQueueSelector 实现：随机/Hash。在获取路由信息以后，RocketMQ 会根据 MessageQueueSelector 实现的算法来选择一个队列，使获取的队列是同一个队列。

在消费侧，一个 Queue 只能有一个消费者，消费者注册消息监听器为 MessageListenerOrderly。MessageListenerOrderly 并不是简单地禁止并发处理，在 MessageListenerOrderly 的实现中，会为每个 MessageQueue 加锁，消费每个消息前，需要先获得这个消息对应的 MessageQueue 的锁，这样保证了同一时间，同一个 MessageQueue 的消息不会被并发消费，但不同 MessageQueue 的消息可以并发处理。

9.4.6　重复消息

为保证顺序消息的顺利消费，不堵塞，不可避免地要重复投递。在消费侧，同时实现顺序投递与不重复投递是非常困难的，RocketMQ 实现的是"至少一次（At least Once）"消费策略，Consumer 先 Pull 消息到本地，消费完成后，Consumer 明确向服务器返回 Ack 才算消费成功。RocketMQ 可以配置重试次数，若需要保证严格的不重复消息，需要业务侧去重。

需注意的是，业务侧应该以业务 ID 作为判断唯一性的条件。msgId 是全局唯一标识符，但是实际使用中，可能会存在相同消息有两个不同 msgId 的情况（消费者主动重发、因客户端重投机制导致的重复等），这种情况就需要使业务字段进行重复消费。

9.4.7　消费模式

RocketMQ 是基于发布订阅模型的消息中间件。只要 consumer 订阅了 Broker 上的某个 Topic，当 producer 发布消息到 broker 上的该 Topic 时，consumer 就能收到该条消息。

RocketMQ 使用 consumer group 来组织消息的订阅消费模式。consumer group 是由订阅同一类消息（Topic 和 tag 都相同）的多个 consumer 实例组成的一个消费者组/集群，集群内的 consumer 实例使用同一个 group name。

RocketMQ 支持两种消息消费模式：Clustering 和 Broadcasting。

（1）集群消费 Clustering 模式

集群消费是指一个 ConsumerGroup 组中的 consumer 实例平均消费消息，一个消息只被消费一次。使用集群消费的时候，同一条消息只会被同一个组消费一次，消费进度会参与到负载均衡中，故消费进度是需要共享的，consumer 的消费进度存储在 broker 上，consumer 自身不存储消费进度，broker 知道谁已消费，不容易产生重复消息。在集群消费模式下，并不能保证每一次消息失败重投都投递到同一个 consumer 实例。

（2）广播消费 Broadcasting 模式

同一消息会被 ConsumerGroup 中的每个 Consumer 实例消费到，也就是一个消息会被多个 Consumer 实例消费。在广播消费模式下，同消费组的消费者相互独立，consumer 的消费进度存储在各个 consumer 实例上，在消费失败时不会进行重试。

（3）通过订阅实现广播消费

广播消费模式不够灵活，在实际应用中较少出现。确实需要的，可以使用订阅的办法实现广播消费。创建多个 consumer 实例，所有 consumer 实例都订阅同一个 Topic，但每个 consumer 实例都属于不同的 consumer group。当有新消息时，由于订阅者 consumer 属于不同的 consumer group，所以每个 consumer 都能收到消息。使用这个办法，每个 consumer 实例的消费逻辑可以不一样，相比广播消费更加灵活。

9.4.8　消息提交

在生产侧支持三种消息发送模式，将消息提交到 Broker。

（1）同步发送

同步发送是指消息发送方发出数据后，会同步等待 Broker 的响应，收到响应之后才继续处理。生产者在发送消息时，同步发送消息失败会重投到其他 Broker，总发送时间超时后会失败。

（2）异步发送

异步发送是指发送方发出数据后，不等服务方发回响应，不阻塞当前线程。生产者在获取 Broker 响应后，会调用指定的 CallBack。可以设置在同一个 Broker 上的重试次数。

（3）单向发送

单向发送是指消息发出之后，直接返回，不做任何操作。适用于对可靠性要求并不高的场景，例如日志收集类应用，此类应用可以采用 oneway 形式调用，oneway 形式只发送请求不等待应答，而发送请求在客户端实现层面仅仅是一个系统调用的开销，即将数据写入客户端的 socket 缓冲区，此过程耗时通常在微秒级。

9.4.9　消息消费

在业务侧有三种消息消费的模式。

（1）push 推送模式

消息由服务端主动推送给客户端 consumer。采用 Push 方式，可以尽可能实时地将消息发送给消费者进行消费。但是，在消费者处理消息的能力较弱的时候，MQ 不断地向消费者 Push 消息，可能会导致消费者端的缓冲区溢出。

（2）pull 拉取模式，

由消费者每隔一段时间主动向服务端拉取消息。采用 Pull 方式，缺点是 Pull 消息的频率不容易设置。如果每次 Pull 的时间间隔比较久，会使消息到达消费者的时间加长，

RocketMQ 中消息的堆积量变大；若每次 Pull 的时间间隔较短，但是在一段时间内 RocketMQ 中并没有任何消息可以消费，那么会产生很多无效的 Pull 请求的 RPC 开销，浪费资源。

（3）长轮询模式

消费者如果采用 Pull 方式，没有拉取到消息，此时请求线程并不立即返回结果，而是先挂起请求，将请求保存至 pullRequestTable 本地缓存变量中，Broker 的后台独立线程 PullRequestHoldService 会不断地从 pullRequestTable 本地缓存变量中检查挂起请求，检查队列偏离量，判断是否有新消息达到 Broker 端，若有则重新拉取消息。默认的 defaultMQPush Consumer 就是长轮询模式。

9.4.10 过滤查询

1. 消息过滤

Tags 的使用，一个应用会处理不同业务种类的消息，但应尽可能使用一个 Topic，通过 tags 来标识消息子类型。tags 由应用自由配置，生产者在发送消息时设置了 tags，消费方在订阅消息时就可以利用 tags 在 broker 上做消息过滤。

RocketMQ 的消费者可以根据 Tag 进行消息过滤，也支持自定义属性过滤。消息过滤目前是在 Broker 端实现的，优点是减少了对 Consumer 无用消息的网络传输，缺点是增加了 Broker 的负担，而且实现相对复杂。

（1）Tag 过滤方式。Consumer 端在订阅消息时除了指定 Topic 还可以指定 Tag，如果一个消息有多个 Tag，可以用 || 分隔。其中，Consumer 端会将这个订阅请求构建成一个 SubscriptionData，发送一个 Pull 消息的请求给 Broker 端。Broker 端从 RocketMQ 的文件存储层 Store 读取数据之前，会用这些数据先构建一个 MessageFilter，然后传给 Store。Store 从 ConsumeQueue 读取到一条记录后，会用它记录的消息 tag hash 值做过滤，由于在服务端只是根据 hashcode 进行判断，无法精确对 tag 原始字符串进行过滤，故在消息消费端拉取到消息后，还需要对消息的原始 tag 字符串进行比对，如果不同，则丢弃该消息，不进行消息消费。

（2）SQL92 过滤方式。这种方式使用类似 SQL 表达式的语句对消息过滤，大致做法和 Tag 过滤方式一样，只是在 Store 层的具体过滤过程不太一样，真正的 SQL 表达式的构建和执行由 rocketmq-filter 模块负责。每次过滤都执行 SQL 表达式会影响效率，所以 RocketMQ 使用 BloomFilter 避免每次都执行。SQL92 的表达式上下文为消息的属性，即需要读出 message 属性，然后做 SQL 运算，如过滤订单金额大于 1000 的消息。

（3）自定义 filter server 模式。Broker 也支持自定义 messagefilter 函数，Broker 的 filter server 会加载执行。因为执行在 Brokerserver 上，若产生代码问题对整个集群的影响是巨大的，所以一般不建议采用这种方式。

2. 消息查询

RocketMQ 支持按照 Message Id 查询消息和按照 Message Key 查询消息两种模式。

（1）按照 Message Id 查询消息

RocketMQ 中的 MessageId 长度总共有 16B。生产者消息发送之前会在客户端创建一个 MessageId，其中包含客户端地址（客户端 IP 和端口）和客户端 classloader 的 hashCode。Broker 返回的 MessageId 包含消息存储主机地址（IP 地址和端口）和消息存储日志偏移地址（Commit Log offset）。

Client 端从 MessageId 中解析出 Broker 的地址（IP 地址和端口）和 Commit Log 的偏移地址后，发起一个远程调用到相应的 Broker，Broker 再使用 commitLog offset 和 size 去 commitLog 中找到真正的记录并解析成一个完整的消息返回。

（2）按照 Message Key 查询消息

每个消息在业务层面的唯一标识码要设置到 keys 字段，方便将来定位消息问题。服务器会为每个消息创建索引（散列索引），应用可以通过 Topic、key 来查询这条消息内容，以及消息被谁消费。由于是散列索引，应务必保证 key 唯一，这样可以避免潜在的散列冲突。相关代码如下：

```
String orderId = "20034568923546";    // 订单 Id
message.setKeys(orderId);
```

按照 Message Key 查询消息主要是基于 RocketMQ 的 IndexFile 索引文件来实现的。IndexFile 索引文件是一个类似 hashtable 的数据结构，其中记录了 key hash，commitLog offset 和 next index offset。读取消息的过程就是用 Topic 和 key 找到 IndexFile 索引文件中的一条记录，根据其中的 commitLog offset 从 CommitLog 文件中读取消息的实体内容。基于 Key 查找消息主要用于命令行。

3. 消息日志

建议在消息的生产侧和消费侧打印消息日志，便于追踪查看问题。

在生产侧，消息发送成功或者失败要打印消息日志，务必打印 SendResult 和 key 字段。

在消费侧，如果消息量较少，在消费入口方法打印消息内容、消费耗时等信息，方便后续排查问题。

9.4.11　流量控制

1. 生产侧流控

当 broker 处理能力达到瓶颈时会触发生产者流控，broker 通过拒绝 send 请求的方式实现流量控制。注意，生产者流控不会尝试消息重投。

判断 broker 达到瓶颈的依据是：

（1）commitLog 文件被锁时间超过 osPageCacheBusyTimeOutMills 时，参数默认为 1000ms，返回流控。

（2）如果开启 transientStorePoolEnable == true，且 broker 为异步刷盘的主机，且 transientStorePool 中资源不足，则拒绝当前 send 请求，返回流控。

（3）broker 每隔 10ms 检查 send 请求队列头部请求的等待时间，如果超过 waitTime MillsInSendQueue，默认 200ms，拒绝当前 send 请求，返回流控。

为提高 broker 处理能力，主要办法是依据 9.4.3 小节中提到的集群动态调整的办法，扩充 Topic 或 Broker 的数量。

另外，若 Broker 能力有结余，而产生消息的速度无法满足消息源的要求时，则可以增加 Producer 的并发量，使用多个 Producer 同时发送。

2．消费者流控

当业务侧处理速度慢时，消费能力达到瓶颈，RocketMq 会执行流速控制，降低拉取频率。RocketMq 依据消息堆积情况进行判断，当消息队列中有较多的消息堆积时，说明消费速度已经不能匹配消息的生产情况。主要指标是：

消费者本地缓存消息数超过 pullThresholdForQueue 时，默认 1000。

消费者本地缓存消息大小超过 pullThresholdSizeForQueue 时，默认 100MB。

消费者本地缓存消息跨度超过 consumeConcurrentlyMaxSpan 时，默认 2000。

提高消费速度，避免消费者流控的主要办法包括：

（1）提高消费并行度

同一个 ConsumerGroup 下，通过增加 Consumer 实例数量来提高并行度（需要注意的是超过订阅队列数的 Consumer 实例无效），可以通过加机器，或者在已有机器启动多个进程的方式。

也可以提高单个 Consumer 的消费并行线程，通过修改参数 consumeThreadMin、consumeThreadMax 实现。

（2）批量方式消费

在业务侧支持批量方式消费，可以很大程度上提高消费吞吐量，通过设置 consumer 的 consumeMessageBatchMaxSize 返回参数，默认是 1，即一次只消费一条消息，例如设置为 N，那么每次消费的消息数小于或等于 N。

（3）跳过非重要消息

发生消息堆积时，如果消费速度一直追不上发送速度，若业务对数据要求不高，可以选择丢弃不重要的消息。例如，当某个队列的消息数堆积到 100000 条以上，则尝试丢弃部分或全部消息，这样可以快速追上发送消息的速度。

（4）优化每条消息消费过程

通过不断调整优化消息的处理过程，提高处理速度。

9.4.12　与消息中间件 Kafka 的对比

RocketMQ 是基于 Kafka 的理念设计的。Kafka 使用 Scala 编写，具有高吞吐量，海量消息堆积，高效的持久化速度等特性，尤其适合产生大量数据的互联网服务的数据收集业务。但 Kafka 对数据的正确度、可靠性要求不是十分严格。RocketMQ 的目标是实现高并发的可靠消息传输，因此在低延迟、消息重试与追踪、海量 Topic、多租户、一致性多副本、数据可靠性等方面进行了大量优化。

在架构组成上，RocketMq 由 NameServer、Broker、Consumer、Producer 组成，NameServer 之间互不通信，Broker 会向所有的 NameServer 注册，通过心跳判断 Broker 是否存活，Producer 和 Consumer 通过 NameServer 就知道 Broker 上有哪些 Topic。而 Kafka 的元数据信息都是保存在 ZooKeeper 上的，由 Broker、ZooKeeper、Producer、Consumer 组成，通过 ZooKeeper 的选举机制支持主从切换。RocketMQ 使用了无状态的 NameSrver，相对来说架构更加简单，但也因此 RocketMQ 在 4.5 之前是不支持主从自动切换的，RocketMQ 通过多 Master 结构，实现了高可用，直到 4.5 版本以后，在 Broker 上使用了相对简单的 Raft 协议，才有了主从自动切换功能。

在存储上，RocketMQ 采用了单一的日志文件，即把同一台机器上所有 Topic 的队列的消息，存放在同一个 commitLog 文件里，从而避免了随机的磁盘写入，也因此 RocketMq 的单机 Broker 可支持上万 Topic。Kafka 的一个 Topic 有多个 partition，partition 分布在不同的 Broker 上，单个 partition 是顺序写，当 broker 单机的 partition 过多的时候，很多 partition 同时向 pageCache 中写数据，相对磁盘来说就是随机写了，这时候 Kafka 的性能会急剧下降。另外，RocketMQ 为 Producer 和 Consumer 分别设计了不同的存储结构，Producer 对应 CommitLog，Consumer 对应 ConsumeQueue，所有消息都存在一个单一的 CommitLog 文件里面，然后由后台线程异步地同步到 ConsumeQueue，最终实现消息的顺序写和随机读。

其他区别，包括 Kafka 不支持消息重试、延迟队列、分布式消息、长轮询、tag 过滤等功能，不过 Kafka 要比 RocketMQ 的堆积能力更强、吞吐更大。

9.5 Spring Cloud 消息传递中间件

Spring Cloud Bus 是 Spring 基于远程事件的消息总线实现。Spring Cloud Bus 的底层是 Spring Cloud Stream，Spring Cloud Stream 屏蔽了消息队列的底层实现，其基础是 Spring Integration。这里对这几个组件做一下简要介绍，帮助读者理解消息传递模式和消息总线的具体实现方案。

9.5.1 Spring Integration

Spring Integration 是企业集成模式（Enterprise Integration Patterns，EIP）的一种实现。Spring Integration 的核心概念包括 Message、Channel、Message EndPoint。

1．Message

如图 9-20 所示，Spring Integration Message 分为两部分，header 和 payload。payload 可以是任何类型，主要装载业务数据。header 头通常包含 ID、时间戳、关联 ID 和返回地址等信息。header 头还用于目的地的信息。例如，当从接收到的文件创建消息时，文件名可以存储在需要由下游组件访问的消息头中。同样，如果消息的

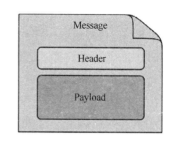

图 9-20　Spring Integration Message

内容最终将由出站邮件服务器发送，则上游组件可以将各种属性（to、from、cc、subject 等）配置为消息头值。开发人员还可以在头文件中存储任意的键值对。

2．Channel

Channel（消息通道）是 pipes-and-filters 体系架构的 pipe。如图 9-21 所示，生产者向通道发送消息，消费者从通道接收消息，消息通道解耦了消息的生产者和消费者，并为截取和监视消息提供了一个方便的点。

图 9-21　Spring Integration Message Cannel

Channel Interceptors：

由于需要通过消息通道发送和接收消息，因此这些通道提供了拦截发送和接收操作的机会。拦截点包括发送前、发送后、发送成功后、接收前、接收后、接收成功后。

Channel 的类型包括：

（1）PublishSubscribeChannel

发布订阅通道，多用于消息广播形式，将每条消息广播给所有订阅者，通常用于发送事件消息。

（2）QueueChannel

队列通道，点对点的传输方式，每个发送到该通道的消息最多只能有一个使用者接收。

（3）PriorityChannel

优先级队列通道，是 QueueChannel 的升级版，可以无视队列，根据设置的优先级直接插队。QueueChannel 支持先进先出（FIFO），但 priority channel 可以根据优先级在通道内对消息进行排序。默认情况下，优先级由每条消息中的优先级标头确定，允许使用比较器 comparator<Message<? >>自定义优先级。

（4）RendezvousChannel

聚集通道，当消息进入通道后，直到另一方调用通道的 receive()方法，才能继续使用。在聚集通道中，发送方知道某个接收方已接受该消息，而在队列通道中，该消息将被存储

到内部队列中，并且可能永远不会收到。

（5）DirectChannel

是点对点的订阅模式，它与 publishSubscribechannel 的不同之处在于它将每条消息发送给单一的已订阅的消息处理程序。DirectChannel 是一个简单的单线程通道，是 spring-integration 的默认通道类型。它最重要的特性之一是允许单个线程在通道的"两边"执行操作。例如，如果处理程序订阅 DirectChannel，则在 send()方法调用返回之前，将消息发送到该通道，直接在发送者线程中触发对该处理程序的 handleMessage（消息）方法的调用。

DirectChannel 在内部通过消息分派器调用消息处理程序，消息分派器使用负载均衡策略来帮助确定当多个消息处理程序订阅同一通道时，如何在消息处理程序之间分发消息。

DirectChannel 的关键作用是支持跨越通道的事务，事务的范围包括通道的发送和接收两侧。

（6）ExecutorChannel

多线程执行点对点订阅通道。与 DirectChannel 的区别是消息处理程序可能不会发生在发送方的线程中。因此，它不支持跨越发送方和接收方处理程序的事务。

3. Message EndPoint

消息端点 EndPoint 是 pipes-and-filters 体系架构的 filter。EndPonit 的主要作用是将应用程序代码连接到消息传递框架，并以非侵入性的方式进行连接。也就是说，应用程序代码应该不知道 Message 或 Channel。类似于 MVC 模式的控制器映射到 URL 模式一样，消息端点 endpoint 映射到消息通道 Channel，在 channel 中不能操作消息，只能在 endpoint 操作。

（1）Transformer

消息转换器负责转换消息的内容或结构并返回修改后的消息。最常见的转换器类型可能是将消息的 payload 从一种格式转换为另一种格式（例如从 XML 转换为 java.lang.String 语言）。类似的，转换器可以添加、删除或修改 header 的值。

（2）Message Filter

消息过滤器决定消息是否应该被传递到输出通道。最简单的办法是实现一个 boolean 类型的 test method，该方法检查 payload 的内容类型和属性，以及 header。如果检查通过，消息将被发送到输出通道。否则，消息将被删除（甚至可能引发异常）。消息过滤器通常与发布-订阅通道一起使用，在该通道中，多个使用者可能接收到相同的消息，并使用过滤器的条件来缩小要处理的消息集的范围。

（3）Message Router

消息路由器负责决定哪个通道应该接收消息。路由基于消息的内容或消息头中的元数据。消息路由器为 service activator、Message Filter 等 endpoint 提供了动态配置输出通道的解决办法，如图 9-22 所示。

（4）Splitter

拆分器接受来自其输入通道的消息，将该消息拆分为多个消息，并将每个消息发送到其输出通道。通常用于将一个"复合"的 payload 对象拆分为一组 payloads。

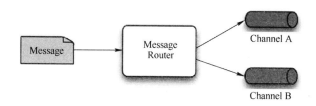

图 9-22　消息路由器

（5）Aggregator

聚合器是拆分器的逆运算，是用来接收多个消息并将它们组合成单个消息的 endpoint。聚合器通常是包含 Splitter 的管道的下游消费者。聚合器比拆分器更复杂，因为它需要维护状态，包括要聚合的消息是否已经完成聚合以及聚合的超时时间。在超时情况下，聚合器需要知道是发送部分结果、丢弃它们还是将它们发送到单独的通道。

（6）Service Activator

服务激活器是用于将消息传递给 service 实例的 endpoint。必须配置输入消息通道，如果要调用的服务方法有返回值，则还可以提供输出消息通道。输出通道是可选的，因为可以在原输入消息中设置自己的"返回地址 Return Address"头。

服务激活器调用 service 实例的方法来处理请求消息，当服务对象的方法返回一个值时，该返回值会转换为应答消息，被发送到输出通道。如果未配置输出通道，则应答消息将发送到输入消息头中的"返回地址"中指定的通道。服务器激活器如图 9-23 所示。

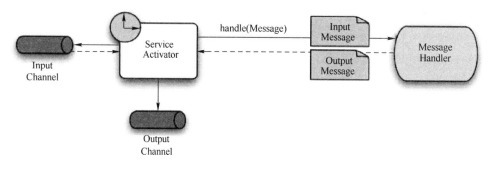

图 9-23　服务激活器

（7）Channel Adapter

通道适配器是将消息通道连接到其他系统或传输的 endpoint。通道适配器可以用于入站或出站。通道适配器在 Message 和其他系统（文件、HTTP 请求、JMS 消息和其他）接收或发送的对象及资源之间进行映射。根据传输的方法，通道适配器还可以填充或提取消息头值。Spring 集成提供了许多通道适配器如 RabbitMQ、Feed、File、FTP/SFTP、Gemfire、HTTP、TCP/UDP、JDBC、JPA、JMS、Mail、MongoDB、Redis、RMI、Twitter、XMPP、WebServices(SOAP、REST)、WebSocket 等。

如图 9-24 所示，入站通道适配器将 source system 映射为 message 连接到 MessageChannel。

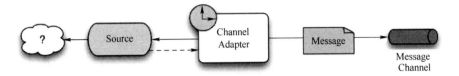

图 9-24　入站通道适配器

如图 9-25 所示，出站通道适配器将 MessageChannel 的消息连接到 target system。

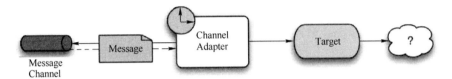

图 9-25　出站通道适配器

4．举例

下面举个应用 Spring Integration 使用服务激活器的简单例子。

（1）xml bean config，这是一个服务激活器 service-activator 的配置文件，用于将 id='input'的 channel 的输出传递给服务 TestService。

```
<channel id="input"/>
<service-activator input-channel="input"
            ref="testService"
            method="test"/>
  <beans:bean id="testService" class="org.spring.samples.TestService"/>
```

（2）service-activator service，这是一个简单的服务，用于打印输入的字符串。

```
public class TestService {
    public void test(String word) {
        System.out.println("Hi ," + word);
    }
}
```

（3）test code，这是程序入口，创建了一个消息，并将消息发送给 id='input'的 channel。

```
public static void main(String args[]) {
    ......
    ApplicationContext context = new ClassPathXmlApplicationContext(cfgfile);
    MessageChannel input = context.getBean("input", MessageChannel.class);
    input.send(MessageBuilder.withPayload("Hello World!").build());
}
```

通过上面的代码，可以看到通过简单的配置就实现了把消息传递给服务的过程。

本节简单介绍了 Spring Integration 的核心概念。Spring Integration 是一套功能强大的 EAI 工具，功能繁多且复杂，与前面介绍的 Camel 一样，都是 EIP 模式的实现。

9.5.2　Spring Cloud Stream

Spring Cloud Stream 是在 Spring Cloud 体系内用于构建基于消息驱动的框架，目的是为了简化消息在 Spring Cloud 应用程序中的开发。Spring Cloud Stream 基于 Spring Messaging 和 Spring Integration 来连接消息中间件，提供简单的配置实现，目前官方支持 RabbitMQ 和 Kafka 两种中间件。Spring Cloud Alibaba 实现了 Spring Cloud Stream 的 RocketMQ 绑定器。Spring Cloud Stream 架构如图 9-26 所示。

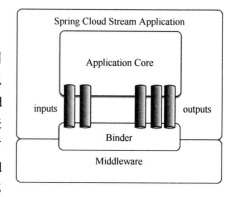

图 9-26　Spring Cloud Stream 架构

1. 通道绑定

绑定器（Binder）是 Spring Cloud Stream 的一个抽象概念，是应用与消息中间件之间的黏合剂。绑定器通过配置文件和注解，完成对消息中间件连接信息和输入输出通道的配置。屏蔽了消息中间件的实现细节。目前 Spring Cloud Stream 实现了 Kafka 和 RabbitMQ 的 binder。

因为在后面 Spring Cloud Bus 章节中会用到，这里列出绑定器的主要注解。

（1）消息通道定义接口

@Input 注解的接口方法，返回类型是 SubscribableChannel，用于指定消费方输入通道。

@Output 注解的接口方法，返回类型是 MessageChannel，用于指定生产方输出通道。举例：

```
public interface Sink {
  String INPUT = "input";
  @Input(Sink.INPUT)
  SubscribableChannel input();
}
public interface Source {
  String OUTPUT = "output";
  @Output(Source.OUTPUT)
  MessageChannel output();
}
```

（2）监听处理类

@EnableBinding 注解的接口名称，用来指定@Input 或@Output 注解的接口。

@StreamListener 注解的接口方法，标注为消息中间件的消息监听器，注解的属性值为监听的消息通道名。消息是带有 Header 的，类似 Http 的 headler，上面有 contentType 属性指明消息类型。如果 contentType 是 application/json，那么@Streamlistener 会自动将数据转化成@StreamListener 注解的方法的参数类型。

举例：

```
@EnableBinding(Sink.class)
public class VoteHandler {
  @Autowired
  VotingService votingService;
  @StreamListener(Sink.INPUT)
  public void handle(Vote vote) {
    votingService.record(vote);
  }
}
```

（3）属性文件，Spring Cloud Stream 在配置文件中定义连接属性信息。如：

```
spring.rabbitmq.host=<rabbitMQ 所在的 ip>
spring.rabbitmq.port=<端口号>
spring.rabbitmq.username=<登录用户名>
spring.rabbitmq.password=<密码>
```

2. 发送与订阅

生产者把消息通过 Topic 广播出去，消费者通过订阅 Topic 来获取消息。在 RabbitMQ 中对应 Exchange，而在 Kakfa 中则对应 Kafka 中的 Topic。

#在生产侧和消费侧使用 destination 配置主题。

```
spring.cloud.stream.bindings.{输入或输出通道名称}.destination={主题名}
```

3. 分组与分区

分组，与 Kafaka 和 RocketMQ 的 group 概念一致，为防止事件被重复消费，消息只会被同一组中的一个实例消费。

```
#在消费方通过 group 属性为应用指定一个组名
spring.cloud.stream.bindings.{通道名称}.group={分组名}
```

分区：在一个消费组内除了要保证只有一个实例消费外，还要保证具备相同特征的消息被同一个实例进行消费。配置方法是：消息分区首先在消息消费方开启消息分区并配置消费者数量和当前消费者索引，然后在消息生产者配置分区键表达式和分区数量。

```
#设置分区(消费方设置)
spring.cloud.stream.bindings.{通道名称}.consumer.partitioned=true
```

```
spring.cloud.stream.instance-count=1
spring.cloud.stream.instance-index=0
#设置分区(生产方设置)
spring.cloud.stream.bindings.{通道名称}.partitionKeyExpression=
headers.router
spring.cloud.stream.bindings.{通道名称}.producer.partitionCount=1
```

4. 错误处理

（1）通过重试的办法，再次发送消息。

```
#设置重试次数:
spring.cloud.stream.bindings.{通道名称}.consumer.max-attempts=1
```

（2）失败之后，并不会将该消息抛弃，而是将消息重新放入队列。

```
#开启重投:
spring.cloud.stream.rabbit.bindings.{通道名称}.consumer.requeue-
rejected=true
```

（3）最终失败的放入死信队列。

```
#开启 DLQ（死信队列）
spring.cloud.stream.rabbit.bindings.{通道名称}.consumer.auto-bind-
dlq=true,
# DLQ 队列中消息的存活时间，当超过配置时间之后，该消息会自动从 DLQ 队列中移除
spring.cloud.stream.rabbit.bindings.{通道名称}.consumer.dlq-ttl=
10000
```

5. 延迟发送

```
#用来开启延迟消息的功能
spring.cloud.stream.rabbit.bindings.{通道名称}.producer.delayed-
exchange
```

6. 内容类型和转换

Spring Cloud Stream 默认将 contentType 头附加到流出的消息，可以使用 spring.cloud.stream.bindings.<channelName>.content-type 属性配置输入和输出的类型转换。

Spring Cloud Stream 还支持使用@StreamConverter 注册自己的消息转换实现，以自定义格式（包括二进制）发送和接收数据，并将它们与特定的 contentType 关联。

在使用@StreamListener 注解的方法分发过程中，无需指定输入通道的内容类型，如果参数需要，将自动应用转换。

下面的代码创建了带有内容类型 application/bar 的消息转换器 bean。

```
@SpringBootApplication
public static class SinkApplication {
    @Bean
    @StreamConverter
    public MessageConverter customMessageConverter() {
        return new MyCustomMessageConverter();
    }
}
public class MyCustomMessageConverter extends AbstractMessageConverter {
    public MyCustomMessageConverter() {
        super(new MimeType("application", "bar"));
    }
    @Override
    protected boolean supports(Class<?> clazz) {
        return (Bar.class.equals(clazz));
    }
    @Override
    protected Object convertFromInternal(Message<?> message, Class<?>
targetClass, Object conversionHint)
    {
        Object payload = message.getPayload();
        return (payload instanceof Bar ? payload : new Bar((byte[])
payload));
    }
}
```

7. 消息路由

（1）结果转发，若需要返回数据给生产者或其他业务方，必须使用@SendTo 注解来指定方法返回的数据的输出绑定 destination。其实就是形成了 A 发给 B，B 再返回结果给 A 的结构。

```
@EnableBinding(Processor.class)
public class TransformProcessor {
  @Autowired
  VotingService votingService;
  @StreamListener(Processor.INPUT)
  @SendTo(Processor.OUTPUT)
  public VoteResult handle(Vote vote) {
    return votingService.record(vote);
  }
}
```

（2）基于内容的路由，在生产侧设置 message header 的内容，在消费侧根据 header 路由。下边的示例展示了使用带分发条件的@StreamListener。

```
@EnableBinding(Sink.class)
@EnableAutoConfiguration
public static class TestPojoWithAnnotatedArguments {
    @StreamListener(target = Sink.INPUT, condition = "headers['type']==
'bogey'")
    public void receiveBogey(@Payload BogeyPojo bogeyPojo) {
      // handle the message
    }
    @StreamListener(target = Sink.INPUT, condition = "headers['type']==
'bacall'")
    public void receiveBacall(@Payload BacallPojo bacallPojo) {
      // handle the message
    }
}
```

8. Spring Integration 支持

由于 Spring Cloud Stream 是基于 Spring Integration 的，Stream 完全继承了 Integration 的基础设施以及组件本身。Spring Integration 与前面介绍过的 Camel 都是企业集成组件，实现了 Enterprise Integration Patterns。这里举两个 Spring Integration 注解的例子。

（1）@InboundChannelAdapter 表示定义的方法能产生消息。用 InboundChannelAdapter 注解的是一个不带参数的方法，这个方法有返回值传递给注解中指定的通道。fixedDelay 表示多少毫秒发送 1 次，maxMessagesPerPoll 表示一次发送几条消息。

```
@EnableBinding(Source.class)
public class TimerSource {
  @Bean
  @InboundChannelAdapter(value= Source.OUTPUT, poller = @Poller(fixedDelay =
"10", maxMessagesPerPoll = "1"))
  public MessageSource<String> timerMessageSource() {
    return () -> new GenericMessage<>("Hello Spring Cloud Stream");
  }
}
```

（2）@Transformer 格式转换，对指定通道的消息体进行格式处理。

```
@EnableBinding(Processor.class)
public class TransformProcessor {
  @Transformer(inputChannel = Processor.INPUT, outputChannel = Processor.
OUTPUT)
  public Object transform(String message) {
    return message.toUpperCase();
```

```
        }
    }
```

9.5.3　Spring Cloud Bus

Spring Cloud Bus 的官方文档非常简单，资料较少。在 Spring Cloud Bus 官网中这样描述 Spring Cloud Bus：Spring Cloud Bus 将分布式系统的节点与轻量级消息代理链接在一起。这可以用于广播状态更改（例如配置更改）或其他管理指令。Bus 就像一个扩展的 Spring Boot 应用程序的分布式执行器，但也可以用作应用程序之间的通信渠道，使用 AMQP 代理作为传输。

简单说，Spring Cloud Bus 就是通过消息中间件在分布式系统的节点间实现远程事件传递，执行分布式事件处理，是分布式节点间的事件传输渠道，可以用于广播状态更改（例如配置更改）或传播其他管理指令。Spring Cloud Bus 其实命名为 Spring Cloud Event Bus 更加准确。

Spring Cloud Bus 主要使用 springframework.context.ApplicationEvent 处理本地事件，使用 Spring Cloud Stream 处理远程消息通信。Spring Cloud Bus 内置实现了与配置中心关联的配置更改和加载的远程事件处理过程。

1. Spring Cloud Bus 主要概念

Spring Cloud Bus 主要由发送端、监听器和事件组成，发送端发送事件，监听器接收事件，并进行相应的处理。

（1）Endpoint 发送端事件源

Spring Cloud Bus 内部已经实现的是 EnvironmentBusEndpoint（配置的新增和修改等环境参数变化）和 RefreshBusEndpoint（配置加载刷新）。

（2）RemoteEvent 远程事件

1）与配置中心相关的事件包括：

EnvironmentChangeRemoteApplicationEvent，远程环境变更事件，用于传递 Map 类型的配置数据。

RefreshRemoteApplicationEvent，远程配置刷新事件，用于配置类的动态刷新。

2）Spring Cloud Bus 内部使用的事件包括：

AckRemoteApplicationEvent，远程确认事件，在 Spring Bus 内部，成功接收到远程事件后会返回确认事件。

UnknownRemoteApplicationEvent，远程未知事件，在 Spring Bus 内部，将消息体转换为远程事件的时候，如果发生异常会统一包装成该事件。

内部还有一个继承了 ApplicationEvent 的非远程事件——ApplicationEventSent 消息发送事件，进行远程消息发送的记录，用于跟踪消息。

（3）ApplicationListener 事件监听器，Spring Cloud Bus 内部已经实现的是 Environment

ChangeListener 和 RefreshBusEndpoint。EnvironmentChangeListener 用于将配置数据更新到 Spring 上下文中，RefreshBusEndpoint 用于加载配置。

2．Spring Cloud Bus 的事件路由

（1）使用 Spring Cloud Stream 接收远程的事件类消息。默认定义 Spring Cloud Stream destination 为 "springCloudBus"，input channel 为"springCloudBusInput"，output channel 为 "springCloudBusOutput"。

（2）Endpoint 的 HTTP 端点接受"目的地"参数，例如"/ bus / refresh？destination = customers：9000"，其中目的地是 ApplicationContext ID，可以手工通过属性 spring.cloud.bus.id 配置 ApplicationContext ID，需要保证 id 不重复。ApplicationContext ID 也会赋值给 event 属性 originService，用于判断事件来源。

3．事件注册

Spring Cloud Bus 的事件默认位于包 org.springframework.cloud.bus.event 之下，可以使用 @RemoteApplicationEventScan 指定要扫描类型为 RemoteApplicationEvent 的事件进行注册。

4．主要流程

发送端 Endpoint 构造事件 RemoteApplicationEvent，将其发布到本地事件上下文中，然后将事件以 json message 格式发送到消息队列中，接收端从消息队列中获取 json message，将 message 转换为 RemoteApplicationEvent 事件并发布到本地事件上下文中，最后监听器 Listener 收到 event，进行处理。具体过程如下。

（1）Endpoint 创建事件，事件类型为 RemoteApplicationEvent，然后通过 Spring 本地事件框架的 ApplicationEventPublisher 发送事件。

（2）BusAutoConfiguration 的 acceptLocal 方法监听 RemoteApplicationEvent 事件，使用 serviceMatcher.isFromSelf 判断是否为自己发出的事件，如果是就使用 Spring Cloud Stream 发送事件类消息。事件传输使用 Json 格式。

（3）BusAutoConfiguration 的 acceptRemote 方法接收 Spring Cloud Stream 发来的事件，首先使用 serviceMatcher.isForSelf 判断是否为发送给自己的事件。如果是，就通过 spring 本地事件框架的 ApplicationEventPublisher 在本地发送 RemoteApplicationEvent 到本地监听器。如果开启了 ACK 应答，则需要先回送 ACK 消息。如果开启了 Trace，则本地发送 ApplicationEventSent 事件，用于跟踪消息。

（4）ApplicationListener 执行本地事件处理程序。

5．主要配置相关代码

（1）在 BusProperties 中定义 Spring Cloud Stream destination 为 "springCloudBus"。
（2）BusAutoConfiguration 中：

设置@EnableBinding=“SpringCloudBusClient”。

用@EventListener(classes=RemoteApplicationEvent.class)修饰 acceptLocal，用于 cloud BusOutboundChannel 发送消息。

用@StreamListener(SpringCloudBusClient.INPUT)修饰 acceptRemote，用于接收消息。

（3）在 SpringCloudBusClient 中设置 input channel 为"springCloudBusInput"，output channel 为"springCloudBusOutput"。

第10章 分布式缓存

10.1 缓存概述

缓存是高并发分布式系统的必备解决方案。缓存具有运算速度快、存储结果简单、扩展容易的特点，可以有效降低后端的压力。缓存又分进程内缓存和分布式缓存。

（1）进程内缓存

进程内缓存主要是指缓存作为应用程序的一部分，内嵌于应用进程内的缓存结构。

进程内缓存中间件主要包括 ConcurrentHashMap、LRUMap、Ehcache、Guava Cache 以及 Caffeine。其中，Caffeine 基于 Java 8 的高性能缓存库，是对 Google Guava 和 Concurrent-LinkedHashMap 的改进。Caffeine 官网上提供的测试对比显示，Caffeine 的性能大幅优于其他中间件。

（2）分布式缓存

分布式缓存是指独立于应用进程外，通过网络访问的缓存结构。与进程内缓存相比，数据可以集中管理，统一更新，可以为多个应用进程提供共享数据。

分布式缓存中间件主要包括 Redis、Memcached 等，其中，Redis 数据结构更加丰富，功能更显完善。

无论是进程内缓存还是分布式缓存，核心都是内存管理，都应支持基础的数据管理策略，如内存淘汰策略和超时剔除策略。内存淘汰策略是指当缓存不够用时采用的缓存更新算法，如 LRU（淘汰最久没有被访问过的），LFU（淘汰访问次数最少的），FIFO（先进先出）；超时剔除策略是指给缓存数据手动设置一个过期时间，当超过时间后，缓存自动失效，主要算法包括主动失效和被动失效。

进程内缓存受限于内存大小，所以数据量不能太大。同时，因为进程间相互独立，进程内缓存更新数据时，其他实例无法感知，更新难度大，适用于数据更新频率不大的情况。本章主要介绍分布式缓存。

10.2 缓存应用架构

图 10-1 是一个应用系统的总体缓存架构，其中应用了前端嵌入式离线数据库 SQLite、CDN 缓存、Nginx 反向代理缓存、本地进程缓存以及本章介绍的分布式缓存 Redis。在一

个分层的分布式系统里，要把缓存部署在最靠近用户侧，层层设防，保护好核心数据库。

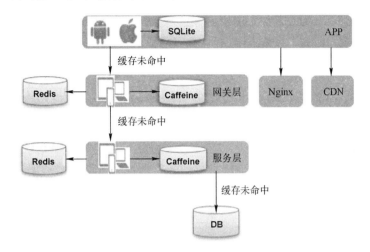

图 10-1　缓存整体架构

（1）App 缓存，前端缓存，使用 SQLite 等嵌入式数据库，打造离线应用。

（2）CDN 缓存，缓存图片与静态页面。

（3）Nginx 反向代理缓存，缓存静态页面。

（4）进程内缓存 Caffeine，缓存业务数据、方法执行结果。

（5）分布式缓存 Redis，应用最为广泛，主要应用在服务端内部的各个层级上。

■　应用于 MVC 框架，缓存 Session。

■　应用于网关，缓存服务调用结果，key 为服务地址与参数，value 为调用结果。

■　应用于 DAO，缓存 SQL 运行结果，与 MyBatis 框架配合，通过在配置文件中设置要缓存结果的查询 SQL 以及与查询结果关联的更新数据的 SQL 来实现。

■　应用于多实例分布式锁，参照分布式锁章节的实现。

10.2.1　缓存设计

在进行缓存设计时需注意以下几点。

（1）多级缓存，缓存优先加在外层，若外层实现不了，再加在内层。重要的数据要多层部署，防止缓存击穿、雪崩。但多层部署也会增加调试的复杂度，需要在日志中打印好数据来源，提供运维工具与设计文档。

（2）提供运维工具。很多时候，开发人员只重视在应用系统中使用缓存，而忽略了提供缓存运维工具。多数情况下写入缓存的数据是经过程序加工的，如进行了 Hash 运算或压缩，此时不能通过命令行手工查看和修改，当需要查看、分析、加载乃至维护缓存数据或进行缓存降级时，缺少必要的手段。

（3）提供设计文档。缓存应用庞大而复杂，即使在同一个层级内，缓存也会应用在很多的功能点上，当出现问题时，没有整体概念，只能头疼医头、脚疼医脚。要通过完善的设计文档，将缓存使用的数据结构（list，map 等），key/value 的初始化、更新以及到期策略标记出来。

10.2.2 缓存更新

缓存更新使用 cache aside 模式。

- 数据变化时，写数据到数据库，同时清空缓存。
- 查询数据时，若缓存没有命中，则从数据库中取数据刷新缓存。

在极端情况下，查询操作没有命中缓存，而是查询出数据库的老数据。此时有一个并发的更新操作，更新操作在读操作之后更新了数据库中的数据并且删除了缓存中的数据。然而读操作是将从数据库中读取出的老数据更新回缓存。这样就会造成数据库和缓存中的数据不一致，应用程序中读取的都是原来的数据（脏数据）。这种情况出现的要求极为苛刻，概率很低，而且 key 还有过期超时机制保底。

注意，上述流程写数据库后，会清空缓存，而不是同时更新缓存。这么做的目的是避免两个并发的写操作导致脏数据。更新数据库的同时更新缓存，当并发更新时可能会出现数据库先更新的反而后更新缓存，数据库后更新的反而先更新缓存的情况，这样会造成数据库和缓存中的数据不一致，应用程序中读取的是脏数据。

其他模式还有先删除缓存，再更新数据库的方式。此种方式下，在对缓存删除完之后，会有个并发的读请求，由于缓存被删除所以会直接读库，读操作的数据是老的并且会被加载入缓存中，后续读请求全部访问老数据。

总之，在不依赖分布式事务或分布式锁的情况下，是不能保证数据库与缓存完全一致的，保证一致性花费的成本和收益一般是不成正比的。

10.2.3 缓存雪崩

缓存雪崩是指缓存不可用或者大量缓存由于超时时间相同，在同一时间段缓存失效，大量请求直接访问数据库，数据库压力过大导致系统雪崩。

解决方案如下：

（1）增加缓存系统可用性，使用集群架构，确保不出现单点故障。

（2）采用多级缓存，不同级别缓存设置的超时时间不同，即使某个级别缓存都过期，也有其他级别的缓存兜底。如果采用的是 Redis 集群部署，将热点数据均匀分布在不同的 Redis 库中也能避免缓存全部失效。

（3）为失效时间增加随机性，保证数据不会在同一时间大面积失效。如：

```
setRedis（key, value, time+Math.random()*10000）;
```

10.2.4 缓存穿透

在高并发状态下，查询一个不存在的值时，缓存不会被命中，导致大量请求直接落到数据库上，这种情况称作缓存穿透。如在商品系统里查询一个不存在的商品。

解决方案如下：

（1）做好业务过滤和接口层校验，如用户鉴权、参数校验、确定业务权限范围、最大可能拒绝恶意用户和不合法的请求。

（2）缓存空对象。对于数据库中数据不存在的请求，默认也返回一个业务数据，可以抵挡大量重复的没有意义的请求，起到保护后端的作用。不过此方案也有缺点，一是不能应对请求数据不相同的缓存穿透，二是大量不同的穿透会导致缓存大量无业务意义的空对象，内存被大量白白占用。为避免上述情况，首先需要做好业务过滤和接口层校验，能够直接判断超出业务范围的，系统直接返回；其次是给缓存的空对象设置一个较短的过期时间，在内存空间不足时可以被有效快速清除。

（3）使用布隆过滤器（Bloom Filter）判断键是否存在，不存在则返回，存在则查询刷新键-值对后返回。Google Guava 类库中有现成的布隆过滤器实现。Redis 在 4.0 以后也提供了布隆过滤器插件。

布隆过滤器是 1970 年由布隆提出的。主要应用于网页 URL 的去重、垃圾邮件的判别、集合重复元素的判别、查询加速（比如基于键-值对的存储系统）等场景。它是一种基于概率的数据结构，主要用来判断某个元素是否在集合内，具有运行速度快（时间效率）、占用内存小（空间效率）的优点，但也有一定的误识别率和删除困难的缺点。它能够指出某个元素一定不在集合内或可能在集合内。

因为引入了错误率，所以布隆过滤器空间与时间效率都很高。布隆过滤器有可能把不属于这个集合的元素误认为属于这个集合（误判，False Position），但不会把属于这个集合的元素误认为不属于这个集合（少判，False Negative）。图 10-2 是布隆过滤器的原理图。

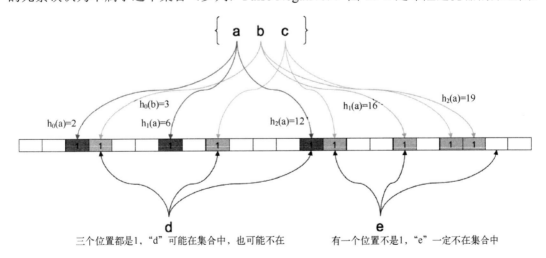

图 10-2　布隆过滤器

布隆过滤器由一个 bit 数组和 K 个不同的散列函数组成。将一个元素加入布隆过滤器时，会使用 K 个散列函数对其进行计算，得到 K 个散列值，针对得到的散列值取模定位在数组中保存结果的位置，把对应 K 个下标的值置为 1。

判断某个数是否在布隆过滤器中时，重复上述算法，得到的 K 个值，若都为 1，就说明这个值在布隆过滤器中。

采用散列算法，输入是无限的，输出是有限的，所以必然会产生碰撞，即多个输入元素散列运算的结果可能放在相同的 bit 位上。多次使用散列算法，为同一个值计算出不同的结果，可以减少碰撞。布隆过滤器中，X 和 Y 两个元素散列运算的 bit 位相同，若删除 X 元素，即将 X 元素对应的 bit 位清零，将导致 Y 在布隆过滤器中不存在，即把属于这个集合的元素误认为不属于这个集合，这是不允许的。可以看出，增大过滤器数组长度，可以有效降低错误率。

在布隆过滤器中不存储数据本身，自身带有保密性。因为使用有限的 bit 数组保存散列计算结果，所以节省了空间。每次计算和查询的时间是恒定的。时间复杂度和空间复杂度都不会随着元素数量变化而变化。

10.2.5　缓存击穿

缓存击穿是指热点 key 失效，大量请求未命中缓存而去访问数据库，导致数据库访问量急剧增加。

解决方案如下：

（1）设置热点数据永不过期，后台线程主动更新缓存，避免缓存失效。

（2）通过分布式锁只允许一个线程更新缓存，其他线程暂时降级，取上一次的结果或者预先设置好的结果返回，等待重建缓存的线程执行完，重新从缓存获取数据。

（3）后台业务系统做好限流保护。

10.2.6　缓存预热

新系统第一次上线，系统冷启动时，缓存里没有数据，会导致大量请求直接访问数据库。

解决方案：缓存预热，即提前给缓存中注入部分数据，再提供正式服务。

（1）上线时可以先放少部分流量进来，进行通用缓存的预热。

（2）和用户相关的缓存，需要根据平时的积累，使用 Spark 等工具分析出系统热点数据，在上线前提前注入。

10.2.7　热点拆分

若系统中有大量热点数据，发生缓存击穿的风险就较大。对热点数据，要尽量拆分，使数据访问分布均匀。

拆分热点数据的处理方法如下。

（1）拆分结构。从业务上分析热点数据结构，进行拆分，将拆分后的 key 分布到不同节点。

（2）迁移热点。对于 Redis Cluster 而言，可以将热点 key 所在的 slot 单独迁移到一个节点，降低其他节点压力。

（3）多副本。复制多份缓存副本，将请求分散到多个节点上，减轻单台缓存服务器压力，适合多读少写。

10.3 分布式缓存中间件 Redis

10.3.1 Redis 介绍

Redis 是使用 ANSI C 语言编写的开源的高性能键-值数据库，提供多种语言的 API。Redis 的读速度是 110000 次/s，写速度是 81000 次/s。Redis 采用单线程，避免了不必要的上下文切换和竞争条件，不存在多线程导致的 CPU 切换，不用考虑各种锁的问题，不存在加锁和释放锁操作导致的性能消耗。使用多路复用 I/O 模型，非阻塞 I/O。Redis 完全是基于内存的操作，非常迅速，数据存在内存中，结构简单，操作也简单，CPU 不是 Redis 的瓶颈，Redis 的瓶颈最有可能是内存的大小或者网络带宽。

1. 数据类型

（1）String 是 Redis 最基本的类型，一个 Key 对应一个 Value。String 类型的值最大能存储 512MB。Redis String 类型是二进制安全的，可以包含任何数据，比如 jpg 图片或者序列化的对象。

（2）Hash 是一个键-值对（key-value）的集合。Redis 的 Hash 是一个 String 的 Key 和 Value 的映射表，常用命令有 hget，hset，hgetall 等。Hash 特别适合存储对象。

（3）List 是简单的字符串列表，按照插入顺序排序，可以添加一个元素到列表的头部（左边）或者尾部（右边）。常用命令有 lpush、rpush、lpop、rpop、lrange（获取列表片段）等。

Redis List 是一个双向链表，支持反向查找和遍历，更方便操作，不过也带来了额外的内存开销。List 可以用作消息队列，Redis 提供了 List 的 Push 和 Pop 操作，还提供了操作某一段元素的 API，可以直接查询或者删除某一段元素。

应用场景：List 应用场景非常多，也是 Redis 最重要的数据结构之一，当作列表或消息队列使用。

（4）Set 是 String 类型的无序集合。集合是通过 hashtable 实现的。Set 中的元素是没有顺序的，而且是不能重复的。常用命令有 sadd、spop、smembers、sunion 等。

应用场景：Redis Set 对外提供的功能和 List 一样，是一个列表，特殊之处在于 Set 是自动去重的，而且 Set 提供了判断某个成员是否在一个 Set 集合中的接口。

（5）Sorted Set 和 Set 一样，是 String 类型元素的集合，且不允许重复的元素，Sorted

Set 可以通过用户额外提供的一个优先级（Score）参数来为成员排序，并且是插入有序的，即自动排序。常用命令有 zadd、zrange、zrem、zcard 等。

和 Set 相比，Sorted Set 关联了一个 Double 类型的参数 Score，集合中的元素能够按照 Score 进行有序排列，Redis Sorted Set 的内部使用 HashMap 和跳跃表（skipList）来保证数据的存储和有序，HashMap 里放的是成员到 Score 的映射。而跳跃表里存放的是所有成员，排序依据是 HashMap 里存的 Score，使用跳跃表的结构可以获得比较高的查找效率，并且在实现上比较简单。

使用场景：当需要一个有序的并且不重复的集合列表时，可以选择 Sorted Set 结构。

2．过期数据处理

Redis 的过期数据采用两种处理办法。

（1）被动删除，当客户端访问过期键时，会进行删除操作，即过期数据在使用时才删除，优点是系统占用的 CPU 时间更少，缺点是长期未访问的缓存对象不会被系统清除。

（2）主动删除，Redis 过期键值定期删除使用的是贪心策略，它每秒会进行 10 次过期扫描，此配置可在 redis.conf 中修改，默认值是 hz10，Redis 会随机抽取 20 个值，删除这 20 个键中过期的键，如果过期键的比例超过 25%，则重复执行此流程。主动删除的优点是能够避免内存的浪费，但是会占用额外的 CPU 时间。

如果系统中有大量缓存在同一时间同时过期，会导致 Redis 循环多次进行过期数据清理，这个执行过程会影响 Redis 的性能，甚至导致系统雪崩。为了避免卡顿现象的产生，需要预防大量的缓存在同一时刻一起过期，最简单的解决方案就是在过期时间的基础上添加一个指定范围的随机数。

3．内存淘汰机制

Redis 在 4.0 之前有 6 种内存淘汰策略。

（1）noeviction：不淘汰任何数据，当内存不足时，新增操作会报错，这是 Redis 默认的内存淘汰策略。

（2）allkeys-lru：淘汰整个键值中最久未使用的键值。

（3）allkeys-random：随机淘汰任意键值。

（4）volatile-lru：淘汰所有设置了过期时间的键值中最久未使用的键值。

（5）volatile-random：随机淘汰设置了过期时间的任意键值。

（6）volatile-ttl：优先淘汰更早过期的键值。

在 Redis 4.0 版本中又新增了 2 种淘汰策略。

（1）volatile-lfu：淘汰所有设置了过期时间的键值中最少使用的键值。

（2）allkeys-lfu：淘汰整个键值中最少使用的键值。

在 64 位操作系统中，Redis 的内存大小是没有限制的，这样就会导致在物理内存不足时，操作系统将 Redis 所用的内存分页移至 swap 空间，从而影响 Redis 的整体性能。因此需要限制 Redis 的内存大小为一个固定值，当 Redis 的运行到达此值时会触发内存淘汰策略。

4．lazy free

lazy free 的意思是惰性删除或延迟删除，是 Redis 4.0 新增的功能，在删除时提供异步延时释放键值的功能，把键值释放操作放在 BIO(Background I/O) 单独的子线程处理中，以减少删除对 Redis 主线程的阻塞，可以有效地避免删除 big key 时带来的性能和可用性问题。

lazy free 对应了 4 种场景，默认都是关闭的。

（1）lazyfree-lazy-eviction：表示当 Redis 运行内存超过 maxmeory 时，是否开启 lazy free 机制删除。

（2）lazyfree-lazy-expire：表示设置了过期时间的键值，当过期之后是否开启 lazy free 机制删除。

（3）lazyfree-lazy-server-del：有些指令在处理已存在的键时，会带有一个隐式的 del 键的操作，比如 rename 命令，当目标键已存在，Redis 会先删除目标键，如果这些目标键是一个 big key，就会造成阻塞删除的问题，此配置表示在这种场景中是否开启 lazy free 机制删除。

（4）slave-lazy-flush：针对 slave(从节点) 进行全量数据同步，slave 在加载 master 的 RDB 文件前，会运行 flushall 来清理自己的数据，它表示此时是否开启 lazy free 机制删除。

一般应开启 lazyfree-lazy-eviction、lazyfree-lazy-expire、lazyfree-lazy-server-del 等配置，这样就可以有效地提高主线程的执行效率。

5．事务

Redis 使用 MULTI 配合 EXEC 命令构成事务，事务可以一次执行多个命令。

一个事务从开始到执行会经历三个阶段：开始事务、命令入队和执行事务。

先以 MULTI 命令开始一个事务，当客户端进入事务状态之后，服务器在收到来自客户端的命令时，不会立即执行命令，而是将这些命令全部放进一个事务队列里，然后返回 QUEUED，表示命令已入队，最后由 EXEC 命令触发事务，一并执行事务中的所有命令。

用户可以使用 WATCH 命令对某个键实现乐观锁，即实现事务的"检查再设置"（CAS）行为。作为 WATCH 命令的参数的键会受到 Redis 的监控，Redis 能够检测到它们的变化。在执行 EXEC 命令之前，如果 Redis 检测到任意一个被监视的键已经被其他客户端修改了，整个事务便会中止运行，返回失败。

Redis 可以保证批量操作在发送 EXEC 命令前被放入队列缓存。收到 EXEC 命令后进入事务执行，事务中任意命令执行失败，其余的命令依然被执行。在事务执行过程中，其他客户端提交的命令请求不会插入到事务执行命令序列中。

单个 Redis 命令的执行是原子性的，但 Redis 没有在事务上增加任何维持原子性的机制，所以 Redis 事务的执行并不是原子性的。事务可以理解为一个打包的批量执行脚本，但批量指令并非原子化的操作，中间某条指令的失败不会导致前面已做指令的回滚，也不会造成后续的指令不执行。

6. Lua 脚本

Redis 支持 Lua 环境,可以执行 Lua 脚本,Redis 之中 Lua 脚本是作为一个整体执行的,所以中间不会被其他命令插入。Lua 脚本可以把多条命令一次性打包,有效减少网络开销。Lua 脚本可以常驻在 Redis 内存中，不用每次都提交脚本。

Lua 与事务一样都没有实现原子性,如果执行期间出现运行错误,之前执行过的命令是不会回滚的。事务基于乐观锁,Lua 脚本是基于 Redis 的单线程执行命令。Redis 事务的执行原理就是一次命令的批量执行,而 Lua 脚本可以加入自定义逻辑。

Redis 推荐使用 Lua 脚本代替事务。

7. 管道技术

管道技术（Pipeline）是客户端提供的一种批处理技术，利用管道，客户端可以一次性发送多个请求而不用等待服务器的响应，待所有命令都发送完后再一次性读取服务的响应，这样可以极大地降低响应时间从而提升性能。通过 pipeline 方式打包命令并发送，Redis 必须在处理完所有命令前先缓存所有命令的处理结果，打包的命令越多，缓存消耗内存也越多，所以并不是打包的命令越多越好。管道并不能保证其他客户端的操作不插入到服务端的命令中。

8. 数据持久化

Redis 为了保证效率，数据缓存在内存中，但是会周期性地把更新的数据写入磁盘或者把修改操作写入追加的记录文件中，以保证数据的持久化，进行容灾恢复或者数据迁移，但维护此持久化的功能，需要很大的性能开销。

在 Redis 4.0 之后，Redis 有三种持久化的方式。

（1）RDB（Redis DataBase，快照方式）。将某一时刻的内存数据，以二进制的方式写入磁盘。当 Redis 持久化时，Redis 会 fork 一个子进程，子进程将数据写到磁盘上一个临时 RDB 文件中，当子进程完成写临时文件后，将原来的 RDB 替换掉。RDB 模式的优点是可以写时复制（copy-on-write）。缺点是因为是定期保存快照，使用快照恢复数据可能会导致一定时间内的数据丢失。

（2）AOF（Append Only File，文件追加方式）。记录所有操作命令，把所有对 Redis 的服务器进行修改的命令以文本的形式追加到文件中。Redis 每执行一个修改数据的命令，都会把它添加到 AOF 文件中，当 Redis 重启时，将会读取 AOF 文件进行重放，恢复到 Redis 关闭前的最后时刻。AOF 的默认策略是每秒钟追加一次，在这种配置下，即使发生故障停机，最多丢失一秒钟的数据。缺点是，对于相同的数据集来说，AOF 的文件体积通常要大于 RDB 文件，使用 AOF 恢复速度会慢于 RDB，影响启动速度。

（3）混合持久化方式。混合持久化结合了 RDB 和 AOF 的优点，在写入的时候，先把当前的数据以 RDB 的形式写入文件的开头，再将后续的操作命令以 AOF 的格式存入文件，这样既能保证 Redis 重启时的速度，又能降低数据丢失的风险。因此在必须进行持久化操作时，应该优先选择混合持久化方式。

9. 主从复制

Redis 通过主从复制功能支持一个 master 节点向多个 slave 节点的数据复制，也支持 slave 节点向其他多个 slave 节点进行复制。Redis 支持两种数据同步模式。

（1）全量同步

master 服务器会开启一个后台进程，用于将 Redis 中的数据生成一个 rdb 文件，与此同时，服务器会缓存所有接收到的来自客户端的写命令（包含增、删、改），当后台保存进程处理完毕，会将该 rdb 文件传递给 slave 服务器，而 slave 服务器会将 rdb 文件保存到磁盘并读取该文件、将数据加载到内存中，之后，master 服务器会将在此期间缓存的命令通过 Redis 传输协议发送给 slave 服务器，然后 slave 服务器将这些命令依次作用于自己本地的数据集，最终达到数据的一致性。Redis 支持无盘复制，即 master 不生产 rdb 文件，直接开启一个 socket 将 rdb 文件内容发送给 slave 服务器。

（2）增量同步

Redis 在 master 服务器内存中给每个 slave 服务器维护了一份同步日志和同步标识，每个 slave 服务器在与 master 服务器进行同步时都会携带自己的同步标识和上次同步的最后位置。当主从连接断掉之后，slave 服务器隔一段时间（默认 1s）会主动尝试和 master 服务器进行连接，如果从服务器携带的偏移量标识还在 master 服务器上的同步备份日志中，那么就从 slave 发送的偏移量开始继续上次的同步操作；如果 slave 发送的偏移量已经不在 master 的同步备份日志中（可能由于主从之间断掉的时间比较长或者在断掉的短暂时间内 master 服务器接收到大量的写操作），则必须进行一次全量更新。在增量同步过程中，master 会将本地记录的同步备份日志中记录的指令依次发送给 slave 服务器，从而达到数据一致。

10. 部署优化

Redis 对内存和网络要求较高，应该尽可能在物理机上直接部署 Redis 服务器。在物理机上部署时，需注意，Linux kernel 在 2.6.38 内核增加了 Transparent Huge Pages (THP) 特性，支持大内存页 2MB 分配，默认开启。当开启 THP 时，fork 的速度会变慢，fork 之后每个内存页从 4KB 变为 2MB，因此 Redis 建议禁用此特性。

11. 客户端操作

Redis 有多种语言的客户端工具，Java 语言的客户端工具是 Jedis。Spring 对 Redis 客户端进行了封装，在 Spring 的 xml 中，配置 Redis 的连接池，并按照 Spring 的规范定义 redisTemplate，方便 service 的调用。

下面是在使用 Redis 客户端时的注意事项。

■ 尽量使用 pipeline，减少网络传输。

- 尽量使用 Redis 连接池，而不是频繁创建、销毁 Redis 连接，这样可以减少网络传输次数和非必要的调用指令。
- 可以使用 slowlog 功能找出最耗时的 Redis 命令进行相关优化，以提升 Redis 的运行速度。
- 避免长耗时的查询命令。
- 不使用 keys 命令。
- 避免一次查询所有的成员，要使用 scan 命令进行分批的、游标式的遍历。
- 通过机制严格控制 Hash、Set、Sorted Set 等结构的数据大小。
- 将排序、并集、交集等操作放在客户端执行，以减少 Redis 服务器的运行压力。
- 删除（del）一个大数据时，可能需要很长时间，所以建议用异步删除的方式 unlink，它会启动一个新的线程来删除目标数据，而不阻塞 Redis 的主线程。

10.3.2　Redis 集群结构

Redis 有三种集群方式：Redis Cluster、Sentinel 和 Codis。

1. Redis Cluster

Redis Cluster 是 Redis 官方的集群架构，通过数据分片机制将数据分配到多个具有主从复制机制的 Redis 节点组中，构成集群架构。图 10-3 是 Redis Cluster 的整体架构。

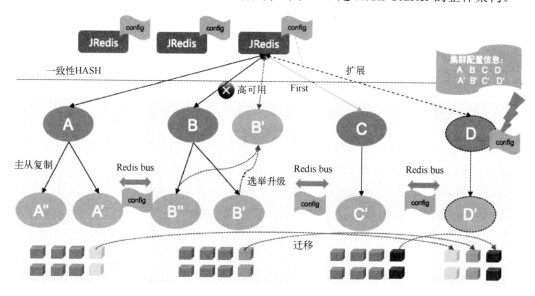

图 10-3　Redis Cluster 整体架构

（1）数据分片

Redis Cluster 将所有的数据划分为 16384 个分片（slot），每个分片负责其中一部分。每一条数据根据 key 值通过数据分布算法映射到 16384 个分片中的一个，数据分布算法为：

slotId=crc(key)%16384。客户端根据 slotId 决定将请求路由到哪个 Redis 节点。

Cluster 不支持跨节点的命令。因此，Redis 引入 HashTag 的概念，使得数据分布算法可以根据 key 的某一部分进行计算，让相关的两条记录落到同一个数据分片，例如：

某订单记录 key 值为：order_{123}

这个订单的详情记录的 key 值为:order_detail_{123}

Redis 会把花括号内的子字符串作为数据分布算法的输入，使两条紧密关联的数据存储在一个分片上。

Redis Cluster 的客户端需要具备路由能力。当一个 Client 访问的键不在对应 Redis 节点的分片中时，Redis 返回给 Client 告知其正确的路由信息。

（2）集群组成

Redis Cluster 是去中心化的分布式实现方案。Redis Cluster 由多个 Redis 节点组构成。每一个节点组对应数据 sharding（切分）的一个分片。

节点组内部分为主从两类节点，通过异步化的主从复制机制，使两者数据准实时同步。master 节点对外提供读写服务；slave 节点作为 master 的数据备份，拥有 master 的全量数据，对外不提供写服务。主从之间通过异步方式进行复制，支持断网续传。Redis 可以通过 READONLY 命令将读请求交由 slave 处理以分担 master 的压力，通过舍弃一定的数据一致性，换取更高的读吞吐量。

客户端可以和集群中的任一节点连接。Redis Cluster 中的每一个节点都保存了集群的配置信息。配置信息包括节点的 nodeId、节点的数据分片、master 和 slave 的对应关系等。各个节点对集群状态的认知来自节点间的信息交互，节点间频繁地发送 PING 消息和接受 PONG 响应。响应信息中只包含集群的部分节点信息，节点随机选取，以此控制网络流量。由于交互频繁，集群状态很快就会扩散到集群中的所有节点。

如图 10-3 所示，添加一个新节点 D，需要从节点 A，B，C 移动一些分片到节点 D。同样，如果想从集群中移除节点 A，只需要移动 A 的分片到 B 和 C。当节点 A 变成空的以后，就可以从集群中彻底删除它。节点扩展期间，客户端若未命中记录，则会在新旧机器间重试，确认键的位置，同一个键在迁移之前总是在源节点执行，迁移后总是在目标节点执行。添加和移除节点，或者改变节点持有的分片百分比，都不需要停机。

（3）故障恢复

Redis Cluster 节点间通过 Redis Cluster Bus 两两周期性地进行 PING/PONG 交互，当某一节点发生故障时，Redis Cluster 通过故障确认协议，足够数量的节点达成一致，才能确认节点故障，排除单个节点的网络抖动影响。

确认 master 故障后，slave 间会重新竞选 master。slave 最后一次同步 master 信息的时间越，标识这个 slave 的数据越新，当选 master 的优先级越高。当 slave 收到超过半数的同意回复时，该 slave 顺利成为新 master，此时它会广播自己成为 master 的信息，让集群中的其他节点更快地更新拓扑信息。出现问题的原 master 恢复可用之后，得知自己被选举替代而降级为 slave。

在图 10-3 中，B 宕机，B′经选举升级为主服务器，当 B 恢复后会变成从服务器。

（4）客户端

客户端初始连接到集群中的一个节点，获取集群内数据分片 slot、node 节点间的关系，随后的访问中不断更新此配置信息。后续访问使用本地存储的配置信息访问对应的分片。

若数据分片发生了变化，Redis Client 访问的键不在对应 Redis 节点的分片中，Redis 会返回给 Client 一个 moved 命令，告知其正确的路由信息。Client 根据 moved 响应更新其内部的路由缓存信息。

对于迁移中的分片，若客户端访问的键尚未迁移出，则正常地处理键，如果键已经被迁移出则回复客户端 ASK 信息，告诉其对应的分片的节点信息。客户端首先发送 Asking 命令给新的节点，然后再次向新节点发送命令。新节点执行命令，把命令执行结果返回给客户端。

客户端有两种做法获取数据分布表，一种是客户端每次根据返回的 MOVED 信息缓存一个分片对应的节点，这种做法在初期经常会造成访问两次集群。另一种是通过 cluster nodes 命令获取整个数据分布表，若数据分布表发生变化，收到 MOVED 错误时，再重新执行 cluster nodes 命令更新数据分布表。

Redis 单机支持 multi-key 操作（mget、mset）。Redis Cluster 对 multi-key 命令的支持，只能支持多键都在同一个分片上，即使多个分片在同一个节点上也不行。同理，对于事务的支持只能在一个分片上完成；另外，Redis Cluster 只能使用 0 号数据库而不能使用其他数据库。

针对 mget，有的客户端进行了优化。提供串行或并行的方式获取值，串行是指计算键关联的 node 列表，然后依次在每个 node 中执行 mget，最后合并，另一种是计算 node 列表后，启动多线程并行地从 node 中执行 mget，最后合并数据。

（5）总结

综上，基于 Redis Cluster 可以实现节点自动发现、数据在线分片、选举容错等功能，但 Cluster 集群的规模较大，结构较复杂，客户端操作只能在同一个分片上（键的分片相同）进行，只能使用 0 号数据库而不能使用其他数据库，无法跨分片使用事务。

2．Sentinel 集群

Redis Sentinel 是 Redis 官方早期推荐的高可用性解决方案，相比 Redis Cluster 原理更加简单，是一种轻量级集群方案。

在图 10-4 中，由一个或多个 Sentinel 实例组成的 Sentinel 集群可以监视任意 Redis 服务器，每个 Sentinel 以每秒一次的频率，向它所知的主服务器和从服务器以及其他 Sentinel 实例发送 PING 命令，当有一个 Sentinel 确认服务器 PING 命令应答超时，则标记服务器为主观下线，当有足够多的 Sentinel 确认服务器 PING 命令应答超时，则标记为客观下线，即确认服务器真正下线。当 Redis master 出现故障（Redis 进程终止、服务器僵死、服务器断电等），Sentinel 集群判断服务器下线后，会投票选举出新的 master 节点，Sentinel 将 master 权限切换至新节点中，并将只读模式更改为可读可写模式，将剩余从节点指向新的主节点进行数据复制。应用程序通过 Redis Sentinal 确定当前的 Redis master 位置，进行重新连接。

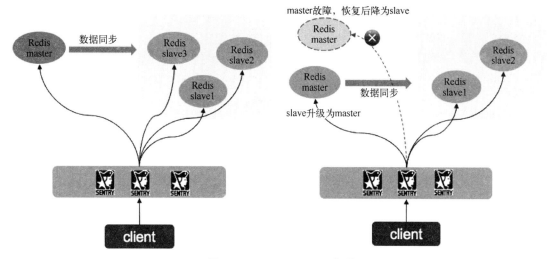

图 10-4　Redis Sentinel 集群

在实际部署时，因 Sentinel 负载较轻，可以与 Redis 共同部署，例如使用图 10-5 所示的一主二从三哨兵的拓扑结构。

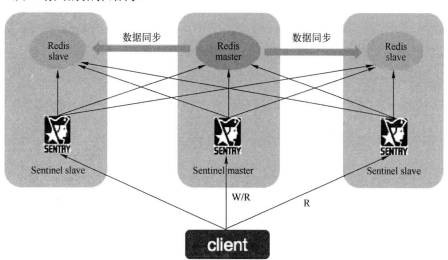

图 10-5　Redis Sentinel 拓扑结构

在 master 服务器中配置 Redis master 和 Sentinel master。slave 服务器中配置 Redis slave 和 Sentinel slave。其中 Redis master 可以提供读写服务，Redis slave 只能提供只读服务。

3. Codis 集群

Codis 由豌豆荚于 2014 年开源，是一个用 Go 和 C 开发 Codis 的分布式 Redis 解决方案，对于上层的应用来说，连接到 Codis Proxy 和连接到原生的 Redis Server 没有明显的区别（个别命令不支持），上层应用可以像使用单机的 Redis 一样使用，Codis 底层会处理请求的转发、不停机的数据迁移等工作，所有操作对于客户端来说都是透明的，可以简单地认为客户端连接的是一个内存无限大的 Redis 服务。

推特曾开源了 Redis 集群方案 Twemproxy，它最大的缺点就是无法平滑地扩缩容，而 Codis 解决了 Twemproxy 扩缩容的问题，而且兼容 Twemproxy。

图 10-6 是 Codis 集群架构，与 Redis Cluster 相比，Codis 是一个中心化的集群解决方案。Codis 由四部分组成：Codis-proxy，Codis-config，Codis-server，ZooKeeper。

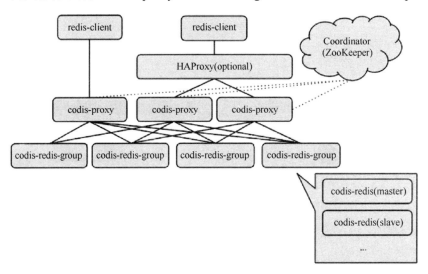

图 10-6　Redis Codis 集群架构

Codis-proxy 是客户端连接的 Redis 代理服务，使用 Go 语言开发。Codis-proxy 本身实现了 Redis 协议，当客户端向 Codis-proxy 发送指令时，Codis-proxy 负责将指令转发到后面的 Redis 实例。可以启动多个 Codis-proxy 实例供客户端使用，每个 Codis-proxy 节点都是对等的。

Codis-server 是 Codis 项目维护的一个 Redis 分支。Codis-server 使用了数据分片算法。Codis 将键划分为 1024 个槽位，每个槽位都会映射到一个 Redis 实例。

Redis 将集群信息保存在每个节点上。Codis 将 Codis-proxy 节点的元信息以及槽位关系存储在 ZooKeeper 中，并且可以通过 Codis Dashboard 观察和修改槽位关系，当槽位关系变化时，Codis Proxy 会监听到变化并重新同步槽位关系，从而实现多个 Codis Proxy 之间共享相同的槽位关系配置。

Codis 也支持在线迁移数据，当 Codis 接收到位于正在迁移槽位中的键后，会立即强制对当前键进行迁移，迁移完成后，再将请求转发到新的 Redis 实例。

Codis-config 是 Codis 的管理工具，支持包括添加/删除 Redis 节点、添加/删除 Proxy 节点、发起数据迁移等操作。Codis-config 本身还自带了一个 HTTPserver Dashboard，用户可以直接在浏览器上观察 Codis 集群的运行状态。

Codis 因为增加了 Proxy 中转层，性能要比单个 Redis 的性能有所下降，但这部分性能损耗不是太明显。Codis 是中心化的解决方案，将分布式的问题交给 Proxy 和 ZooKeeper 负责，而 Redis Cluster 是去中心化的解决方案，混合使用 Raft 和 Gossip 协议。

第11章　数据持久化

11.1　数据架构

持久化（Persistence），即把数据（如内存中的对象）保存到可永久保存的存储设备中，如磁盘等。数据按存储类型可以分为缓存数据库、关系型数据库、NoSQL 数据库、图片和视频等文件的对象存储数据库等。其中缓存数据库是应用内存存储数据，其余的存储类型都是持久化的存储。

图 11-1 为企业的 IT 数据存储架构，IT 数据根据业务特点分别存储在联机交易区和统计分析区。

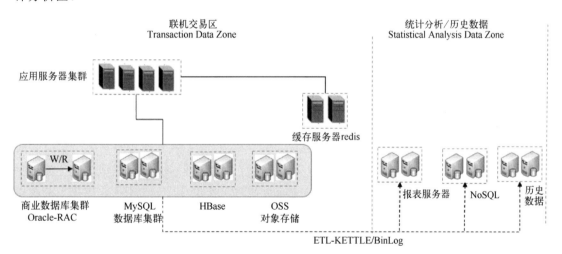

图 11-1　企业数据架构

联机交易区，即需要进行 OLTP（On-line Transaction Processing，联机事务处理）的数据区域，与统计分析区相比，数据为近期产生的，热度较高，数据量相对较小，并发较高，要求实时处理。

统计分析区，即需要进行 OLAP（On-line Analytical Processing，联机分析处理）的数据区域，单个数据的查询频率较 OLTP 更低，但数据量大，通常会涉及较复杂的聚合计算。

联机交易区和统计分析区之间使用 ETL 工具如 Kattle 或其他数据复制技术来实现数据的导入。

11.2 存储技术

11.2.1 RAID

RAID（Redundant Array of Independent Disks）即独立磁盘冗余阵列，通常简称为磁盘阵列。简单地说，RAID 是由多个独立的高性能磁盘驱动器组成的磁盘子系统，能提供比单个磁盘更高的存储性能和数据冗余的技术。当单块磁盘出现故障时，RAID 会根据剩余磁盘中的数据和校验数据重建丢失的数据，保证数据一致性和完整性。数据分散保存在 RAID 中的多个磁盘上，并发数据读写要大大优于单个磁盘，因此可以获得更高的聚合 I/O 带宽。磁盘阵列会减少全体磁盘的总可用存储空间，牺牲空间换取更高的可靠性和性能。

RAID 主要分为软 RAID、硬 RAID 以及软硬混合 RAID 三种实现方式。软 RAID 的所有功能均由操作系统和 CPU 来完成，没有独立的 RAID 控制/处理芯片和 I/O 处理芯片，效率自然最低。硬 RAID 配备了专门的 RAID 控制/处理芯片和 I/O 处理芯片以及阵列缓冲，不占用 CPU 资源，但成本很高。软硬混合 RAID 具备 RAID 控制/处理芯片，但缺乏 I/O 处理芯片，需要 CPU 和驱动程序来完成，性能和成本在软 RAID 和硬 RAID 之间。

RAID 中主要有三个关键概念和技术：镜像（Mirroring）、数据条带（Data Stripping）和数据校验（Data Parity）。

镜像是将数据复制到多个磁盘，一方面可以提高可靠性，另一方面可并发从两个或多个副本读取数据来提高读性能。镜像的写性能要稍低，确保数据正确地写到多个磁盘需要消耗更多的时间。

数据条带是将数据分片保存在多个不同的磁盘，多个数据分片共同组成一个完整数据副本。数据条带具有更高的并发粒度，当访问数据时，可以同时对位于不同磁盘上的数据进行读写操作，从而获得非常可观的 I/O 性能提升。

数据校验是利用冗余数据进行数据错误检测和修复，冗余数据通常采用海明码、异或操作等算法来计算获得。利用校验功能，可以在很大程度上提高磁盘阵列的可靠性、鲁棒性和容错能力。不过，数据校验需要从多处读取数据并进行计算和对比，会影响系统性能。

通过组合运用这三种技术，可以把 RAID 分为不同的等级，以满足不同数据应用的需求。实际应用领域中使用最多的 RAID 等级是 RAID0、RAID1、RAID3、RAID5、RAID6 和 RAID10。

（1）RAID0

RAID0 将所在磁盘条带化后组成大容量的存储空间，将数据分散存储在所有磁盘中，以独立访问方式实现多块磁盘的并发读访问。由于可以并发执行 I/O 操作，总线带宽得到充分利用。再加上不需要进行数据校验，RAID0 的性能在所有 RAID 等级中是最高的。图 11-2 是 RAID0 的结构图。

RAID0 具有低成本、高读写性能、100%的高存储空间利用率等优点，但是它不提供数据冗余保护，一旦数据损坏，将无法恢复。因此，RAID0 一般适用于对性能要求严格但对数据安全性和可靠性不高的应用，如视频、音频存储、临时数据缓存空间等。

（2）RAID1

RAID1 称为镜像，它将数据完全一致地分别写到工作磁盘和镜像磁盘，它的磁盘空间利用率为 50%。RAID1 在数据写入时，响应时间会有所影响，但是读数据的时候没有影响。RAID1 提供了最佳的数据保护，一旦工作磁盘发生故障，系统会自动从镜像磁盘读取数据，不会影响用户工作。图 11-3 是 RAID1 的结构图。

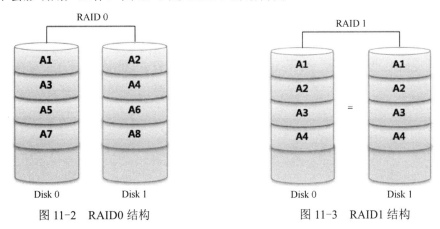

图 11-2　RAID0 结构　　　　　　图 11-3　RAID1 结构

RAID1 与 RAID0 刚好相反，是为了增强数据安全性而使两块磁盘数据呈现完全镜像。RAID1 拥有完全容错的能力，但实现成本高。RAID1 应用于对顺序读写性能要求高以及对数据保护极为重视的应用，如对邮件系统的数据保护。

（3）RAID3

RAID3 采用一个专用的磁盘作为校验盘，其余磁盘作为数据盘。RAID3 完好时读性能与 RAID0 完全一致，并行从多个磁盘条带读取数据，性能非常高，同时还提供了数据容错能力。向 RAID3 写入数据时，必须计算所有同条带的校验值，性能较低。图 11-4 是 RAID3 的结构图。

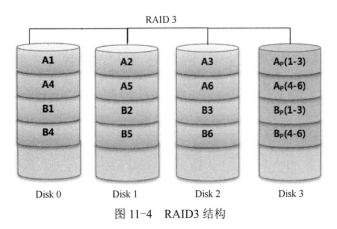

图 11-4　RAID3 结构

RAID3 只需要一个校验盘，阵列的存储空间利用率高，再加上并行访问的特征，能够为高带宽的大量读写提供高性能，适用于大容量数据的顺序访问应用，如影像处理、流媒体服务等。目前，RAID5 算法不断改进，在大数据量读取时能够模拟 RAID3，而且 RAID3 在出现坏盘时性能会大幅下降，因此常使用 RAID5 替代 RAID3 来运行具有持续性、高带宽、大量读写特征的应用。

（4）RAID5

RAID5 和 RAID3 类似，但校验数据分布在阵列中的所有磁盘上，而没有采用专门的校验磁盘。图 11-5 是 RAID5 的结构图。

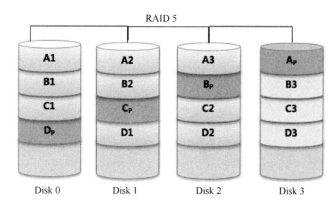

图 11-5　RAID5 结构

RAID5 技术实际上没有备份磁盘中的真实数据信息，而是当硬盘设备出现问题后通过奇偶校验信息来尝试重建损坏的数据。RAID5 这样的技术特性"妥协"地兼顾了硬盘设备的读写速度、数据安全性与存储成本问题。是目前综合性能最佳的数据保护解决方案。RAID5 基本上可以满足大部分的存储应用需求，数据中心大多采用它作为应用数据的保护方案。

（5）RAID6

RAID6 引入双重校验的概念，可以保证阵列中同时出现两个磁盘失效时，阵列仍能够继续工作，不会发生数据丢失。RAID6 思想最常见的实现方式是采用两个独立的校验算法，假设称为 P 和 Q，校验数据可以分别存储在两个不同的校验盘上，或者分散存储在所有成员磁盘中。当两个磁盘同时失效时，即可通过求解二元方程来重建两个磁盘上的数据。RAID6 具有快速的读取性能、更高的容错能力。但是，它的成本要高出 RAID5 许多，写性能也较差，并且设计和实施非常复杂。因此，RAID6 很少得到实际应用，主要用于对数据安全等级要求非常高的场合。图 11-6 是 RAID6 的结构图。

（6）RAID10

RAID10 也称为 RAID1+0，实际是将 RAID1 和 RAID0 标准结合的产物。RAID10 技术需要至少 4 块硬盘来组建，先分别两两制作成 RAID1 磁盘阵列，以保证数据的安全性；然后再对两个 RAID1 按阵列实施 RAID0 技术。RAID10 方案造成了 50% 的磁盘浪费，但是它提供了 200%的速度和防止单磁盘损坏的数据安全性。图 11-7 是 RAID10 的结构图。

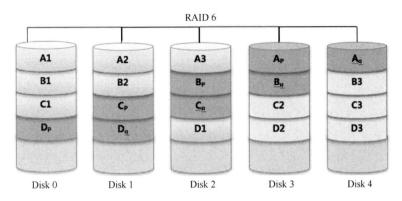

图 11-6　RAID6 结构

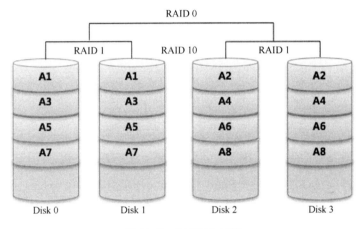

图 11-7　RAID10 结构

11.2.2　存储架构

先简单说说存储的几个概念。扇区是磁盘的最小存储单位，多个连续的扇区组成一个块，也叫物理块。文件由多个不连续的物理块组成，文件系统使用块来读取设备，块是文件系统的最小单位。使用块存储信息的设备叫作块设备，块设备是 I/O 设备中的一类，每个块都有自己的地址。文件系统是操作系统在存储设备上组织文件的方法，是对文件存储设备的空间进行组织和分配，负责文件存储并对存入的文件进行保护和检索的系统。

1. DAS（Direct-attached Storage）直连存储

存储通过 SAS、iSCSI 或 FC 等接口与服务器直接连接，中间没有任何转换交换设备，作为服务器内置硬盘容量的扩充，具有一定的灵活性和限制性。RAID 通常在服务器端进行设置，通常将单一存储与服务器直连也称为 DAS。

2．NAS（Network Attached Storage）网络附加存储

存储设备通过标准的网络拓扑结构（以太网）添加到一群计算机上，可以理解为服务器+硬盘+文件系统软件的组合。存储可配置网络 IP 地址，直接接入 IP 局域网络，RAID在存储器端进行设置并配置文件共享功能。NAS 利用现有以太网网络，因此部署灵活，成本非常低，基于 TCP/IP 协议的特性可以提供丰富的网络服务，基于文件的形式提供数据的存储及备份，但是 TCP/IP 协议决定了数据传输的数据打包及解包，会占用系统资源，传输速率受限于以太网的速率。

3．SAN（Storage Area Network）存储区域网络

SAN 通过光纤通道交换机连接存储阵列和服务器主机，成为一个专用存储网络。RAID在存储器端进行设置。SAN 的结构允许任何服务器连接到任何存储阵列，这样不管数据放在哪里，服务器都可直接存取所需的数据。SAN 存储使用光纤网络进行传输，并且独立于应用网络，可以提供非常高的带宽，数据的传输基于块协议，无需对数据进行处理，直接进行传送，因此性能最好。另外光纤线路可以提供远距离的高带宽链路，可以实现数据中心的异地灾备应用。但是 SAN 部署复杂，成本较高。

NAS 和 SAN 又叫网络存储，都是使用 RAID 技术提供冗余和并发读写，两者最本质的区别在于文件管理系统位置。

在 SAN 存储架构中，文件系统是部署在每个应用服务器上，SAN 是块存储，聚焦在磁盘、磁带以及连接它们的基础结构，而把文件系统的抽象交由应用服务器负责。SAN的客户端和服务器端之间的协议有 Fibre Channel、iSCSI、ATA over Ethernet（AoE）和HyperSCSI。对于应用服务器来说，SAN 就是一块磁盘，可以对其格式化、创建文件系统并挂载。

NAS 则在存储功能上面有一个文件系统，NAS 是文件存储，聚焦在应用、用户和文件以及它们共享的数据上，NAS 通过网络共享协议使用一个文件系统，应用服务器和 NAS之间使用的协议有 SMB、NFS 以及 AFS 等网络文件系统协议。对于应用服务器来说，NAS就是一个网络上的文件服务器，可以上传、下载文件。

NAS 和 SAN 经常混合使用，在互联网架构中主要应用于关系型数据库。图 11-8 是几种存储架构的示意图。

4．OSS（Object Storage Service）对象存储

传统的网络存储价格较贵，扩展数量有限，互联网生态下的云存储则用数量弥补质量，以大量低成本的普通 PC 服务器组成网络集群来提供服务。相比传统的高端服务器，同样价格下分布式存储提供的服务更好、性价比更高，且新节点的扩展以及坏旧节点的替换更为方便。

对象存储服务（Object Storage Service，OSS）是一种海量、安全、低成本、高可靠性的云存储技术，适合存放任意类型的文件。对象和存储空间是对象存储的核心概念，围绕

对象和存储空间需要建立访问控制、数据管理、数据加密、容灾备份机制。

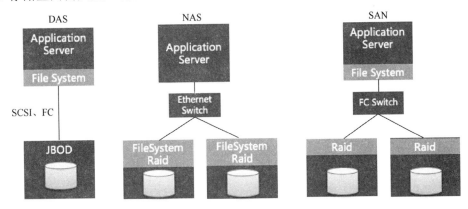

图 11-8　存储架构

（1）对象存储的概念

对象是 OSS 存储数据的基本单元，也称为 OSS 的文件。对象由元信息（Object Meta）、用户数据（Data）和文件名（Key）组成。对象由存储空间内部唯一的 Key 来标识。对象元信息是一组键-值对，表示了对象的一些属性，如最后修改时间、大小等信息，同时用户也可以在元信息中存储一些自定义的信息。

存储空间是用户用于存储对象（Object）的容器，所有的对象都必须隶属于某个存储空间。存储空间具有各种配置属性，包括地域、访问权限、存储类型等。其中地域表示 OSS 的数据中心所在物理位置，一般来说，距离用户更近的地域访问速度更快。用户可以根据实际需求，创建不同类型的存储空间来存储不同的数据。同一个存储空间的内部是扁平的，没有文件系统的目录等概念，所有的对象都直接隶属于其对应的存储空间。每个用户可以拥有多个存储空间。存储空间的名称在 OSS 范围内必须是全局唯一的，一旦创建就无法修改名称。存储空间内部的对象数目没有限制。

（2）对象存储的实现机制

OSS，依赖于文件系统提供了从"对象"到"块"的映射，采用 key-value 的扁平化存储架构设计，调用 API 就能进行数据存储和读取。对象存储最常用的方案就是多台服务器内置大容量硬盘，再装上对象存储软件，然后再额外配置几台服务器作为管理节点，安装上对象存储管理软件。管理节点可以管理其他服务器对外提供读写访问功能。

数据冗余存储机制，OSS 将每个对象的不同冗余存储在同一个区域内多个设施的多个设备上。OSS 周期性地通过校验等方式验证数据的完整性，及时发现因硬件失效等原因造成的数据损坏。当检测到数据有部分损坏或丢失时，会利用冗余的数据进行重建并修复损坏数据，确保硬件失效时的数据可靠性和可用性。

（3）OSS 与传统存储的区别

与传统存储相比，OSS 使用方便，价格低，扩展方便，可以存储海量数据。

网络文件系统的客户端通过 NFS 等网络协议访问某个远程服务器上存储的文件。块存储的客户端通过数据块的地址访问 SAN 上的数据块。对象存储则通过 REST 网络服务访问对象。

对象存储提升了存储系统的扩展性。当一个存储系统中保存的数据越来越多时，存储系统也需要同步扩展，然而由于存储架构的硬性限制，传统网络存储系统的管理开销会呈指数上升。而对象存储架构的扩展只需要添加新的存储节点就可以。

对象存储的出现解决了存储海量大数据的问题，比如存储万亿个视频、图片、照片等。而传统网络存储机制是做不到的。

（4）对象存储的开源实现

对象存储的实现方案包括 Swift、Ceph、Minio、HBase MOB、Hadoop Ozone 等。

其中，Ceph 是一种高性能、高可用、可扩展的分布式存储系统，底层使用 C/C++语言，已经被集成在 Linux 内核主线中，是少有的统一对外提供对象存储、块存储以及文件存储三种存储功能的存储系统，可以作为 OpenStack 的统一存储解决方案。Ceph 的对象存储功能支持两种接口：兼容 S3 和 Swift。Ceph 发展前景良好，在国内有很多大型企业，如中兴就使用 Ceph 作为存储解决方案。

OpenStack 的对象存储模块使用的是 Swift，下面通过介绍 Swift 的相关机制更深刻地了解对象存储。

11.2.3　OpenStack Swift

Swift 最初是由 Rackspace 公司开发的高可用分布式对象存储服务，并于 2010 年贡献给 OpenStack 开源社区作为其最初的核心子项目之一，为其 Nova 子项目提供虚拟机镜像存储服务。Swift 构筑在比较便宜的标准硬件存储基础设施之上，无需采用 RAID，通过在软件层面引入一致性散列技术和数据冗余性，牺牲一定程度的数据一致性来达到高可用性和可伸缩性，支持多租户模式、容器和对象读写操作，适合解决互联网应用场景下的非结构化数据存储问题。

1.　Swift 的主要组成部分

（1）Accounts：Swift 是天生支持多租户的，Account 就是一个存储系统中的用户，Swift 可以使多个用户同时访问存储系统。Swift 租户的隔离性体现在 metadata 上，而不是 object data 上，数据包括自身元数据和 container 列表，保存在 SQLite 数据库中。

（2）Container：容器，类似于文件系统中的目录，由用户自定义，它包含自身的元数据和容器内的对象列表，数据保存在 SQLite 数据库中。

（3）Objects：实际存储在 Swift 中的数据，可以是任何类型的文件，如照片、视频、数据库备份、文件系统的 snapshot 等。

图 11-9 来自 Swift 官网，为了跟踪对象数据的位置，系统中的 Accounts Database 记录了 Accounts 关联的全部 Container，每个 Container Database 记录了 Container 内的 Object。

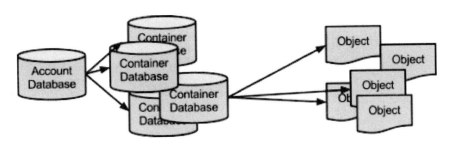

图 11-9　Swift Account 和 Container 与 Object 的关系

（4）Porxy Server：它其实就是一个 HTTP 服务器，处理所有和 Swift 交互的请求。一旦收到请求，会根据 URL 来操作对应的节点。为了防止节点失败，应该最少设置两个以上的 Proxy Server。

（5）Ring：环状数据结构，用来存储在集群中的实体的名称与其在磁盘上的物理位置之间的映射，包括 Accounts Ring，Container Ring，Objects Ring。Ring 中持有区域、设备、分区和副本的映射关系。当系统需要对 Accounts、Container、Objects 执行操作时，需要通过相应的 Ring 确定位置。

（6）Zones：区域将数据隔离，当数据跨区域复制时，一个区域中的故障不会影响集群的其余部分。每个数据副本应该在单独的 Zones 中，以 Zones 为隔离故障边界。Zones 可以是驱动器、服务器、机架。设置 Zones 的目标是允许集群在不丢失所有数据副本的情况下容忍存储服务器的严重停机。

（7）Partitions：分区存储着 Accounts、Container、Objects 数据，相当于磁盘上的一个目录，以及它所包含内容的相应散列表。系统复制、文件对象的上传和下载都在分区上运行。分区像是仓库中的可移动的箱子，使系统扩展更加容易。系统搭建起来的时候，Partition 的数量是可以设置的，搭建好以后，只要不增加新的节点，Partition 的数量就基本保持固定。

图 11-10 是 Swift 的 Partitions 示意图。在几个存储概念中，Zone 包含 Storage Node，Node 包含 Disk，Disk 包含 Partitions，Partitions 包含 Accounts、Container、Objects。

Partitions

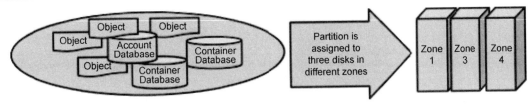

图 11-10　Swift Partitions

为了保证数据至少有三个副本，复制器不断检查分区，确认不同区域内的副本是否有差异。复制器通过检查散列值来确认副本是否需要替换，每个分区内都有一个散列文件，其中包含分区中每个目录的散列值，若散列不同，就要进行复制。传输过程中的数据丢失，可能导致暂时的数据不一致，Swift 通过复制检查，保证了最终一致性。Swift 的副本一致性检查过程如图 11-11 所示。

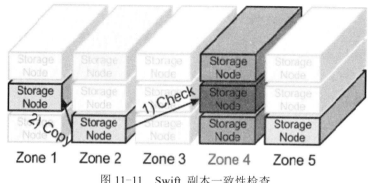

图 11-11　Swift 副本一致性检查

2．Swift 的运行流程

图 11-12 为 Swift 的运行机制，分为上传数据和下载数据两种情况。

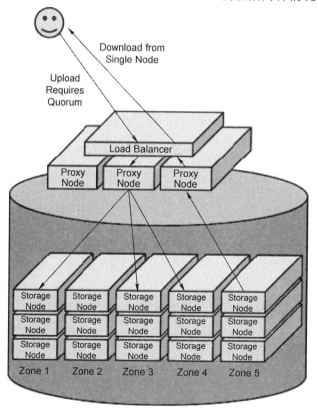

图 11-12　Swift 运行机制

（1）上传数据

客户端使用 REST API 发出 HTTP 请求，将对象放入现有容器中。集群接收请求。首先，系统必须确定数据保存的位置。为此，账户名、容器名和对象名都用于确定该对象应驻留的分区。然后在 Ring 中进行查找，找出哪些存储节点包含这些分区。接下来，将数据发送到每个存储节点，并将其放在适当的分区中。在通知客户端上传成功之前，三次写入中至少有两次必须成功。最后，容器数据库异步更新，以反映增加了一个新的对象。

（2）下载数据

使用一致性散列，确定分区索引。在 Ring 中查找哪些存储节点包含该分区，向其中一个存储节点请求获取对象，如果失败，则向另一个存储节点发出请求。

3．Swift Ring 算法

海量级别的对象需要存放在成千上万台服务器和硬盘设备上，首先要解决寻址问题，即如何将对象分布到这些设备地址上。Swift 基于一致性散列算法，通过计算可将对象均匀分布到虚拟节点上，在增加或删除节点时可大大减少需移动的数据量。

（1）一致性散列算法

一致性散列算法是个环形数据结构，如图 11-13 所示。一致性散列算法将键和节点的散列值放在环上，然后从键的位置按顺时针方向查找的第一个节点，就是键存放的位置。当添加一个节点时，只有在环上增加节点的地点逆时针方向的第一台服务器上的键会受到影响。即只要把这一小部分受影响的数据迁移到新的节点上，就完成了集群的扩容，解决了求余等算法导致的集群内大量节点数据波动的问题。

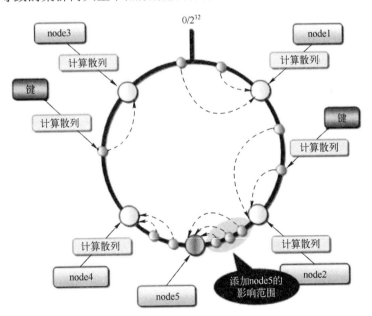

图 11-13 一致性散列算法

（2）Swift Ring 运行机制

Swift 将对象和设备的散列值放在环上，这也是 Swift Ring 得名的由来，Ring 按照一致性散列算法形成了对象和设备的映射。平衡性是散列算法的一个重要指标，是指散列环上的所有键，要尽可能均匀地分布到所有的节点上，很明显，在节点较少时，平衡性较差，最终会导致集群伸缩时个别节点的压力较大。因此 Swift 引入了虚拟节点（即分区），一个设备上可以有多个虚拟节点。加入虚拟节点后，对象的存储从对象和设备的映射转换为对象映射虚拟节点，虚拟节点再映射设备。

在 Ring 上有三个组织结构，用以完成上述映射。

- 存储设备列表，包含集群中的设备信息，信息包括唯一标识号（id）、区域号（zone）、权重（weight）、IP 地址（ip）、端口（port）、设备名称（device）、元数据（meta）等。
- 副本与分区及设备映射关系（replica2part2dev_id 数组）。
- 计算分区号的位移（part_shift 整数）。

所以，查找 object 存储位置的过程是，使用对象的层次结构 account/container/object 作为键，通过 MD5 散列算法得到一个散列值，经过位移获得分区索引，按分区索引查找 replica2part2dev_id，可以定位设备 ID，再通过存储设备列表找到设备的位置。

11.3　关系数据库的应用架构

11.3.1　读写分离架构

大多数互联网业务，往往读多写少，通过读写分离架构能够线性地提升数据库的读性能。读写分离就是将数据库分为主从库，一个主库用于写数据，多个从库完成读数据的操作，主从库之间通过数据复制机制进行数据的同步。

在实现中一方面要做好数据库主从配置，另一方面在应用中要做好读写数据源的适配，适配应是透明的，低入侵的。

（1）数据库主从同步技术比较成熟，如 Oracle 的 dataguard，MySQL 的数据复制技术，都支持灵活的拓扑结构，包括单向复制、双向复制、多级复制等。图 11-14 展示了 dataguard 等复制技术支持的多种主从同步拓扑结构。

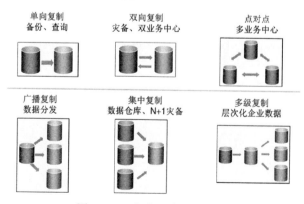

图 11-14　主从同步拓扑结构

（2）应用中实现读写分离的方法如下。

方法一，使用 AOP 的方法新建切面类，判断 DAO 方法名，对以 query、get、list 等方法开头的使用从库数据源，最后在 Spring 中进行 AOP 配置和数据源配置。进行读写分离时，由于主从复制存在时间延迟，需要对时间敏感的读操作使用主库，使用 AOP 的方法由于是统一配置，不能单独处理时间敏感的读操作。

方法二，使用注解对 DAO 方法标记写或读属性，对标记为读属性的方法使用从库数据源。因为使用注解的方式，可以对方法灵活配置数据源，当前事务中有写操作，则相关读写均配置使用主数据源；当前操作为只读操作，但是标记为"读写"的，也强制使用主数据源。

方法三，使用 ShardingSphere 等数据源中间件（见本章后面的分库分表架构部分），这类中间件可以代理 JDBC 协议，根据 SQL 语义分析，自动将读操作和写操作分别路由至主库与从库。在同一线程且同一数据库连接内，如有写入操作，以后的读操作 ShardingSphere 会从主库读取，用于保证数据一致性。ShardingSphere 也支持通过编程强制使用主库。

读写分离方案中有多个从库的，需要实现从库的负载均衡算法，比如实现基本的轮询方式访问从库。

11.3.2　冷热分离架构

随着数据的不断积累，对数据的访问频率也会呈现出巨大差异。通常情况下最近写入数据的访问频率会比以前的数据高很多，这些数据被认为是"热"的。随着时间的推移，初始写入时的"热"数据，访问频率会逐渐下降，当每周仅被访问几次时，就转变为"温"数据。在此后的 1～3 个月里，当数据一次都未被访问，或频率降低到一个月几次或几个月一次时，它就被定义为"冷"数据。最终，当数据一年之中都极少用到时，它的"温度"就是"冰冻"的了。

数据的冷热与数据的年龄成反比，数据无论冷热，若都采用同样的存储策略，一方面浪费了存储成本，另一方面大量"冷"数据的存在，拉低了"热"数据查找和更新的性能。冷热分离架构，即在热节点中存放用户最关心的热数据，温节点或者冷节点存放用户不太关心或者关心优先级低的冷数据或者温数据，而"冰冻"的数据则可以做离线归档处理。

冷热分离的实现比较简单，通过定时任务每天在业务闲的时间段执行数据归档操作，进行数据分离。归档操作可以使用 Spring Batch 或者 Kettle。需注意归档时一次性提交的数据量不能太多，保证 I/O 和 CPU 不被跑满。

对于冷数据的查询，可以结合 ES 等搜索引擎进行处理，每次查出对应的主键 id，然后再去 history 表中根据主键查数据。

11.3.3　分库分表架构

互联网业务的发展，伴随着数据膨胀，传统的数据库集群技术扩展能力有限。分库分表技术就是将传统的巨大数据库和表进行更小维度的拆分，实现分散负载。分库分表技术通过更大规模的扩展，解决了数据库的处理瓶颈。

1. 拆分办法

数据拆分可以在两个方向上进行。

（1）垂直拆分

垂直拆分，就是将原本是一个数据库上的数据表，按类别拆分到不同库，如图11-15所示。拆分后的数据库连接池变大，扩展了处理能力。拆分后的数据由不同的服务端接口管理，原本在一个本地事务上的持久化操作，需要使用分布式事务进行处理。

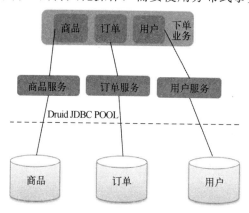

图 11-15　数据库垂直拆分

（2）水平拆分

水平拆分就是记录单一的大数据表中的数据，按一定的规则，如用户类别、区域属性等拆分到不同的位置中，水平拆分可以拆分到不同表，也可以拆分到不同库，如图11-16所示。

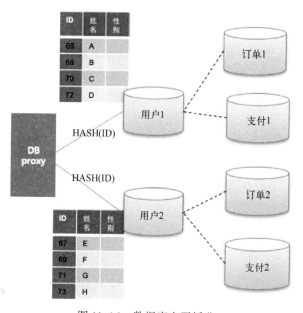

图 11-16　数据库水平拆分

2. 实现方式

目前分库分表中间件的主要开源软件包括 ShardingSphere、MyCat、dble 等。其中，ShardingSphere 由当当发起，目前京东作为主要维护方，在 2020 年 4 月成为 Apache 顶级项目。ShardingSphere 支持无中心模式与中心代理模式两种模式。

（1）无中心模式

由 ShardingSphere 的前身 Sharding JDBC 发展而来，使用 Sharding JDBC 替换数据库厂商的专有 JDBC，在 Java 的 JDBC 层提供额外的分库分表等相关服务。客户端通过 Sharding JDBC 连接数据库，以 Jar 包形式提供服务，无需额外部署和依赖，可理解为增强版的 JDBC 驱动，完全兼容 JDBC 和各种 ORM 框架。支持任意实现 JDBC 规范的数据库，目前支持 MySQL，Oracle，SQLServer，PostgreSQL 以及任何遵循 SQL92 标准的数据库。

图 11-17 是 ShardingSphere 官网上的 Sharding JDBC 模式架构图。这种模式是 ShardingSphere 最早采用也是最成熟的应用模式。

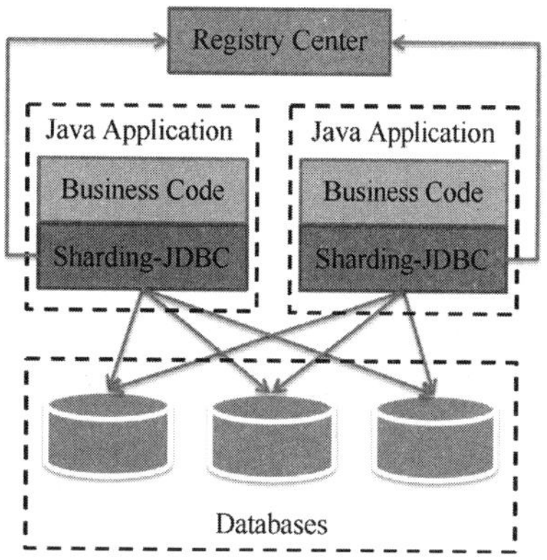

图 11-17　ShardingSphere 无中心模式架构

（2）中心代理模式

代理模式与 MyCat 的架构相同，都是在业务层与数据层间，插入一个透明的数据库代理层 Proxy。Proxy 就是封装了数据库二进制协议的服务端版本，支持多语言连接。从客户端看，Proxy 中间层代理就是数据库服务器。ShardingSphere proxy 模式支持 MySQL 和 PostgreSQL。ShardingSphere 官网上的 Sharding Proxy 模式架构图如图 11-18 所示。

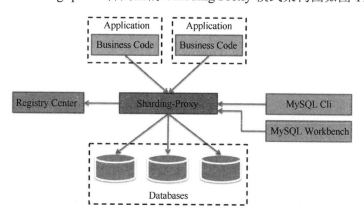

图 11-18　ShardingSphere 代理模式架构

相比于无中心模式，代理模式支持多种语言的客户端，侵入性低。因为数据连接集中管理，可以有效减少 JDBC 链接数。配置中心化，管理更方便。缺点是在原有的网络传输中增加了代理层，牺牲了部分系统性能。

3．分库分表的相关信息

在了解分库分表的执行过程前，需要知道以下信息。

（1）父子表

为解决 JOIN 的效率和性能问题，变更数据时将子表的记录与所关联的父表记录存放在同一个数据分片上。查询时只在一个分片上关联即可，在 ShardingSphere 中需要进行特定的相关配置。

（2）全局表

业务系统中的数据字典，具有变化不频繁，数据规模不大的特点。为方便对字典表的关联操作，避免跨库关联，可以在每个分库节点中建立结构和数据一模一样的字典表，即全局表。数据更新时所有节点全部更新，当数据查询时，只使用一个节点。

（3）全局序列号

在实现分库分表的情况下，数据库自增主键已无法保证全局唯一，需要提供全局的序列号算法。可以参见分布式 ID 章节的算法。

（4）SQL 限制

分库分表有一些特定 SQL 不能支持，如 Case When、Having、Union(All)、子查询、Insert Select。

4．分库分表的执行过程

分库分表的主要流程是：SQL 解析→SQL 路由→SQL 改写→SQL 执行→结果归并。

（1）SQL 解析，是指将 SQL 拆解为不可再分的关键字、表达式、字面量和操作符，然后转换为抽象语法树。如图 11-19 所示，通过抽象语法树可以理解 SQL 语义，为后续实现 SQL 路由、SQL 改写提供基础。

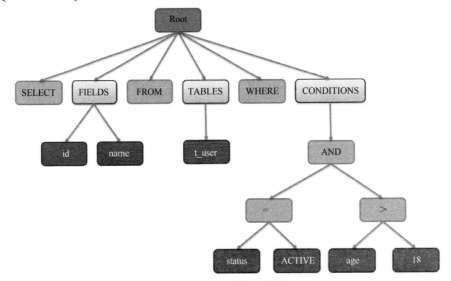

图 11-19　抽象语法树

（2）SQL 路由，是指解析上下文，匹配数据库和表的分片策略，并生成路由路径。SQL 路由依赖于分片键，分片键是用于分片的数据库字段，是将数据库（表）拆分的关键字段。数据库中间件针对分片键采用分片算法使数据路由到相应的数据分片中，常用分片算法包含枚举、散列、取模、按范围等。例如：使用订单表中的订单主键的尾数取模分片，则订单主键为分片键。如果无分片键，将执行全路由，性能较差。

SQL 路由的主要情况如下。

- 当分片运算符是等于号时，路由结果将落入单库（表）。
- 当分片运算符是 BETWEEN 或 IN 时，则路由结果不一定落入唯一的库（表），一条逻辑 SQL 最终可能被拆分为多条用于执行的真实 SQL。
- 当进行关联查询时，如果父表和子表之间在数据库中间件中配置了关联字段，因为父子记录存放在同一个分片上，所以只需要进行父子一体成对组合，如"t_order_0 JOIN t_order_item_0"和"t_order_1 JOIN t_order_item_1"，SQL 拆分的数目与分片数目是一致的。
- 若未配置关联关系，无法根据绑定表的关系定位分片规则，关联查询需要拆解为笛卡儿积组合执行，如"t_order_0 JOIN t_order_item_0"、"t_order_1 JOIN t_order_item_1"，"t_order_0 JOIN t_order_item_1"。
- 对于不带分片键的 SQL，则会遍历所有数据库中的表。

（3）SQL 改写，是指将 SQL 改写为在分片数据库中可以正确执行的语句。分库分表中间件对标准 SQL 进行自动改写，将 SQL 改写为在分片数据库中可以正确执行的语句，使能执行数据分片路由和数据归并。主要的改写情况如下。

- 标识名改写，因为分库分表对用户是透明的，用户在 SQL 中会使用未分片时的逻辑名，包括表名、索引名、Schema 名等，需要进行 SQL 改写将逻辑名改为分片后的真实名。
- 补充数据列，在某些情况下需要增加 SQL 语句中未明确指出的列字段。常见情况包括：1）分组项或排序项补列，针对 GROUP BY 和 ORDER BY，在进行结果归并时，需要根据 GROUP BY 和 ORDER BY 的字段项进行分组和排序，但如果原始 SQL 的选择项中并未包含分组项或排序项，则无法完成结果归并，因此需要对原始 SQL 进行改写，在 SQL 中补充排序或分组字段。2）平均值补列，对于求平均值计算，在分布式的场景中，使用(avg1 + avg2 + avg3)/3 计算平均值并不正确，需要转换为(sum1+sum2+sum3)/(count1+count2+count3)，因此需要改写 SQL，在分片中添加 sum 与 count 的值列表，然后在分库分表中间件中计算平均值。3）自增主键补列，在执行 INSERT 的 SQL 语句时，如果使用数据库自增主键，是无须写入主键字段的。但分片数据库的自增主键不能做到分布式场景下的全局唯一，因此需要通过补列，使用自定义的主键策略，透明地替换数据库现有的自增主键。
- 分页排序，在分片环境下获取单页数据然后进行归并排序，并不能保证全局数据排序正确，至少需要取出所有分片的前两页数据，才能计算出正确的数据。因此需要进行 SQL 改写，在每个分片上取出分页限制两倍以上的数据合并后再通过中间件排序返回结果。

■ 批量拆分，一个 SQL 中同时 insert 多个 Value 时，如 insert…VALUES (1, 'xxx'), (2, 'xxx'), (3, 'xxx')语句，需按照 Value 的路由分片规则，拆分成多个 SQL，使数据正确地路由到分片中。如使奇数 Value 1 和 Value 3 进入分片 1，偶数 Value 2 进入分片 2，防止将多余的数据写入到数据库中。

（4）SQL 执行，是指使用合适的线程模型连接客户端和服务端，自动优化结果归并的计算模型。

在中间件汇总 SQL 结果时可以使用流式归并或内存归并的办法。流式归并是指根据数据库流式返回的数据，逐条处理的方式。内存归并是指将结果数据存储在内存中，再遍历处理的办法。

如果一条 SQL 在经过分片后，需要操作某数据库实例下的 200 张表。需要在效率与资源控制间进行选择，可以选择创建 200 个连接并行执行，也可以选择创建一个连接串行执行，主要方式如下。

■ 内存限制模式，对一次操作所耗费的分片数据库连接数量不做限制。对每张表创建一个新的数据库连接，并通过多线程的方式并发处理，以达成执行效率最大化。并且在 SQL 满足条件的情况下，优先选择流式归并，以防止出现内存溢出或避免频繁垃圾回收情况。

■ 连接限制模式，严格控制对一次操作所耗费的分片数据库连接数量。对于分片散落在不同数据库的操作，每个库只创建一个唯一的数据库连接，这样可以防止一次请求对数据库连接占用过多。该模式始终选择内存归并。

数据库中间件可以自动优化选择归并算法。将"路由到该数据库上需要执行的 SQL 数量"除以配置的"每次查询时分片数据库的最大连接数"计算出"每个数据库连接需要执行的 SQL 数量"。若等于 1，意味着当前数据库连接可以持有相应的数据结果集，则可以采用流式归并。若大于 1，则表示数据连接不足以持有相应的数据结果集，使用内存归并。

（5）结果归并，当在分片执行 SQL 后，需要在中间件中执行结果合并处理，将从各个数据节点获取的多数据结果集，使用流水归并或内存归并的办法，组合成为一个结果集并正确返回至客户端。

涉及的 SQL 类型包括，排序（order by）、分组（group）、分页（limit）和聚合（min、max、sum、count、avg）等。

5. 其他功能应用

通过 SQL 解析、查询优化、SQL 路由、SQL 改写、SQL 执行和结果归并，ShardingSphere 代理了 JDBC 协议，完成了 SQL 的解析和处理流程，实现了分库分表。因为对 SQL 有绝对的处理权，解析了 SQL 语法树，利用这套 SQL 解析机制，ShardingSphere 还可以实现读写分离、数据加密、压测隔离、调用链追踪等功能。

（1）读写分离，使读写分离的过程透明化，根据 SQL 语义分析，自动将读操作和写操作分别路由至主库与从库，相关内容在前一节已经介绍过。

（2）数据加密，是指对某些敏感信息通过加密规则进行数据变形，实现敏感隐私数据的可靠保护。如身份证号、手机号、卡号、客户号等个人信息按照相关部门规定，都需要进行数据加密。ShardingSphere 通过对 SQL 解析，并依据用户提供的加密规则对 SQL 进行改写，从而实现对原文数据进行加密和解密。ShardingSphere 自动化、透明化了数据加密过程，让用户无需关注数据加密的实现细节，像使用普通数据那样使用加密数据。

（3）压测隔离，互联网行业常选择在生产环境进行全链路压测的方式，获得系统的真实容量水平和性能。为了保证生产数据的可靠性与完整性，压测时必须做好数据隔离，确保将压测的数据请求打入测试库，以防压测数据写入生产数据库而对真实数据造成污染。ShardingSphere 通过解析 SQL，根据配置文件中设置的压测规则，使用透传的压测标识进行数据分类，对传入的 SQL 进行改写，并对 SQL 中的压测标识进行正常化处理，最后将相应的 SQL 路由到与之对应的数据源。

（4）调用链性能监控，在服务追踪章节，提到可以对中间件，如 DB 的 SQL 执行过程进行追踪，用于分布式系统的性能诊断、调用链展示和应用拓扑分析。通过数据库中间的 SQL 解析与 SQL 执行功能，可以方便地将数据分片最核心的相关信息发送至应用性能监控系统，并交由 SkyWalking，Zipkin 等系统展示处理。

6．跨库 Join

分库分表最影响性能的是数据归并问题。虽然分库分表提供了丰富的功能，但最为稳妥的使用办法，是避免跨库 JOIN，通过分片键查询，使查询落在单个分片上。当单一分片键无法满足查询需求，要对逻辑表进行其他维度的查询汇总时，可以通过异构数据或 NoSQL 数据库等方案避免跨库 Join 查询。

方案一，使用 DBLOG 组件（如 MySQL 的 canal）将分片的数据同步到另一个异构的数据表中，在新的数据表中采用其他分库分表关键字，如图 11-20 所示。

图 11-20　异构数据表归并数据方案

方案二，使用 HBase 和 ElasticSearch 的大数据存储搜索解决方案。将分片数据抽取到 ES 集群和 HBase 中，实现快速查询和定位，如图 11-21 所示。

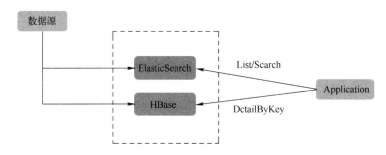

图 11-21　ElasticSearch+HBASE 归并数据方案

ElasticSearch 对字段做了反向索引，即使在亿级数据量下还可以达到秒级的查询响应速度。ElasticSearch 也提供了丰富的查询语法，支持对多种类型的精确匹配、模糊匹配、范围查询、聚合等操作。但 ElasticSearch 较消耗资源，在数据量较大时，可以结合 HBase 使用。HBase 可以存储大数据，在 HBase 上使用 RowKey 查询数据效率极高。在此种方案中，ElasticSearch 相当于索引，用来实现按条件查询，而 HBase 专注于展示数据详情。

无论哪种方案，都要注意在原数据变更时，异构数据要同步变更。

11.3.4　MySQL 高可用架构

1. MySQL 主从复制

为掌握 MySQL 的高可用架构，需要了解 MySQL 主从复制的原理。MySQL Master 服务器可以将数据传输到 MySQL Slave 服务器并生效。MySQL 的主从复制，也支持单向复制、双向复制、多级复制、环形复制等多种拓扑形式。通过主从复制，MySQL 提供了一种节点伸缩的办法，实现性能提高并提升数据安全性，另外可以基于复制技术实现读写分离。

（1）复制过程

图 11-22 是一个 MySQL 复制原理图。Slave 上面有一个 I/O 线程，当 I/O 线程成功连接 Master 时，Master 会同时启动一个 dump 线程，该线程 dump 出 Slave 请求要复制的 binlog，之后 Slave 的 I/O 线程负责监控并接收 Master 上 dump 出来的二进制日志，当 Master 上 binlog 有变化的时候，I/O 线程就将其复制过来并写入中继日志（relay log）文件中。Slave 上面同时开启一个 SQL thread 定时检查 Relay log，如果发现有更新立即把更新的内容在本机的数据库上面执行一遍。

MySQL 主从复制是基于 binlog 的 position 进行的，主从间在 position 之前的数据必须是一致的，然后从 position 开始复制，才能保证数据不混乱。MySQL 5.6 开始支持 GTID（Global Transaction ID，全局事务 ID）复制和多 SQL 线程并行重放。GTID 的复制方式和传统的复制方式不一样，是通过全局事务 ID 进行的，它不要求复制前 Slave 有基准数据，也不要求 binlog 的 position 一致。

（2）复制方式

MySQL 的复制方式还分为同步复制、半同步复制、异步复制和延迟复制。较常用的是半同步与异步复制。

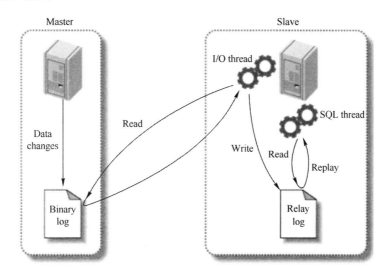

图 11-22　MySQL 主从复制

（一）异步模式

MySQL 默认情况下是异步复制，主库在执行完客户端提交的事务后会立即将结果返回给客户端，并不关心从库是否已经接收 Binlog 并处理。这样可能会造成主从数据不一致。例如，主库成功提交，但从库没有收到日志，如果此时发生了主库宕机，从库提升为主库，可能导致新主库上的数据不完整。

图 11-23 是官网上的 MySQL 异步复制原理图，见https://dev.mysql.com/doc/refman/8.0/en/group-replication-primary-secondary-replication.html。

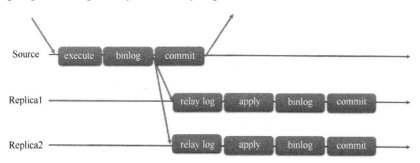

图 11-23　MySQL 异步复制

（二）半同步模式

在异步复制中主库不会验证 Binlog 有没有成功复制到从库，因此出现了半同步模式。主库只需要等待至少一个从库节点收到 Binlog 并且 Flush Binlog 到 Relay Log 文件即可，主库不需要等待所有从库给主库反馈。同时，这里只是一个收到数据的反馈，而不是

275

已经完全完成并且提交的反馈，所以叫半同步复制。半同步复制保证了一个事务至少有两份日志，一份保存在主库的 Binlog，另一份保存在其中一个从库的 Relay-log 中。可以看到，半同步模式可以保证从库日志同步成功，但无法保证从库事务提交成功。

在半同步模式下，若主从间网络异常，MySQL 会自动从半同步复制切换为异步复制，当从库恢复正常连接到主库后，主库又会自动切换回半同步复制。如图 11-24 所示。

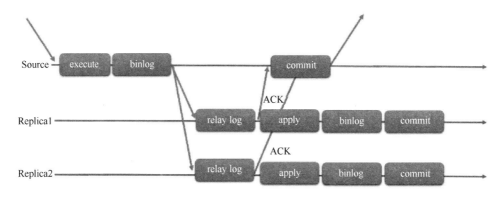

图 11-24　MySQL 半同步复制

2．MySQL 高可用架构

MySQL 有多种高可用架构，最常见的有三类，一是通过高可用中间件实现的主备模式，二是集中管理集群并实现主从自动切换的代理模式，三是主节点间同步事务的多主同步模式。

（1）MySQL 主主复制架构（主备模式）

图 11-25 是两个 MySQL 节点构成的双主模式，使用 Keepalived 提供 VIP，使一台作为主节点对外提供服务，另外一台作为备机节点（standby），当提供服务的主节点发生故障后，将服务请求快速切换到备用节点。设置为主主复制模式，原主节点故障恢复后可以更加方便地转换为备用节点（standby）。

为提高备份节点的利用率，可配置备份节点为只读节点，但为了避免只读节点的单点故障，在结构上又需增加只读节点的从节点，且需考虑双只读节点的负载均衡问题。

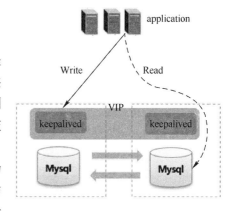

图 11-25　MySQL 主主复制架构

此种模式，架构简单清晰，尤其适用于中小型规模的 MySQL 应用。但 MySQL 的同步或半同步复制不能完全做到高可靠。

（2）Galera replication（多主同步模式）

Galera 为多主（multi-master）架构。当客户端读写数据时，可连接任一 MySQL 实例。对于读操作，从每个节点读取到的数据都是相同的。对于写操作，当数据写入某一节点后，集群会将其同步到其他节点。

　　Galera 事务首先在客户端连接的节点本地执行，然后再发送到所有节点做冲突检测，无冲突时在所有节点提交，否则在所有节点回滚。

　　在图 11-26 的架构中，Galera 提供 MySQL 的事务传播能力，三台以上 MySQL 防止脑裂。HAProxy 提供负载均衡能力，保证均衡访问 Galera MySQL 主机。Keepalived 提供 VIP，使两台 HAProxy 高可用。

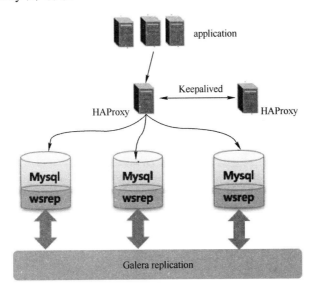

图 11-26　MySQL Galera 多主架构

Galera 复制的优点包括：

- 同步复制，主备无延迟。
- 支持多主同时读写，保证数据一致性。
- 集群中各节点保存全量数据。
- 节点添加/删除，自动检测和配置。
- 行级别并行复制。
- 不需要写 binlog。

Galera 复制的缺点主要是性能比异步 MySQL 实例低得多。

3. MGR 架构（多主同步模式）

　　MySQL Group Replication（MGR）是 MySQL 官方在 5.7.17 版本引进的一个数据库高可用与高扩展的解决方案。如图 11-27 所示。

　　由若干个节点共同组成一个复制组，一个事务的提交，必须经过组内大多数节点（N/2+1）决议（certify）并通过，才能得以提交。在图 11-27 中，由 3 个节点组成一个复制组，Consensus 层为一致性协议层，在事务提交过程中，发生组间通信，由 2 个节点决议通过这个事务，事务才能够最终得以提交并响应。

引入组复制，主要是为了解决传统异步复制和半同步复制可能产生数据不一致的问题。组复制依靠分布式一致性协议（Paxos 协议的变体），实现了分布式环境中数据的最终一致性。

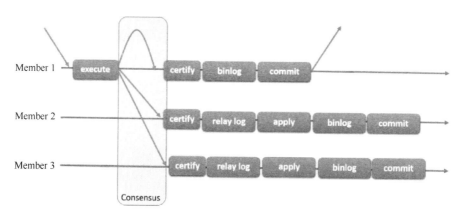

图 11-27　MySQL Group Replication

MGR 的主要特点包括：

（1）高一致性。基于分布式 paxos 协议实现组复制，保证数据一致性。

（2）高容错性。自动检测机制，只要不是大多数节点都宕机就可以继续工作，内置防脑裂保护机制。

（3）高扩展性。节点的增加与移除会自动更新组成员信息，新节点加入后，自动从其他节点同步增量数据，直到与其他节点数据一致。

（4）高灵活性。提供单主模式和多主模式，单主模式在主库宕机后能够自动选主，所有写入都在主节点进行，多主模式支持多节点写入。

MGR 与 Galera replication 的原理类似，是替代 Galera replication 的一种实现方法。

4．其他高可用模式

（1）基于 MHA+主从同步（代理模式）

MHA（Master High Availability）分为 Manager 节点与 node 节点，Manage 节点独立部署，起到集群管理的作用。Node 节点部署在 MySQL 服务器上，会定时收集 binlog 日志，执行管理节点指令。当 MySQL master 出现故障时，集群进行对比后，将拥有最新数据的 slave 提升为新的 master，然后将所有其他的 slave 重新指向新的 master，整个故障转移过程对应用程序完全透明。

（2）基于 NDB Cluster，官方的 NDB 集群，是一个无共享的（share-nothing）内存数据库，但使用者还较少。

（3）基于共享存储，主和从服务器都使用 SAN 网络存储，如果主库发生宕机，备库可以挂载相同的文件系统，保证主库和备库使用相同的数据。

第 12 章　DevOps

12.1　DevOps 的概念和工具

DevOps 旨在统一软件开发（Dev）和软件运维（Ops），强调沟通、协作、集成、自动化和度量，是敏捷研发中持续构建、持续集成、持续交付的自然延伸。DevOps 与业务目标紧密结合，打通需求、开发、测试与运维的各个环节，在软件构建、集成、测试、发布到部署和基础设施管理中大力提倡自动化的设施变更、软件交付以及系统监控，以便更加快速、频繁、可靠地发布软件。DevOps 的目标是帮助组织快速开发软件产品，并提高操作性能和质量保证。DevOps 打通了用户、PMO、需求、设计、开发、测试、运维等各上下游部门或不同角色，也打通了业务、架构、代码、测试、部署、监控、安全、性能等各领域工具链。

DevOps 包括持续集成（Continuous Integration，CI）、持续部署（Continuous Deployment）和持续运维（Continuous Operations，CO）三部分。图 12-1 是 DevOps 各环节涉及的部分工具。

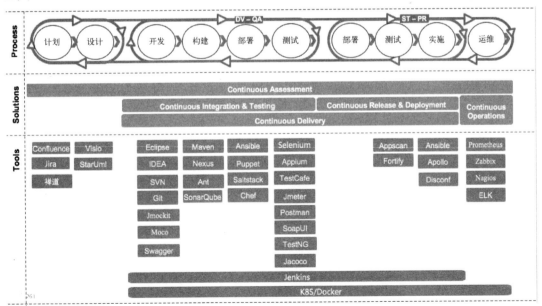

图 12-1　DevOps 的组成与工具

持续集成是指通过事件或时间周期触发 CI 服务器对项目进行自动构建、自动测试，最后自动发布到测试环境的过程。通过持续集成，可以尽早发现问题，随时修复。修复问题的成本随着时间的推移而增长，越早发现，修复成本越低，项目风险越小。持续集成可以保持频繁部署，快速生成可部署的软件，提高项目的能见度，方便团队成员了解项目的进度和成熟度。

持续部署在持续集成的基础上，将集成测试后的代码部署到生产环境中，是在生产环境中进行自动化发布、自动化回归验收、自动化配置的过程。

持续运维和监控是在生产环境中对软硬件进行监控和维护管理，及时反馈生产环境的问题，生成需求清单，使 DevOps 形成闭环。

自动化的开发、构建、发布、测试、监控与运维是 DevOps 的基本组成部分，通过持续集成工具可以将这些部分组合连接起来。

自建持续集成系统一般以 Jenkins 作为核心。市场上还有丰富的集成套件，国外有 CircleCI，Codeship、TravisCI TeamCity、Go CD、GitLab CI、Bamboo、Codeship、Codefresh 等；国内有阿里的云效平台、EMAS，腾讯的织云、工蜂、Hub、蓝鲸、Coding、flow.ci、Walle 等。

12.2　容器与环境

应用系统的开发和运维常常需要部署数套环境，除虚拟机外，容器化部署是环境治理的有效手段。应用的部署除关键中间件外均部署在容器中，由容器编排管理工具推送到工作环境中。容器与环境是 DevOps 的基础设施，CI、CD、CO 都是在容器与环境中进行，如图 12-2 所示。

图 12-2　容器与环境

12.2.1　环境管理

大型系统的开发过程需要与之配套的工作环境，各种环境在工作的不同阶段发挥不同的作用。如图 12-3 所示，工作环境并不是一成不变的，各种工作环境之间可以不断地拆分、组合以满足工作的需求。环境设置一是要尽可能地节约服务器等硬件资源，二是环境之间不相互影响。

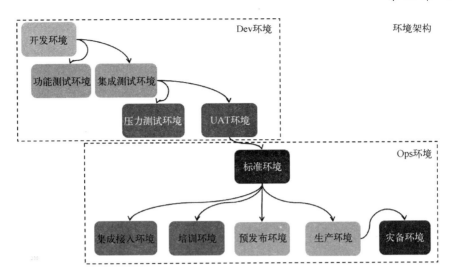

图 12-3　环境架构

1．开发使用的 Dev 环境

（1）开发环境。供开发人员代码开发、调试、单元测试而使用的环境。

（2）功能测试与集成测试环境。测试人员进行功能性测试使用的环境。当系统较复杂时，为避免系统间的相互影响，有时会将功能测试和集成测试环境分开，先进行单系统的功能测试，再进行集成测试。

（3）压力测试环境。是生产环境的等比例缩小，进行初步压力测试，对于新上线的系统，最终应在生产环境上进行压力测试，对于已经上线运行的系统，在初步压力测试后，在生产环境通过调节流量组织线上压力测试。

（4）UAT 环境。用于各方面回归测试，交付验收的环境。

2．交付后的 Ops 环境

（1）标准环境。也叫仿真环境，以 UAT 回归测试完毕后的代码作为标准，是生产环境的镜像，可以用于线上问题回归。标准环境也用于克隆演化出其他环境，演化出的环境，代码和逻辑一致，只是资源数量有差异，个别配置不一致。

（2）集成接入环境。系统稳定后，若有外部系统接入联调需求的，可以提供此环境。

（3）培训环境。用于人员培训和业务演练。

（4）生产环境。在线运行的生产系统环境。

（5）灾备环境。同城和异地灾备系统的部署环境，用于灾难发生时接管生产环境。

（6）预发布环境。受资源限制、数据脱敏等要求的影响，测试环境不能完全模拟生产环境，一些流程或者数据没有测试到，可以在预发布环境进行验证，从而保证产品上线质量。

传统的信息化建设一般是阶段性的，当验收上线完成后，生产环境会在相当长的一段时间内保持不变，而互联网系统需要时刻面向市场的变化，持续的开发和更新是常态，因此互联网系统一般会多出预发布环境。

预发布环境是内部测试环境的一种，不对外开放。代码先在预发布环境部署，验证后再发布到生产环境。预发布环境可以与生产环境使用相同的资源，如 DB、缓存等。测试时要注意，避免脏数据和全局性配置的改动影响生产环境。预发布环境示意图如图 12-4 所示。

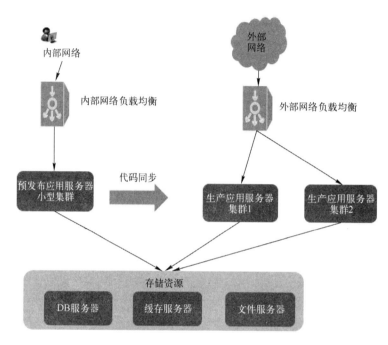

图 12-4　预发布环境

12.2.2　容器管理

Docker 容器的编排管理目前主要使用 kubernetes 进行管理。kubernetes，简称 K8S，是用 8 代替 8 个字符 "ubernete" 而成的缩写。kubernete 是一个开源的、用于管理云平台中多个主机上的容器的应用，Kubernetes 的目标是让部署容器化的应用简单并且高效，Kubernetes 提供了应用部署、规划、更新、维护的机制。

kubernetes 的组成结构如图 12-5 所示，主要包括如下部分。

Etcd：用于保存整个集群的状态。

Kubectl：客户端命令行工具，将接收的命令发送给 kube-apiserver，作为对整个平台操作的入口。

ApiServer：提供资源操作的唯一入口，并提供认证、授权、访问控制、API 注册和发现等机制。

Controller manager：负责维护集群的状态，如故障检测、自动扩展、滚动更新等。

Scheduler：负责资源调度，按照预定的调度策略将 Pod 调度到相应的机器上。

kubelet：负责维护容器的生命周期，同时也负责 Volume（CVI）和网络（CNI）的管理。

Kube-proxy：负责为 Service 提供 cluster 内部的服务发现和四层负载均衡。

cAdvisor：对 Node 机器上的资源及容器进行实时监控和性能数据采集。

Docker 用于在一个相对隔离的、轻量级的环境中运行一个封装应用的容器。

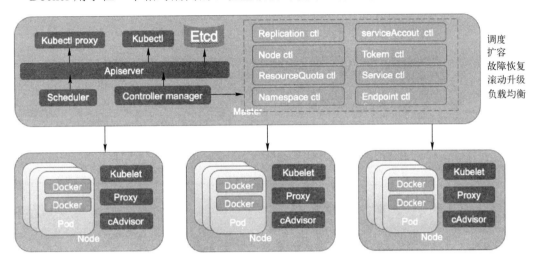

图 12-5　K8S 组成架构

标签选择器是 K8S 的核心概念之一，K8S 通过标签选择器实现负载均衡、容错扩容，如图 12-6 所示。

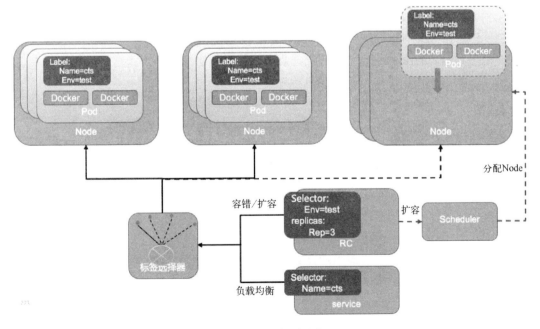

图 12-6　K8S 标签选择器

12.3 持续协作

持续协作相关工具是 DevOps 的核心，负责集成 CI/CD 的各环节，并收集各环节的需求、安排事务，共享信息。如图 12-7 所示，持续协作是驱动 DevOps 不断向前滚动运行的原动力，是沟通协调的中心。

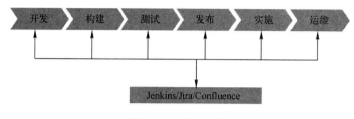

图 12-7 持续协作

持续协作的主要工具或系统包括：

（1）持续集成引擎

持续集成引擎 Jenkins 是一个开源软件项目，是基于 Java 开发的一种持续集成工具，用于监控持续重复的工作。Jenkins 是 DevOps 平台很重要的一个组成部分，CI、CD 可以使用 Jenkins 来实现，比如使用 Jenkins 配置定期执行或触发执行 Maven 构建任务。

（2）计划管理工具

Jira 或国产的禅道等工具，用于项目与事务跟踪，包括缺陷跟踪、客户服务、需求收集、流程审批、任务跟踪、项目跟踪和敏捷管理等工作。

（3）信息共享工具

典型工具是 Confluence，它是一个企业知识管理与协同软件，能够帮助团队成员之间共享信息、文档协作、集体讨论、信息推送。

12.4 开发管理

开发管理较为简单，程序员每天都在使用开发工具进行代码管理、开发和编译。在具有一定规模的系统开发中，需要解决资源依赖问题，涉及 Mock 技术。开发管理是 DevOps 的重要部分，CI 过程首先就是要实施开发管理。

12.4.1 开发协作的主要工具

（1）系统开发工具

使用 Eclipse、IDEA 等工具进行开发，使用 Maven/Ant 进行构建，Nexus 作为私有仓库。

（2）源代码版本管理工具

主要工具包括 SVN，Git 等。源代码管理的主要功能是代码版本管理、冲突检测、代码合并。在同步并行的多个版本同时开发维护的过程中，代码分支检测与合并是难点，极易产生问题。代码并行开发有两种模式，一种是主干开发、分支发布的模式，另一种是分支开发、主干发布的模式。前一种模式很难控制不同开发进度的版本，因此很少使用。

（3）接口文档维护工具

主要工具软件是 Swagger。在开发前按照 Swagger 规范定义接口及接口相关的信息，再通过 Swagger，就可以生成各种格式的接口文档，生成多种语言的客户端和服务端代码，以及在线接口调试页面等。Spring 将 Swagger 规范纳入自身的标准，建立了 Spring-swagger 项目，后来改成现在的 Springfox。通过在项目中引入 Springfox，可以扫描相关代码，生成该描述文件，进而生成与代码一致的接口文档和客户端代码。

12.4.2　Mock 技术

Mock 技术有时也叫挡板程序（shield），用来解决开发联调与测试过程中由于资源耦合难以被测试的问题。通过 Mock 可以模拟开发和测试过程中被依赖的资源，隔离开发过程中系统间的互相干扰，替代无法访问的资源，使团队并行工作。

Mock 技术的典型实现方法有三种。

（1）使用服务端动态代理技术拦截接口，用 mocked 的实现替换原有代码。如工具 JMockit 的原理就是使用 ASM 框架修改原有的 class 文件，工具 Mockitio 采用 byte buddy 框架生成动态代理对象，工具 EasyMock 利用 java.lang.reflect.Proxy 为指定的接口创建动态代理。服务端的开源 Mock 实现还有 Jmock、Unitils Mock、PowerMock 等。

（2）使用前端技术生成数据进行应答，如使用本地 JSON 数据或者使用前端工具 Mock.js 拦截 AJAX 请求返回数据，可以配合使用前端模板引擎技术，配置 JSON 内容。

（3）搭建独立的服务端系统接收请求返回数据。在本书的 BFF、GateWay 和企业内部集成部分都提到了 MockServer，单独的服务端 MockServer 可以应对更复杂的场景，可以根据不同请求返回不同的内容，管理也更加灵活，可配置要匹配的请求信息以及返回的业务信息和状态码，为了模拟异常情况，测试超时和幂等调用场景，还可配置超时时间等参数。类似的开源的 Moco 项目，可以启动一个真正的 HTTP 服务，当发起请求满足一个条件时，它会回复一个预制的应答。在具体实现上可以配合使用前端和后端模板引擎技术，配置 Mock 数据。

12.5　发布管理

持续发布是在持续构建的基础上进行发布的过程，在 DevOps 中通过 Jenkins 等工具整合版本管理、代码编译和部署工具实现持续的部署。部署过程需要用到 Git、Maven、配置中心、Docker、K8S、Ansible、Jenkins 等工具和系统。

发布管理是实现持续发布的系统，主要功能包括管理控制台、自动化部署和灰度发布等。

12.5.1 管理控制台

发布管理系统提供管理端功能，供运维人员操作使用。

（1）权限管理，包括两方面内容，一是对运维人员的操作权益进行管理，二是赋予发布工具对资源的操作权限。

（2）环境管理，定义和配置各种工作环境所需要的资源集群，还应支持各种环境间的快速迁移管理，如预发布环境到正式环境的环境迁移。

（3）项目管理，以项目为单位，管理好人员、代码与环境间的关系。

（4）流程管理，管理发布流程的审批流程并配置发布周期等参数，保证系统能周期性进行自动化部署。

12.5.2 自动化部署

实现代码自动化部署的过程，主要包括构建、部署、统计和异常处理四个部分。图 12-8 是自动化部署的结构图。

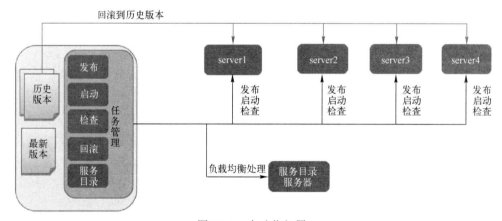

图 12-8 自动化部署

（1）构建任务。从仓库中拉取代码，安装依赖，配置变量，打包编译。

（2）部署任务。首先需要备份线上应用，再开始正式部署，从负载均衡中摘除服务器，关闭应用，部署项目，然后重启应用，检查应用状态，最后挂载负载均衡，进行系统健康检查。

（3）统计汇报。汇总统计发布部署情况，查看环境拓扑、主机信息、配置信息、部署状态、部署包版本、部署时间、健康状态。

（4）异常处理。若出现异常可以从备份中回滚到上一版本。

12.5.3　灰度发布

在正常自动发布的基础上，发布管理系统应支持灰度滚动发布。

灰度发布，是指对某一产品的发布逐步扩大使用群体范围，在黑与白之间平滑过渡的一种发布方式。在其上可以进行 A/B testing，即让一部分用户继续用产品特性 A，一部分用户开始用产品特性 B，如果用户对 B 没有什么反对意见，那么逐步扩大范围，把所有用户都迁移到 B 上面来。从灰度发布开始到结束期间的这一段时间，称为灰度期。灰度发布可以保证整体系统的稳定，在初始灰度的时候就可以发现、调整问题，缩小产品升级所影响的用户范围。如图 12-9 所示。

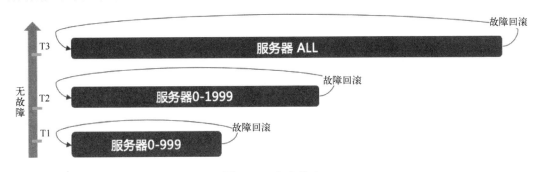

图 12-9　灰度发布

灰度发布的主要步骤如下。

（1）配置策略。配置灰度发布的相关策略，包括用户规模、发布频率、分流规则、功能覆盖、回滚策略、运营策略、部署策略等。

（2）筛选用户。根据用户特征、用户数量等要求选择使用灰度程序的用户，并做必要的用户路由配置。

（3）部署实施。部署灰度系统，收集用户意见，制定用户行为分析报告。

在开源领域，阿里开源的 Dragonfly 是一个 P2P 的文件分发系统，通过 P2P 技术解决了超大规模集群中文件分发对网络的限制问题。另外还可以考虑国内开源的 Walle 代码发布部署系统。

12.6　测试管理

持续测试是在持续构建和持续发布之后进行的，通过持续测试可以实现测试驱动开发。在 DevOps 中需要持续进行测试的类别主要包括单元测试、接口测试、UI 测试、压力测试和安全测试。持续测试主要通过 Jenkins 集成相关测试工具实现，依赖于测试环境与Mock 技术。

（1）持续单元测试，通过集成代码构建、单元测试、代码静态扫描、代码质量分析等工具，汇总结果通知和质量统计，实现周期性的单元测试集成。

常见的持续单元测试方案是 Jenkins+Maven+SonarQube+TestNg+Jacoco。

SonarQube 是代码质量管理平台，可以通过插件方式集成静态分析工具（PMD、FindBug、Jtest）和代码规范工具（checkstyle）。

Jacoco 是 Java 覆盖率统计工具，其他类似工具还有 Emma 和 Cobertura。

TestNG 是代码测试工具。

（2）持续接口测试，周期性地对 API 接口进行测试，接口测试分为 HTTP 接口与 RPC 接口测试。

持续接口测试的集成方案是 Jenkins+Maven+JMeter。

JMeter 是一款轻巧的性能测试工具，在这里可以仅使用其测试接口的功能，其他的接口测试工具包括 Postman、SoapUI 等。

（3）持续 UI 测试，模拟用户操作，周期性地进行界面操作测试。

UI 测试的集成方案是 Jenkins+Maven+selenium。selenium 是一款常见的自动化 UI 测试工具，其他类似工具包括 Macaca、appium、TestCafe 等。

（4）持续线上压测，定期在生产环境进行压力测试，评估系统能力。

在传统的瀑布式开发模式下，上线前进行一次压力测试，评估系统性能指标，上线后一般不再进行压力测试。常规压力测试的办法是，在压力测试环境中，使用压力测试工具（如 Jmeter、Loadrunner 等）模拟用户并发的行为，通过工具查看用户成功率、响应时间和 TPS 等结果。

在互联网系统中版本迭代是常态，在软件上线或线上即将展开重大活动前，为了评估系统的承受力，需要进行压力测试，但无法再复制出与生产系统同等规模的压力测试环境，在互联网业务中也较难设计测试场景，因此，在互联网系统中经常使用线上生产环境进行全链路压测的方式来衡量生产系统的性能。

全链路线上压测可以通过路由权重分组与负载均衡的办法实现，在线上的集群中分割出两组资源，分别配置两组资源的路由权重，基于线上的真实交易，逐渐调整权重值，放大流量，直至负载上限。路由权重可以按并发绝对值也可以按百分比方式设置。如图 12-10 所示。

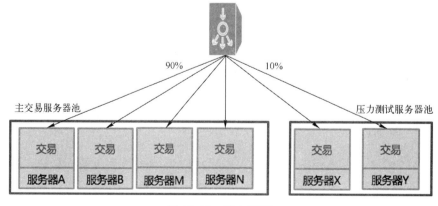

图 12-10　线上压测

（5）持续安全测试，在产品上线前必须对平台进行全面的渗透测试，找出安全漏洞以及 bug，线上环境也需要定期进行安全检查。

安全测试包括静态分析和动态分析。静态分析是指在不运行代码的情况下，通过工具评估代码的测试技术；动态分析是指按照预定规则对正在运行的系统进行漏洞扫描。Fortify 是一款常用的商用安全测试工具。

12.7　运维管理

持续运维包括很多内容，如安全审计、主机管理、容器编排、微服务管理、中间件管理、服务追踪、应用配置管理、系统监控和日志分析等内容。相关领域基本都有成熟的解决方案，实现了自动化、可视化。本章主要介绍系统监控与日志分析。

12.7.1　系统监控

运维监控的常用工具包括 Prometheus、Zabbix 以及 Nagios 等。由于支持动态发现、海量存储等功能，Prometheus 更适用于云环境下的弹性资源监测。本节主要介绍 Prometheus 的特点和结构。

Prometheus 是一个开源系统监控和警报工具，最初是在 SoundCloud 建立的。2016 年，Prometheus 加入了 CNCF，成为其第二大开源项目。Prometheus 由 Go 语言编写而成，采用 Pull 方式获取监控信息，并提供了多维度的数据模型和灵活的查询接口。Prometheus 不仅可以通过静态文件配置监控对象，还支持自动发现机制，能通过 Kubernetes、Consl、DNS 等多种方式动态获取监控对象。在数据采集方面，借助 Go 语言的高并发特性，单机 Prometheus 可以采取数百个节点的监控数据。在数据存储方面，单机 Prometheus 每秒可以采集一千万个指标，可以通过远程存储方式，支持海量历史监控数据的存储。

Prometheus 的组成结构如图 12-11 所示。

（1）Prometheus　Server。用于收集指标和存储时间序列数据，并提供查询接口。Prometheus Server 可以静态配置管理监控目标，也可以配合使用 Service Discovery 的方式动态管理监控目标，并从这些监控目标中获取数据。支持 ZooKeeper、Consul、Kubernetes 等方式进行动态发现，如 Prometheus 可以使用 Kubernetes 的 API 查询和监控容器信息的变化，动态更新监控对象，这样容器的创建和删除都可以被 Prometheus 感知。Prometheus Sever 支持两种方式存储采集到的数据。Prometheus Server 本身就是一个实时数据库，可以将采集到的监控数据按照时间序列的方式存储在本地磁盘中。Prometheus 也可以使用远程存储，适用于存储大量监控数据。通过中间层的适配器的转发，目前 Prometheus 支持 OpenTsdb、InfluxDB、Elasticsearch 等后端存储，后端存储系统通过适配器实现 Prometheus 存储的 remote write 和 remote read 接口，便可以接入 Prometheus 作为远程存储使用。Prometheus Server 对外提供了自定义的 PromQL，实现对数据的查询以及分析。Prometheus

Server 的联邦集群能力可以使其从其他的 Prometheus Server 实例中获取数据。

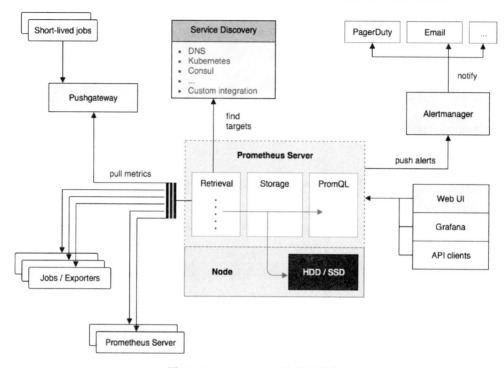

图 12-11　Prometheus 的组成结构

（2）Exporter。用于暴露已有的第三方服务的 metrics 给 Prometheus。Exporter 将监控数据采集的端点通过 HTTP 服务的形式暴露给 Prometheus Server，将其转化为 Prometheus 支持的格式，Prometheus Server 通过访问该 Exporter 提供的 Endpoint 端点，即可以获取需要采集的监控数据。Exporter 分为两类：一是直接采集，这一类 Exporter 直接内置了对 Prometheus 监控的支持，如 cAdvisor，Etcd 都直接内置了用于向 Prometheus 暴露监控数据的端点。二是间接采集，原有监控目标并不直接支持 Prometheus，因此需要通过 Prometheus 提供的 Client Library 编写该监控目标的监控采集程序，如 MySQL Exporter，JMX Exporter 等。

（3）push gateway。Prometheus 主要通过 Pull 方式拉取数据，但有一些临时性的 jobs，存在时间较短，可能在 Prometheus 来 pull 之前就消失了。因此 Jobs 定时将指标 push 到 pushgateway，再由 Prometheus Server 从 Pushgateway 上 pull。这种方式主要用于服务层面的 metrics，对于机器层面的 metrics，需要使用 node exporter。

（4）alertmanager。在 Prometheus Server 中支持基于 PromQL 创建告警规则，当接收到 alerts 后，会去除重复数据，进行分组并路由到对应的接收渠道，发出报警。常见的接收方式有：电子邮件，pagerduty，OpsGenie，webhook 等。

（5）Web UI。Prometheus 内置一个简单的 Web 控制台，可以查询指标，查看配置信息或者 Service Discovery 等，实际工作中，查看指标或者创建仪表盘通常使用 Grafana，Prometheus 作为 Grafana 的数据源。Grafana 是一款采用 Go 语言编写的开源应用，主要用于大规模指标数据的可视化展现，是网络架构和应用分析中最流行的时序数据展示工具。

12.7.2　日志分析

分布式系统中，在不同的服务器上产生日志文件，当出现问题时，需要根据问题暴露的关键信息，定位到具体的服务器和服务模块，因此迫切需要构建一套集中式日志系统，解决日志的归档、搜索、显示、分析、警告等问题。日志分析的主要工具包括商业工具 Splunk 和开源的 ELK。本节主要介绍 ELK 的组成和部署架构。

ELK 是 Elastic 公司提供的一套完整的日志收集以及展示的解决方案，是 ElasticSearch、Logstash 和 Kibana 三个产品的首字母缩写。

（1）ElasticSearch 简称 ES，是一个实时的分布式搜索和分析引擎，它可以用于全文搜索、结构化搜索以及分析。它是建立在全文搜索引擎 Apache Lucene 基础上的，使用 Java 语言编写。

（2）Logstash 是一个具有实时传输能力的数据搜集引擎，用来进行数据收集、解析，并将数据发送给 ES。

（3）Kibana 为 Elasticsearch 提供了分析和可视化的 Web 平台，它可以在 Elasticsearch 的索引中查找，交互数据，并生成各种维度表格、图形。

（4）Beats 是 ELK 协议栈的新成员，包含四个工具：Packetbeat，搜集网络流量数据；Topbeat，搜集系统、进程和文件系统级别的 CPU 和内存使用情况等数据；Filebeat，搜集文件数据；Winlogbeat，搜集 Windows 事件日志数据。

其中最常用的是 Filebeat，一个轻量级开源日志文件数据搜集器，基于 Logstash-Forwarder 源代码开发，是对它的替代。在需要采集日志数据的服务器上安装 Filebeat，并指定日志目录或日志文件后，Filebeat 就能读取数据，迅速发送到 Logstash 进行解析，或直接发送到 ElasticSearch 进行集中式存储和分析。Filebeat 由 Prospecto 和 Harvesters 两个部分组成。harvesters 负责读取单个文件的内容，harvesters 逐行读取每个文件，并将内容发送到 output 中。每个文件都将启动一个 harvesters，负责文件的打开和关闭，output 不可用时，Filebeat 会把最后的文件读取位置保存下来，直到 output 重新可用的时候，快速地恢复文件数据的读取。Prospector 负责管理 Harvsters，并且找到所有需要进行读取的数据源。如果 input type 配置的是 log 类型，Prospector 会去配置路径下查找所有能匹配上的文件，然后为每一个文件创建一个 Harvster。

Logstash 事件处理分为 inputs（接收）、filters（处理）、outputs（转发）三个阶段。与 Filebeat 相比，都具有日志收集功能，但 Logstash 运行在 JVM 上，需要更大的内存，而 Filebeat 使用 Go 语言编写，更轻量，占用资源更少，可以有很高的并发，Logstash 具有 filter 功能，能过滤分析日志，Filebeat 不具有 filter 功能。在 Filebeat 未出现时，为减少对宿主服务器的影响，提升数据采集速度，一般将负责宿主机中数据的收集工作的 Logstash 和负责数据过滤处理工作的 Logsatsh 分开部署，中间通过消息队列连接。目前 Filebeat 已经替代了 Logstash 的收集采集工作。

图 12-12 是 ELK 的基本架构图，Filebeat 数据搜集节点分布于宿主机器上，主要用于

收集日志文件数据。需要进行过滤处理的发送给 Logstash 集群进行处理，不需要数据过滤处理的，Filebeat 直接推送数据到 ElasticSearch 服务器进行存储，最后在 Kibana 查询、生成日志报表等。

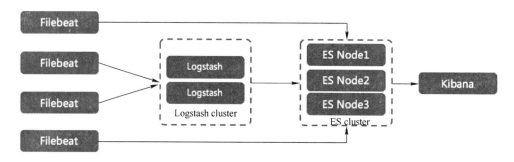

图 12-12　ELK 基本架构

图 12-13 是 ELK 推荐的 Shipper+Broker+Indexer+Search+Dashboard 的架构。分布式系统节点可以无限扩展，而 Logstash 的吞吐量是有限的，一旦短时间内 Filebeat 传过来的日志过多会产生堆积和堵塞，对日志的采集也会受到影响，所以在 Filebeat 与 Logstash 中间又加了一层 Kafka 消息队列或者 Redis 来缓存和解耦，这样众多 Filebeat 节点采集大量日志先放到 Kafka 中，Logstash 可以慢慢地进行消费，两边互不干扰。

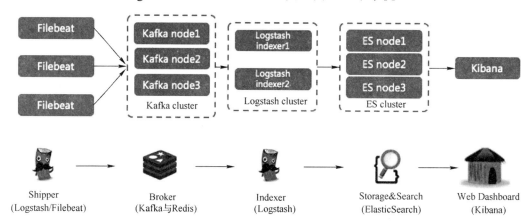

图 12-13　ELK 与消息队列架构